变电站智能化提升关键技术丛书

开关设备

国网湖南省电力有限公司 组编

中国电力出版社
CHINA ELECTRIC POWER PRESS

内 容 提 要

为促进智能变电站的发展，加强电力从业人员对变电运维检修常见问题及解决方案的交流和学习，国网湖南省电力有限公司组织编写了《变电站智能化提升关键技术丛书》，丛书包括《变压器及无功设备》《二次及辅助系统》《互感器设备》《开关设备》4 个分册。

本分册为《开关设备》，共 4 章，分别介绍了断路器、隔离开关、组合电器、开关柜等设备的智能化提升关键技术，并给出了开关设备的对比及选型建议。

本书可供供电企业从事开关设备运维、检修工作的技术及管理人员使用，也可供制造厂、电力用户相关专业技术人员及大专院校相关专业师生参考。

图书在版编目（CIP）数据

开关设备 / 国网湖南省电力有限公司组编．—北京：中国电力出版社，2020.9
（变电站智能化提升关键技术丛书）
ISBN 978-7-5198-4952-8

Ⅰ．①开…　Ⅱ．①国…　Ⅲ．①变电所－开关站－研究　Ⅳ．① TM643

中国版本图书馆 CIP 数据核字（2020）第 170110 号

出版发行：中国电力出版社
地　　址：北京市东城区北京站西街 19 号（邮政编码 100005）
网　　址：http：//www.cepp.sgcc.com.cn
责任编辑：赵　杨（010-63412287）
责任校对：黄　蓓　马　宁
装帧设计：张俊霞
责任印制：石　雷

印　　刷：三河市百盛印装有限公司
版　　次：2020 年 9 月第一版
印　　次：2020 年 9 月北京第一次印刷
开　　本：787 毫米 ×1092 毫米　16 开本
印　　张：16.25
字　　数：348 千字
定　　价：82.00 元

《变电站智能化提升关键技术丛书》编委会

《开关设备》编写组

主　　编　吴水锋

副 主 编　毛文奇　闫　迎

编写人员　曾昭强　李志为　谌海根　李　辉　周　挺　彭　铖
韩忠晖　彭　佳　黄海波　叶会生　黄福勇　刘　赟
孙利朋　彭　平　李丹民　周新军　谢耀恒　文　超
蒯　强　金　园　巢时斌　章　彪　欧阳力　殷琼琪
邱永波　黄　毅　曾阳根　左鹏辉　朱文彬　王彩福
张　超　刘　军　周兴华　胡晓曦　李　毅　刘乾勇
李　欣　任章鳌　袁　培　钟永恒　段肖力　范　敏
赵世华　郑小革　李国恒　黄海波　刘　晓　葛　强
欧乐知　刘　奇　曹柏熙　王轶华　姜　维　朱　磊
熊　云　董　凯　张国旗　梁文武　李　婷　许普明
肖　京　胡锦豪　禹荣勋　张云天

前　言

为促进变电站运行可靠性及智能化水平提升，加强电力行业从业人员对变电站运维检修过程中常见问题及解决方案的交流学习，实现电网“供电更可靠、设备更安全、运检更高效、全寿命成本更低”，国网湖南省电力有限公司组织编写了《变电站智能化提升关键技术丛书》，丛书包括《变压器及无功设备》《二次及辅助系统》《互感器设备》《开关设备》4个分册。本丛书全面继承传统变电站、第一代智能变电站及新一代智能变电站内设备优点，全方位梳理电力行业新成果，凝练一系列针对各类设备的可靠性提升措施和智能关键技术。为使读者能够对每类设备可靠性提升措施和智能关键技术有完整、系统的了解和认识，本丛书在系统性调研的基础上，整理了各运维单位及设备厂家设备实际运行过程中的相关故障及缺陷案例，并综合电力行业专家意见，从主要结构型式、主要问题分析、可靠性提升措施、智能化关键技术、对比选型建议等五个方面对每类设备分别进行详细介绍，旨在解决设备的安全运行、智能监测等问题，从而提升设备本质安全及运检便捷性。

本分册为《开关设备》，共4章，第1章介绍了瓷柱式断路器、罐式断路器、隔离断路器等三种断路器的可靠性提升措施和智能化关键技术。第2章介绍了单柱单臂垂直伸缩式隔离开关、单柱双臂垂直伸缩式（剪刀式）隔离开关、双柱垂直开启式（立开式）隔离开关、双柱水平伸缩式隔离开关、双柱水平（V形）旋转式隔离开关、三柱水平旋转式隔离开关、接地开关等七种隔离开关的可靠性提升措施和智能化关键技术。第3章介绍了全封闭组合电器、半封闭组合电器、半封闭式组合电器（罐式）等三种组合电器的可靠性提升措施和智能化关键技术。第4章介绍了空气绝缘开关柜、充气绝缘开关柜、固体绝缘开关柜等三种开关柜的可靠性提升措施和智能化关键技术。

本书涵盖知识较广、较深，对电力行业开关类设备的发展具有一定的前瞻性，值得电力行业从业人员学习和研究。

限于作者水平和时间有限，书中难免出现疏漏和不妥之处，敬请读者批评指正。

编者

2020 年 6 月

目录

第 1 章　断路器智能化提升关键技术

1.1　断路器主要结构型式

1.1.1　瓷柱式断路器

断路器是指能够关合、承载、开断运行回路正常电流，也能在规定时间内关合、承载及开断规定的过载电流（包括短路电流）的开关设备。瓷柱式断路器是指除灭弧室带电之外，其余箱壳不带电的断路器。

瓷柱式断路器主要由灭弧室、支持绝缘子、支架和操动机构组成，图 1–1 ~ 图 1–4 分别为不同类型断路器示意图。灭弧断口用瓷柱支撑在最顶端，瓷柱既作为绝缘用，也作为支撑件用，灭弧断口通常为单断口，高电压等级也采用多断口结构；部分断路器集成了电流互感器；操动机构主要有弹簧操动机构、液压操动机构、气动操动机构及液压弹簧机构等类别。110kV 及以下瓷柱式断路器均采用三相机械联动方式，220kV 瓷柱式断路器有分相操作及三相机械联动两种方式，330kV 及以上瓷柱式断路器均采用单相操作电气联动方式。

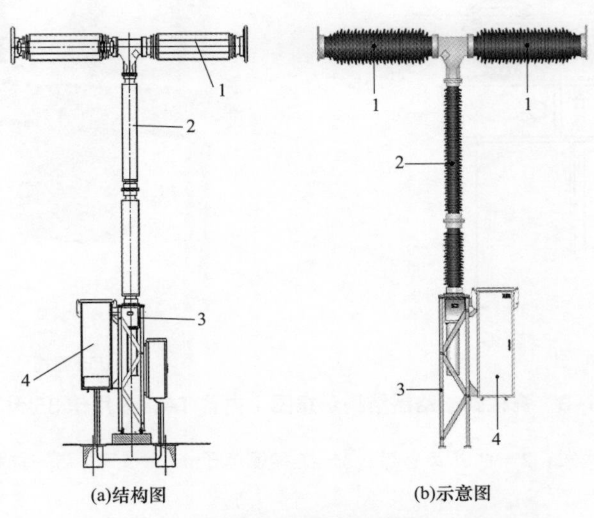

图 1–1　瓷柱式断路器示意图（双断口）

1—灭弧室；2—支持绝缘子；3—支架；4—机构箱

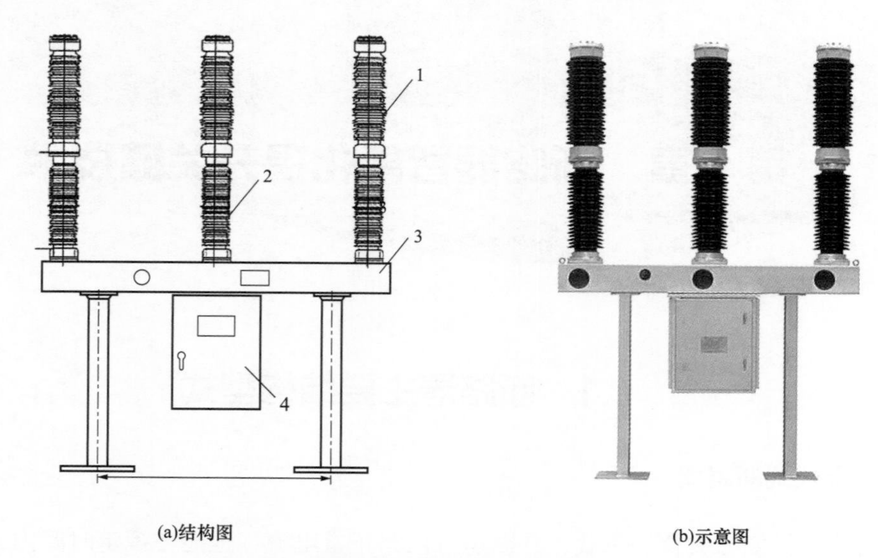

图 1–2　瓷柱式断路器示意图（单断口）

1—灭弧室；2—支撑绝缘子；3—支架；4—机构箱

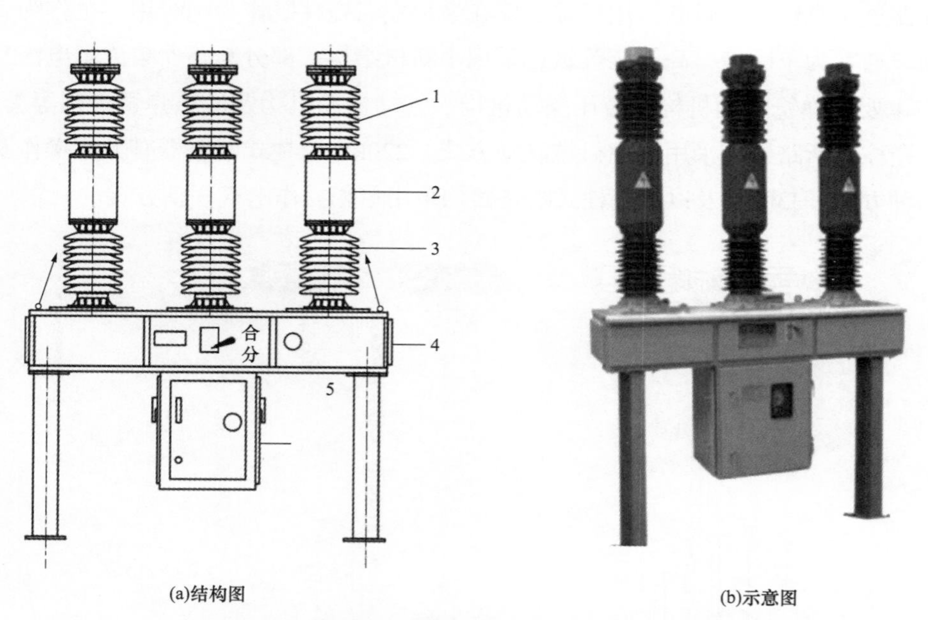

图 1–3　瓷柱式断路器结构示意图（内置 TA，多用作 35kV）

1—灭弧室；2—电流互感器；3—支撑绝缘子；4—支架；5—机构箱

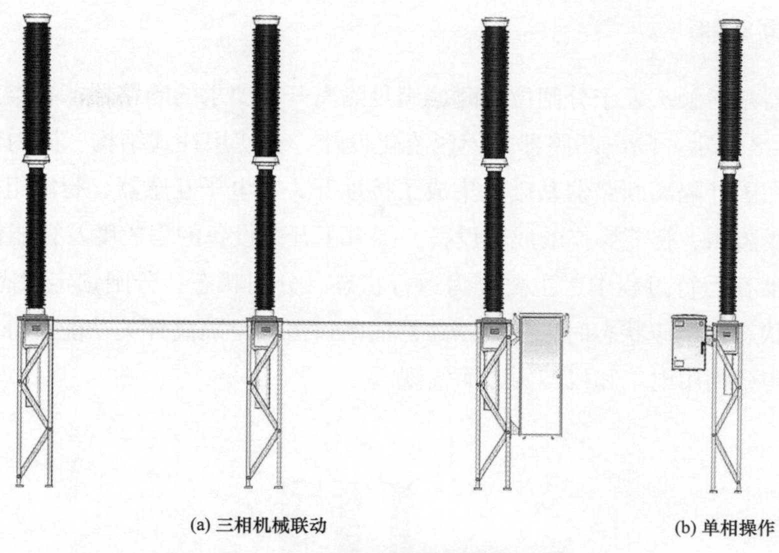

(a) 三相机械联动　　(b) 单相操作

图 1-4　瓷柱式断路器结构示意图

1.1.2　罐式断路器

罐式断路器是断路器和电流互感器的组合，以金属作为外壳（罐体）并直接接地的六氟化硫断路器，其灭弧室横向布置在罐体内部，重心低、抗震好（与 GIS 的抗震等级相当）、罐体易装配加热装置，适用于高寒或地震频繁地区，750kV 罐式断路器结构示意图如图 1-5 所示。

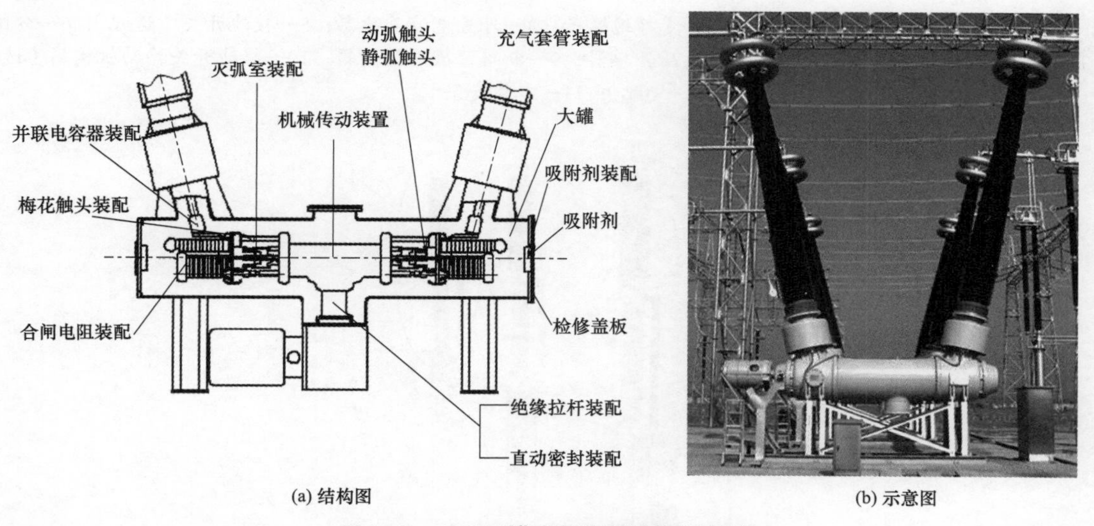

(a) 结构图　　(b) 示意图

图 1-5　750kV 罐式断路器结构示意图

1.1.3 隔离断路器

隔离断路器是指触头处于分闸位置时，满足隔离开关要求的断路器，各类型隔离断路器如图 1-6~ 图 1-8 所示。隔离断路器采用紧凑化设计，多使用柱式结构。国内使用的全程智能隔离断路器在国外隔离断路器基础上集成了接地开关、电子互感器、智能组件等，实现了就地控制、在线监测、智能操作的成套设备，提升了开关设备的集成度及智能化水平。

隔离断路器在运行过程中，主要分为运行状态、分闸状态、分闸锁定状态和检修状态。处于分闸锁定状态和检修状态时，隔离断路器的断口可满足隔离开关功能。分闸锁定功能由独立的操动机构箱利用电气和机械两方面实现。

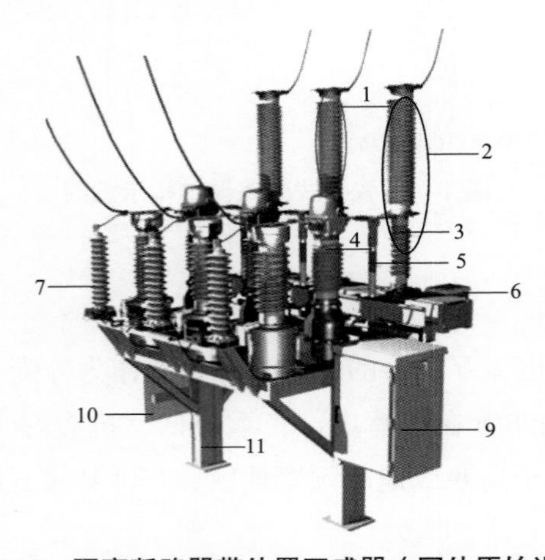

图 1-6 隔离断路器带外置互感器（国外原始设计）

1—断路器灭弧室；2—断路器极柱；3—支撑绝缘子；4—外置电流互感器；5—接地开关（选配）；6—分闸闭锁装置操动机构；7—避雷器；8—电压互感器；9—断路器操动机构箱；10—接地开关操动机构箱（选配）；11—本体支架

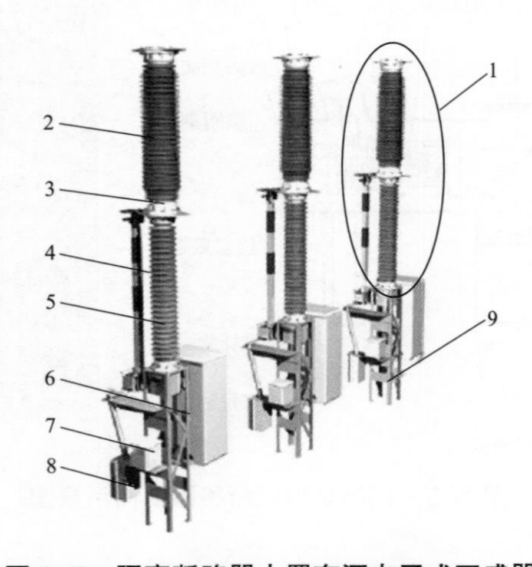

图 1-7 隔离断路器内置有源电子式互感器

1—断路器极柱；2—断路器灭弧室；3—电子式互感器；4—接地开关（选配）；5—支撑绝缘子；6—断路器操动机构；7—接地开关操动机构（选配）；8—分闸闭锁装置操动机构；9—本体支架

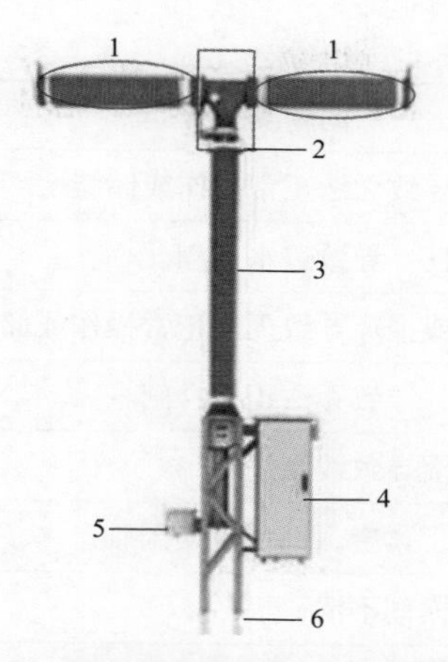

图 1–8　隔离断路器内置光纤电子互感器

1—断路器灭弧室；2—光纤电流互感器；3—支撑绝缘子；4—断路器操动机构箱；5—分闸闭锁装置操动机构；6—本体支架

1.2　断路器主要问题分析

1.2.1　瓷柱式断路器

通过广泛调研，共提出主要问题 37 大类，共 198 项。

1. 按类型分析

按问题类型统计，断路器本体问题 37 个，占 18.69%；操动机构问题 117 个，占 59.09%；SF_6 表计及气体管路问题 44 个，占 22.22%。瓷柱式断路器主要问题分类见表 1–1。

表 1–1　　瓷柱式断路器主要问题分类

问题部位	问题类型	占比情况（%）	
本体	密封件老化或损坏等导致的漏气	5.56	18.69
	绝缘拉杆断裂或放电	3.03	
	内置 TA 损坏导致断路器故障	2.53	
	观察窗模糊不清，无法观察分合闸位置	2.02	
	低温导致 SF_6 压力降低	2.02	
	瓷柱与支架螺栓紧固力矩不足，瓷柱移位	1.01	
	拉杆与导向环公差配合不当导致无法操作	1.01	
	热备用线路无避雷器导致断路器断口击穿	0.51	
	开断容性电流断路器选型不当导致断路器重燃	0.50	
	均压电容漏液	0.50	

续表

<table>
<tr><th colspan="2">问题部位</th><th>问题类型</th><th colspan="2">占比情况（%）</th></tr>
<tr><td rowspan="18">操动机构</td><td rowspan="13">弹簧机构</td><td>二次元件损坏导致无法正常操作或储能</td><td>8.58</td><td rowspan="18">59.09</td></tr>
<tr><td>机构箱密封不良，导致进水受潮</td><td>8.08</td></tr>
<tr><td>传动部件变形或损坏导致无法正常操作或储能</td><td>7.57</td></tr>
<tr><td>弹簧弹性不足，导致无法正常合闸</td><td>7.07</td></tr>
<tr><td>分合闸线圈卡涩导致线圈烧毁</td><td>4.04</td></tr>
<tr><td>机构箱设计过于紧凑，部件更换困难</td><td>3.53</td></tr>
<tr><td>机构箱观察窗模糊不清</td><td>3.03</td></tr>
<tr><td>二次线损坏或回路设计缺陷</td><td>2.02</td></tr>
<tr><td>行程测试传感器安装困难，无法测速</td><td>1.51</td></tr>
<tr><td>人员操作范围距离带电部位距离不足</td><td>1.01</td></tr>
<tr><td>缓冲器漏液</td><td>1.01</td></tr>
<tr><td>加热器设计不合理</td><td>1.01</td></tr>
<tr><td>操动机构未设计检修操作平台</td><td>1.01</td></tr>
<tr><td rowspan="3">液压机构</td><td>液压机构渗漏油</td><td>5.55</td></tr>
<tr><td>液压机构打压频繁或超时</td><td>1.51</td></tr>
<tr><td>储压筒漏气</td><td>0.50</td></tr>
<tr><td rowspan="2">气动机构</td><td>气动机构漏气</td><td>1.01</td></tr>
<tr><td>气动机构打压频繁</td><td>1.01</td></tr>
<tr><td colspan="2" rowspan="9">SF_6 表计及气体管路</td><td>表计及连接处漏气</td><td>6.56</td><td rowspan="9">22.22</td></tr>
<tr><td>表计不满足“不拆卸校验”要求</td><td>3.53</td></tr>
<tr><td>表计接口不统一，取补气不方便</td><td>2.52</td></tr>
<tr><td>无密度表监视 SF_6 气压</td><td>2.52</td></tr>
<tr><td>表计防振垫损坏</td><td>2.02</td></tr>
<tr><td>密度继电器与本体不在同一环境温度运行</td><td>2.02</td></tr>
<tr><td>表计未加装防雨罩或防雨罩不起作用</td><td>1.51</td></tr>
<tr><td>表计位置设计不合理</td><td>1.01</td></tr>
<tr><td>密度继电器损坏误发信号</td><td>0.50</td></tr>
</table>

2. 按电压等级分析

按电压等级统计，1000kV 设备问题 0 项，占 0%；750kV 设备问题 1 项，占 0.51%；500kV 设备问题 15 项，占 7.58%；330kV 设备问题 4 项，占 2.02%；220kV 设备问题 60 项，

占 30.30%；110kV 设备问题 62 项，占 31.31%；66kV 设备问题 1 项，占 0.51%；35kV 设备问题 54 项，占 27.27%；20kV 设备问题 0 项，占 0%；10kV 设备问题 1 项，占 0.51%，瓷柱式断路器主要问题占比（按电压等级）如图 1–9 所示。

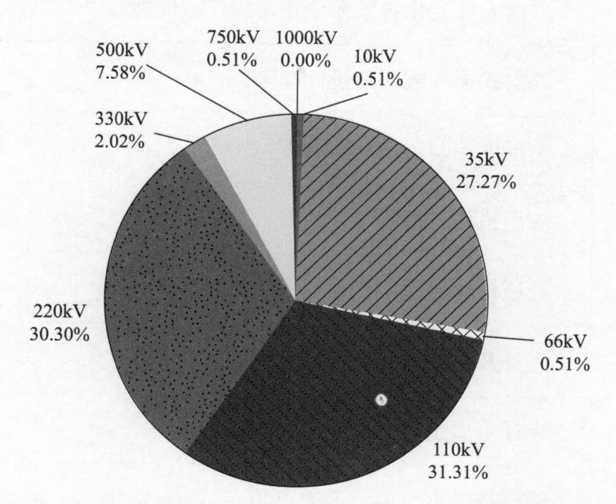

图 1–9 瓷柱式断路器主要问题占比（按电压等级）

1.2.2 罐式断路器

通过广泛调研，共提出主要问题 18 大类，共 22 项。

1. 按类型分析

按问题类型统计，断路器本体问题占 36.36%；操动机构问题占 31.82%；SF_6 表计及气体管路问题占 27.27%。罐式断路器主要问题分类见表 1–2。

表 1–2 罐式断路器主要问题分类

问题部位	问题类型	占比情况（%）	
本体	密封件老化或损坏等导致的漏气	4.76	38.12
	罐体内部有异物	9.52	
	均压电容开裂	4.76	
	罐体绝缘漆脱落	4.76	
	TA 外罩密封不严	4.76	
	断路器本体未可靠直接接地	4.76	
	盆式绝缘子质量不佳	4.76	

续表

问题部位		问题类型	占比情况（%）	
操动机构	弹簧机构	二次元件老化导致无法正常操作或储能	4.76	33.32
		二次线损坏或回路设计缺陷	9.52	
		温湿度控制器设计不合理	4.76	
	液压机构	液压机构打压频繁或超时	9.52	
		液压机构传动轴断裂	4.76	
SF_6表计及气体管路		表计及连接处漏气	9.52	28.56
		表计不满足“不拆卸校验”要求	9.52	
		管路设计不合理，无逆止阀	4.76	
		表计未加装防雨罩或防雨罩不起作用	4.76	

2. 按电压等级分析

按电压等级统计，750kV 设备问题 4 个，占 18%；500kV 设备问题 10 个，占 45%；330kV 设备问题 1 个，占 4%；220kV 设备问题 3 个，占 15%；110kV 设备问题 2 个，占 10%；66kV 设备问题 1 个，占 4%；10kV 设备问题 1 个，占 4%，罐式断路器主要问题占比（按电压等级）如图 1-10 所示。

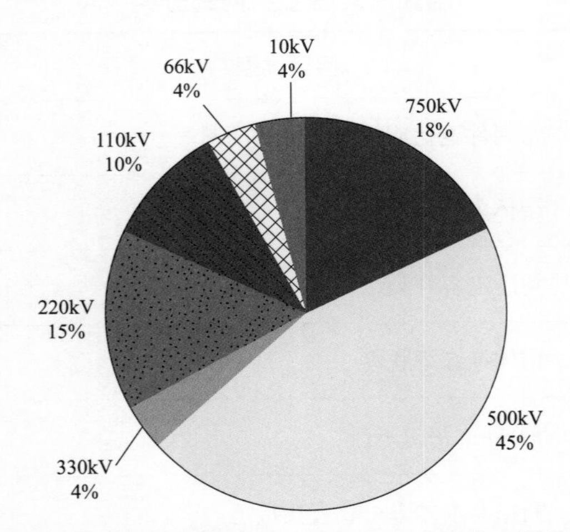

图 1-10　罐式断路器主要问题占比（按电压等级）

1.2.3　隔离断路器

通过广泛调研，共计提出问题 5 大类，7 小类，共 27 项。

1. 按类型分析

隔离断路器设备自投运以来共计发生各类问题共计 27 项，隔离断路器主要问题分类见表 1–3，主要问题占比如（按问题类型分类）图 1–11 所示。

表 1–3　　隔离断路器主要问题分类

问题分类	问题细分	占比情况（%）
密封	设备漏气	11.11
与安规冲突	隔离断路器能否作为断开点使用	29.63
电子式电流互感器	光纤无二次防护	40.74
	绝缘子绝缘击穿	
操动机构	机械闭锁装置损坏	11.11
	电机控制回路缺少保护措施	
极柱	套管内衬绝缘击穿	7.41

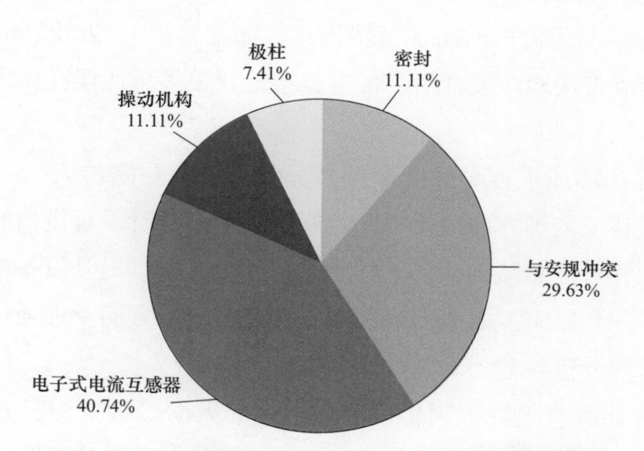

图 1–11　隔离断路器主要问题占比（按问题类型）

2. 按电压等级分析

隔离断路器设备自投运以来共计发生各类问题共计 27 个，按电压等级分析，330kV 共计 5 个，占 18.52%；220kV 共计 6 个，占 22.22%；110kV 共计 16 个，占 59.26%，隔离断路器主要问题占比（按电压等级）如图 1–12 所示。

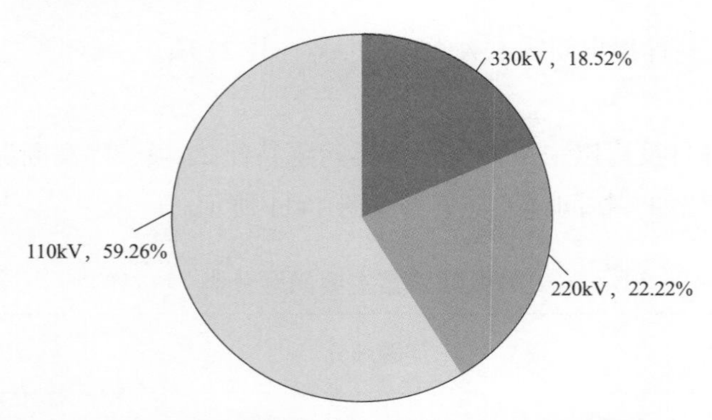

图 1–12　隔离断路器主要问题占比（按电压等级）

1.3　断路器可靠性提升措施

1.3.1　断路器可靠性提升措施（通用部分）

1. 提升机械动作可靠性

（1）现状及需求。

断路器机构轴（销）、齿轮、链条、拐臂、拉杆等损坏或卡涩，储能弹簧弹性不足、液压机构频繁打压等问题经常导致断路器无法正常储能或操作，严重时导致断路器炸裂或拒动，造成严重设备事故。隔离断路器操动机构与常规瓷柱式断路器相比，新增分闸闭锁机构和接地开关操动机构。上述机构的闭锁逻辑损坏，如轴（销）、齿轮、链条、拐臂、拉杆等损坏或卡涩，可能造成带接地开关合闸、带电合接地开关等恶性误操作事件，危及人身及电网安全。

减少因机械部件损坏或卡涩导致的断路器异常，避免缺陷扩大，一方面要加强设备制造、原材料质量和组装工艺等方面的控制，需制造厂在设计阶段对机构的结构、传动和受力情况深入模拟计算，并对产品结构和部件材质进行优化选择，提升设备本身质量，确保机械传动部件材质优良、配合紧密、润滑良好、动作可靠；另一方面要加强运维巡视及检修，加强入网检测，提早发现设备异常。

机械性能的提升能够有效降低因传动部件缺陷导致的机械卡涩、分合闸或储能失败问题，提升供电可靠性，降低后期维修成本，减轻运维工作量。相关案例见案例 1~ 案例 12。

案例 1：110kV 某变电站 3 台 110kV 断路器 2011 年投运，运行 3 年后发现断路器铝质部件如接线端子板、拉杆、拐臂、底部封板等出现严重腐蚀，分析为产品材质及表面处理工艺不良，图 1–13 所示为接线端子板腐蚀，图 1–14 所示为拐臂及拉杆腐蚀。

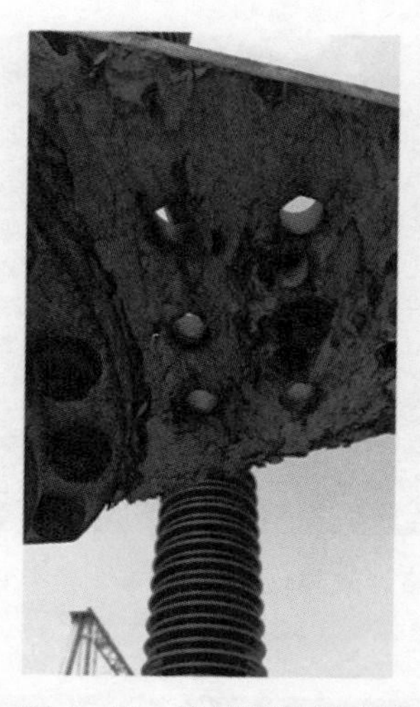

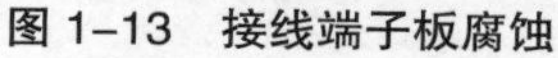

图 1–13　接线端子板腐蚀

图 1–14　拐臂及拉杆腐蚀

案例 2：220kV 某变电站 110kV 间隔检修时，在进行断路器合闸操作时无法合闸，现场检查操动机构箱发现合闸拐臂断裂，原因是该拐臂铸件材质不合格，强度不足。图 1–15 所示为断路器断裂的合闸拐臂。

案例 3：750kV 某变电站 7561B 相断路器进行机械特性调试，在遥控合闸瞬间，B 相机构碟簧沿着轴向飞射而出。断裂的原因为热处理温度过高导致金相组织呈现铸态，使材料性能急剧下降，以致发生断裂。如图 1–16 所示为 7561B 相断路器故障现场，图 1–17 所示为液压机构工作缸大螺纹根部断裂，图 1–18 所示为仿真计算结果。

案例 4：220kV 某变电站 110kV 断路器在检修过程中发现断路器在合闸未储能状态时机构拒分。对机构进行解体检修后，对比发现新旧合闸弹簧的高度不一致，旧合闸弹簧的高度为 355mm，新合闸弹簧的高度为 362mm，相比缩短了 7mm，弹簧出现疲劳，弹性不足。图 1–19 所示为合闸弹簧变形情况。

图 1–15　断路器合闸拐臂断

图 1-16　7561B 相断路器故障现场

图 1-17　液压机构工作缸大螺纹根部断裂

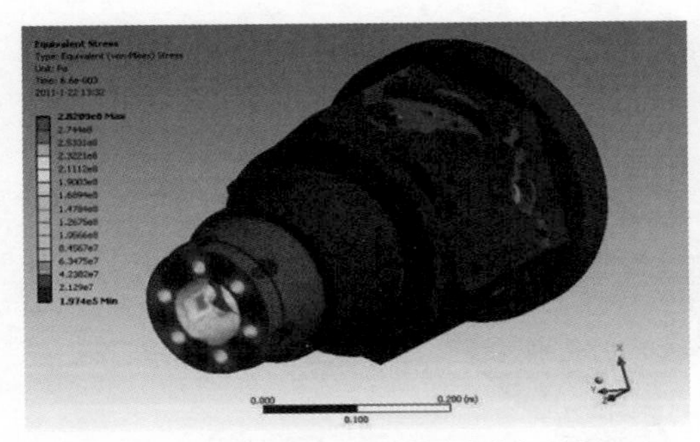

(a) 冲击载荷作用下的整体应力分布云图

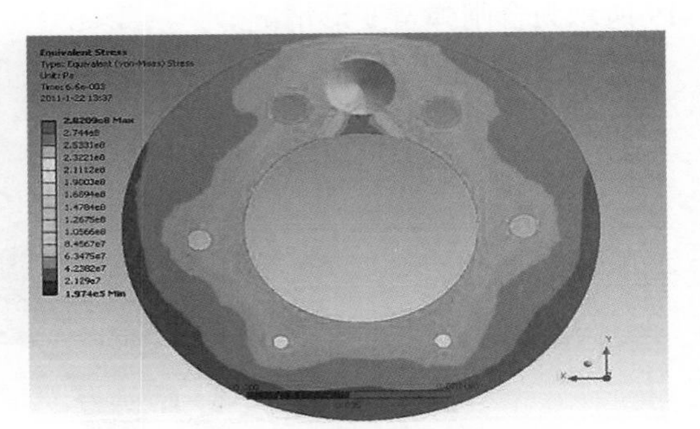

(b) 冲击载荷下轴向剖面应力分布云图

图 1-18　仿真计算结果（一）

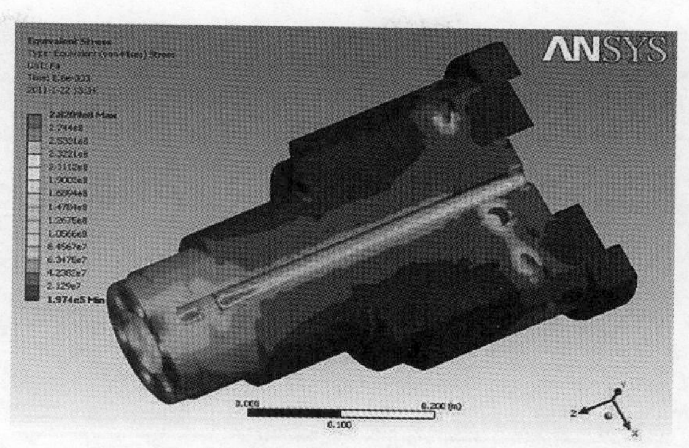

(c) 冲击载荷下径向剖面应力分布云图

图 1–18 仿真计算结果(二)

图 1–19 合闸弹簧变形情况

案例5:220kV某变电站110kV断路器在进行合闸操作时,断路器发生半分半合故障,经检查,断路器C相灭弧室压气缸导向环存在一定公差,喷口有磕碰痕迹、触指弹力不均,未形成闭环圆引起合闸操作摩擦力过大,导致断路器合闸不到位,如图1–20所示。

案例6:500kV某变电站5043断路器从冷备用转热备用时B相发生放电,解体发现罐体底部和动触头压气缸内部存在较多铝屑,如图1–21所示。

图 1–20 触指弹力不均、摩擦力过大引起合闸不到位

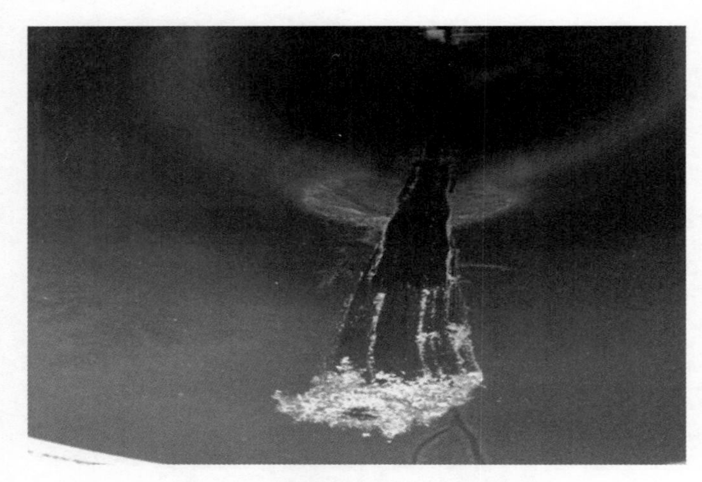

图 1-21　断路器本体内部存在铝屑

案例 7：220kV 某变电站当 04 断路器打压超时后，发压力闭锁并发现液压降至零，检查发现油箱内油已全部渗漏，原因为储压筒与工作缸连接管对接面密封件损坏，如图 1-22 所示。

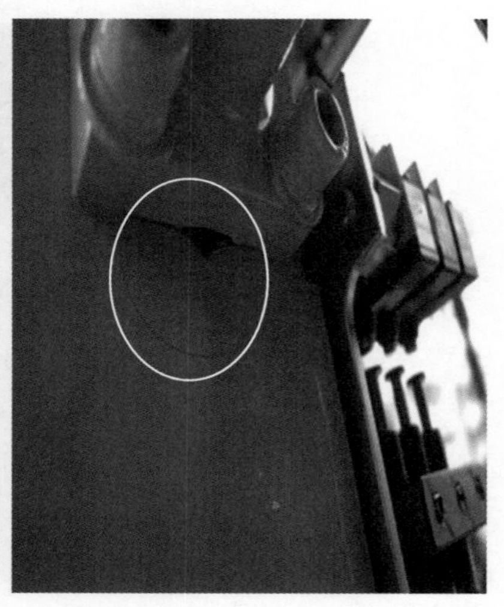

图 1-22　液压机构渗油

案例 8：750kV 某变电站的 750kV 断路器自投运后一直存在液压机构频繁打压的现象。解体检查，发现密封圈严重变形。原因为密封圈中含有氟橡胶材质，不耐低温，在低温环境下橡胶性能下降造成液压机构渗漏油严重，机构严重失压，如图 1-23 所示。

案例 9：220kV 某变电站 220kV 断路器设备运行时，打压信号频繁。例行检修时，检修人员对该机构液压油进行过滤，发现该断路器液压机构中的液压油存在金属碎屑，致使机构阀体密封不严泄压，如图 1-24 所示。

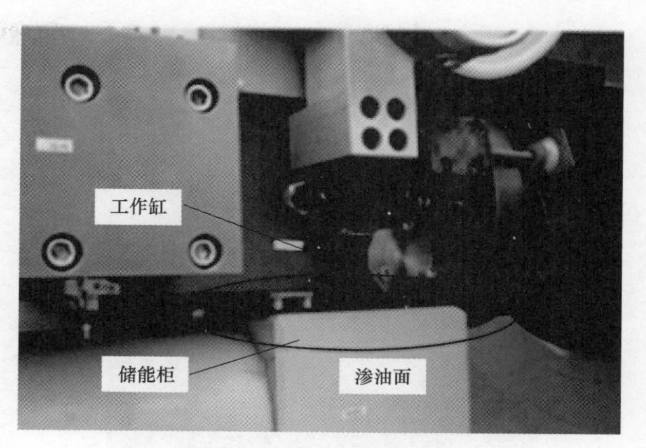

图 1–23　液压机构渗油

图 1–24　液压油存在杂质，机构内漏导致打压频繁

案例 10：500kV 某变电站 500kV 断路器 B、C 相在分闸线圈过程中，发现断路器 B、C 相弹簧操动机构分闸缓冲器漏油，如图 1–25 所示。

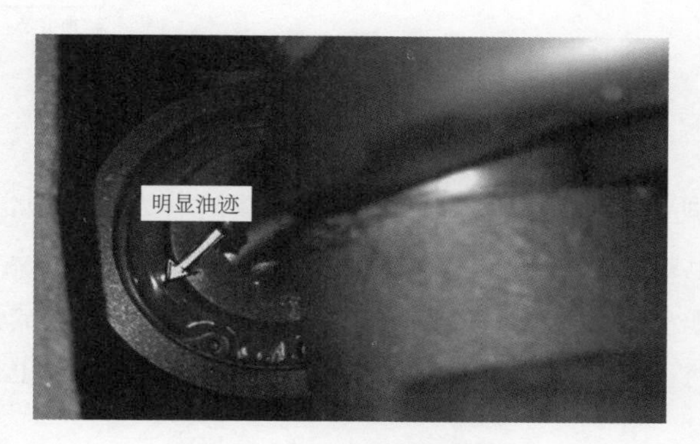

图 1–25　分闸缓冲器漏油

案例 11：220kV 某变电站 110kV 隔离断路器机械闭锁挡板断裂，如图 1–26 所示。

图 1-26　隔离断路器机械闭锁挡板断裂

案例 12：220kV 某变电站 110kV 隔离断路器的接地开关电机控制回路缺少电机保护措施，可能造成电机损坏，如图 1-27 所示。

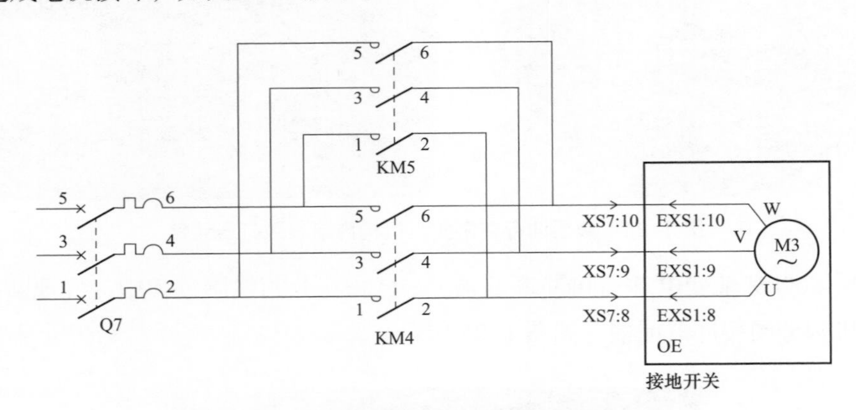

图 1-27　电机控制回路无保护措施

（2）具体措施。

1）制造厂应提供所有外露金属件的耐盐雾、漆膜附着力试验报告。耐盐雾试验应满足 DL/T 1425—2015《变电站金属材料腐蚀防护技术导则》要求，腐蚀等级为 C1、C2、C3 时，中性盐雾试验应不小于 720h；腐蚀等级为 C4、C5 时，中性耐盐雾试验应不小于 1000h；漆膜附着力试验参考 GB/T 9286—1998《色漆和清漆漆膜的划格试验》（ISO2409）执行，不低于 1 级。

2）外露的金属连杆及拐臂应使用不锈钢、铝合金或热镀锌件，热镀锌层最小厚度不应低于 70μm，外露的传动连接部位应加装防雨罩。

3）操动机构的分合闸弹簧技术指标应符合 GB/T 23934—2015《热卷圆柱螺旋压缩弹簧技术条件》的要求，其表面宜为磷化电泳工艺防腐处理，涂层厚度不应小于 90μm，附着力

不小于 5MPa；拐臂、连杆、凸轮材质宜为镀锌钢、不锈钢或铝合金，表面不应有划痕、锈蚀、变形等缺陷。

4）螺栓紧固力矩按照厂家设计标准执行，力矩紧固后应做好标记。驻厂监造、入厂验收及现场交接时都应对设备内部及外部螺栓紧固力矩进行抽检复核。

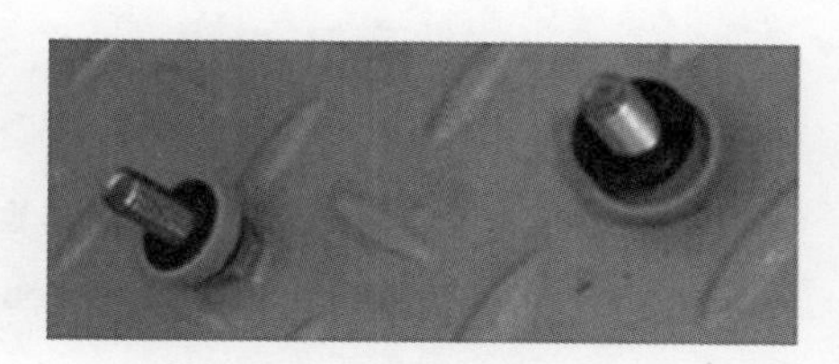
图 1–28　带防水垫圈螺栓

5）螺栓应使用不锈钢或镀锌件，镀层厚度参考 GB/T 2694—2018《输电线路铁塔制造技术条件》执行，螺孔应采用防水垫圈或涂胶（脂）等有效的防水措施，如图 1–28 所示。

6）液压机构工作缸材料应符合布氏硬度不小于 95HB、抗拉强度不小于 362.6MPa、延伸率不小于 8%，进行探伤测试，每批次都应按比例开展金相及材质检测，断路器设备制造厂应提供上述试验报告或见证试验结果证明，每个液压机构工作缸应有唯一的身份标识，便于后期进行质量追溯。出厂时断路器厂家必须提供液压机构工作缸自检报告，严禁使用外协报告替代。

7）每根分合闸弹簧都应进行探伤和力学特性测试，每批次都应按比例开展金相、强压及材质检测，断路器设备制造厂应提供上述试验报告或见证试验结果证明，每根弹簧都应有唯一的身份标识，便于后期进行质量追溯。出厂时断路器厂家必须提供弹簧自检报告，严禁使用外协报告替代。

8）断路器出厂试验时应进行机械特性测试，出厂试验报告应包含原始行程特性曲线、输出轴旋转角度与内部触头行程对应关系；断路器例行试验必须进行行程曲线测试，并与原始曲线进行比对。

9）断路器出厂试验时应带原配机构进行不少于 200 次的机械操作试验，驻厂监造应见证其清洁过程，如发现非正常磨合产生的金属颗粒或直径大于 2mm 的异物，应解体检查，合格后方可进行其他出厂试验。

10）液压机构应采用模块化设计，减少液压管路及密封面；滑动密封应采用格莱圈、斯特封等密封技术，提升密封可靠性；密封件应优先采用丁晴橡胶，其拉伸、硬度、压缩、低温、耐油、耐老化性能应满足断路器机构安装、运行使用要求。

11）液压机构应配备电气和机械的防慢分装置，保证机构泄压后重新打压时不发生慢分。

12）液压机构应综合考虑状态评价及制造厂要求按期开展大修，及时更换密封件、清洗油箱，更换或过滤液压油。

13）机构各转动部分应涂以适用于当地气候条件的二硫化钼锂基润滑脂，按照制造厂要求定期开展机构检查保养，防止机构卡涩。

14）厂内装配和现场安装应严格检查并确认螺栓可靠安装。制造厂应严格规定螺栓紧固力矩的要求和检查流程，检查环节应采取自检 + 互检的方式，并在检查卡中记录在案。紧固

件在紧固时按拧紧方向紧固螺栓，紧固位置 3 个以上时，螺栓紧固顺序按照下螺栓紧固顺序。

15）断路器分合闸应在额定气压下操作，禁止操动机构不带本体空分、空合操作。

16）检查分合闸缓冲器无漏油，防止由于缓冲器性能不良使绝缘拉杆在传动过程中受冲击变形。

17）制造厂应定期收集产品相关缺陷、故障等信息，对因设计、材质、工艺不当导致的缺陷或隐患，应提供终身质保和免费召回的服务。

18）制造厂应提供各操动机构机械闭锁所使用材质的金属强度值，以及在机械闭锁处形成的剪切力值，并随出厂报告提供相关金属强度报告和剪切力报告，必要时应委托有金属检测资质的第三方开展金属强度试验。

19）在电机控制回路中，设计电机保护回路，防止电机堵转烧毁。

2. 提升控制回路运行可靠性

（1）现状及需求。

断路器机构箱内使用的各种继电器、转换开关、微动开关、辅助开关、二次线缆等不合格或损坏均可能导致断路器拒动或误动，误动会造成设备非正常停运；拒动会造成停电范围扩大，严重时导致跨区电网稳定破坏，电网解列，引发严重的电网事故。

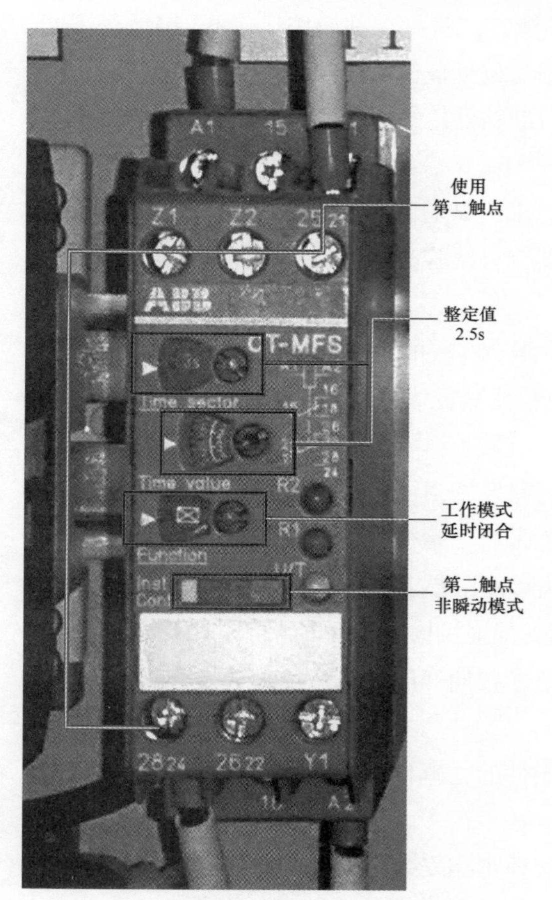

图 1-29　机构箱内三相不一致保护继电器

减少控制回路异常导致的设备拒动或误动，需要进一步完善结构性控制回路设计要求、严格二次元器件质量把控，同时做好运行维护过程中巡视检查工作。

控制回路运行可靠性提升，能够有效降低断路器拒动和误动概率，提高电网运行可靠性，二次回路缺陷率的降低，也能有效减少后期运维工作量。相关案例见案例 1~ 案例 6。

案例 1：500kV 某变电站 500kV 1 号主变压器 5012 断路器跳闸，事发时该变电站内无检修及倒闸操作。经检查跳闸原因为三相不一致保护中间继电器端子绝缘击穿，触点导通导致机构自带的三相不一致保护误动作，如图 1-29 所示。

案例 2：500kV 某变电站汇控柜内温湿度控制器外壳及底座均未采用阻燃性材料，其内部元件故障起火燃烧导致断路器二次控制回路功能紊乱，造成断路器汇控柜内湿温控制器及其周围继电器、柜内配线烧毁，如图 1-30 所示。

图 1–30　因二次元件不阻燃导致汇控柜烧毁

案例 3：220kV 某变电站 220kV 充蓬一线 265 断路器三相跳闸。检查原因是断路器机构箱内凝露受潮，K02–33 和 K03–32 接线之间有轻微放电现象产生，导致 K02 继电器启动，断路器跳闸。经检查该继电器在 1.7W 左右启动，二次回路的电压异常导致断路器误动，经检查该断路器所配的 K02、K06、K07、K12 继电器动作功率均不足，如图 1–31 所示。

图 1–31　断路器机构箱内动作功率不满足要求的 4 只继电器

案例 4：110kV 某变电站 35kV 断路器弹簧操动机构控制回路存在设计缺陷。合闸线圈控制回路中未串入监测机构储能是否到位的动断行程节点。在弹簧机构未储能或储能过程中，发出合闸脉冲，因辅助断路器未转换，合闸线圈长时间励磁，烧损合闸线圈，引起控制回路断线，导致断路器拒动。空气延时继电器合闸原理示意图如图 1–32 所示。

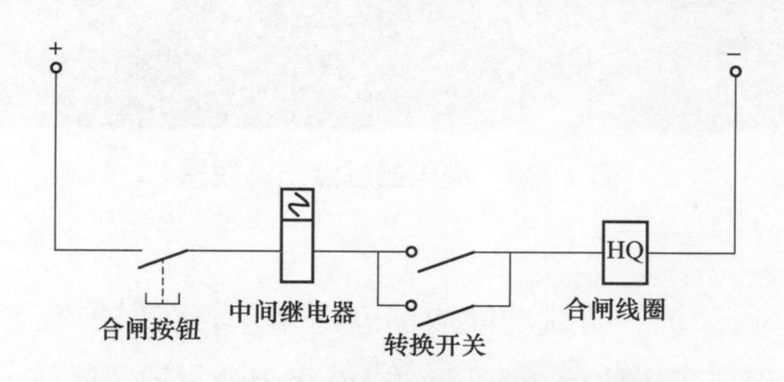

图 1–32　空气延时继电器合闸原理示意图

案例 5：220kV 某变电站 220kV 断路器在处理该断路器液压机构油泵打压超时缺陷时，发现其故障原因为所使用的计时元件（空气延时头橡皮气囊）损坏不能正常计时所致，如图 1–33 所示。

图 1–33　空气延时继电器橡皮气囊老化开裂

案例 6：220kV 某变电站 2C37 断路器三相跳闸，保护装置无动作信息，无异常信号，现场检查原因是机构箱内第二组跳闸回路中间继电器 K12 外罩卡扣断裂，触点脱落异常导通，导致断路器异常跳闸，如图 1–34 所示。

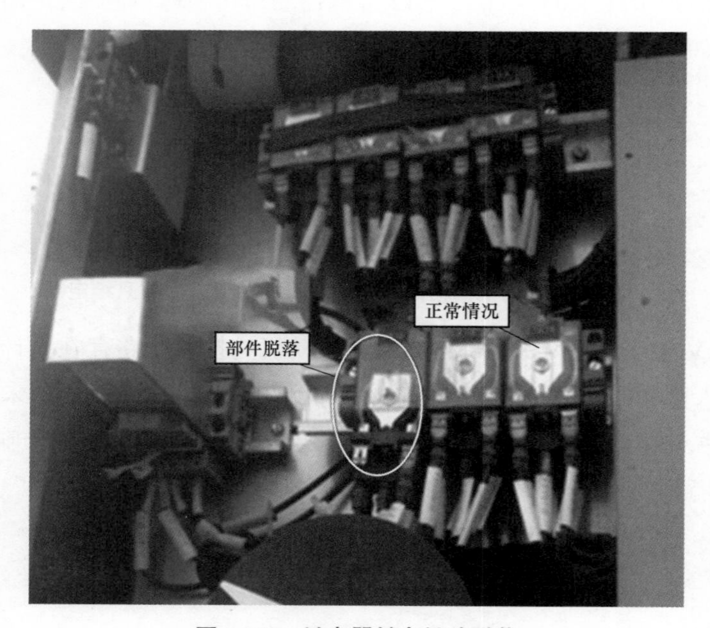

图 1–34　继电器触点松动脱落

（2）具体措施。

1）断路器三相不一致保护、防跳功能取消就地布置，在保护装置内实现。

2）所有二次元件外壳应采用取得 3C 认证的 V0 级阻燃材质，防止元件自身发热引发火灾。

3）出口继电器应采用动作电压在额定直流电源电压的 55%~70% 范围以内的中间继电器，动作功率不低于 5W。

4）弹簧机构合闸回路应串入储能状态接点，实现未储能闭锁合闸功能。

5）液压机构压力微动开关应选用大触点开关，保证动作可靠，如图 1–35 所示。

图 1–35　大触点微动开关，能够防止触点过小动作不可靠

6）时间继电器应优先选用电子式，不应选用电磁式，运行中的气囊式时间继电器应按要求定期更换。

7）操动机构的各种接触器、继电器、微动开关、压力开关、压力表、加热装置和辅助开关的动作应准确、可靠，触点应接触良好，无烧损或锈蚀；分合闸线圈的铁芯应动作灵活、无卡阻。

8）断路器制造厂应对液压机构电接点压力表、安全阀、压力释放器进行校验，并提供校验报告，严禁使用外协报告替代。

9）端子排的各端子间应有能耐 600V 的绝缘隔离层，跳闸和合闸回路、直流（+）电源和跳合闸回路不能接在相邻端子上；每个端子应有标记牌，为与出线电缆连接，应装备 $4mm^2$ 或更大的、带有绝缘套的压接式的端子接头。一个端子只允许有一根接线。

10）机构箱、汇控柜应采用铜材质的二次端子排。多股软线应采用搪锡铜鼻子压接。

11）应综合考虑状态评价及制造厂要求更换二次元器件、密封件等易损元件，建议 8~10 年更换一次。

12）应定期开展机构箱、汇控箱内二次回路红外测温。一类变电站每 2 天不少于 1 次；二类变电站每 3 天不少于 1 次；三类变电站每周不少于 1 次；四类变电站两周不少于 1 次。

3. 提升机构箱防护能力

（1）现状及需求。

机构箱防护能力不足、密封不严，驱潮加热装置配置不当等问题易造成箱内元件受潮，导致二次元器件老化加速、绝缘降低、接点腐蚀等，严重时造成二次回路短接或断开，导致断路器误动或拒动，引发电网事故。

提升机构箱防潮能力，一方面需要制造厂改进机构箱（汇控柜）防潮、驱潮设计，另一方面要加强巡视，对进水受潮机构箱采取相关防漏防潮措施。

提升机构箱防潮能力能够避免二次触点受潮短接等造成的拒动或误动，提升电网运行可靠性。

案例：35kV 某变电站 35kV 1 号主变压器 301 断路器（型号 ZW39A–40.5）机构内出现渗水现象，机构箱内锈蚀明显、电缆受潮。现场检查发现机构箱进水原因为电流互感器与机构箱连接的控制电缆穿管接头处密封不严，水、气顺着波纹管内壁进入机构箱，如图 1–36 和图 1–37 所示。

图 1–36　设备外形

图 1–37　机构箱内受潮情况

（2）具体措施。

1）户内机构箱的防护等级不低于 IP44，户外机构箱（汇控柜）的防护等级不低于 IP55 的要求。

2）汇控柜、机构箱壳体及线槽应使用不锈钢或铝合金，不锈钢钢板厚度不小于 2mm，尺寸允许偏差满足 GB/T 708—2019《冷轧钢板和钢带的尺寸、外形、重量及允许偏差》的 B 级精度要求。不锈钢标号不应低于 304，当大气腐蚀程度（按 GB/T 19292.1—2003《金属和合金的腐蚀大气腐蚀性分类》分级）达到 C4、C5 级应分别选用 316、316L 不锈钢。外壳应整体喷塑或喷漆，干膜厚度对应 C1~C3、C4、C5 分别对应不小于 170、220、280 μm，附着力不低于 1 级、（GB/T 9286—1998《色漆和清漆漆膜的划格试验》）。

3）所有汇控柜、操动机构箱门高超过 600mm 的门锁应采用新型三点式门锁（具有锁栓和上下插杆机构和上下曲柄滑块机构）。

4）汇控柜门、操动机构箱门应采用向外弯边或上翘设计的导流设计；箱门的上下边沿应有下弯沿进行导流；顶部应设计成倾角，防止雨水堆积。

5）台风地区及西部风沙大地区呼吸孔应采用迷宫式设计。箱柜密封条应采用 Ω 气囊式密封条，分别如图 1–38 和图 1–39 所示。

图 1–38　迷宫式“M”型呼吸

图 1–39　Ω 气囊式密封条

6）所有汇控柜、操动机构箱门高超过 600mm 的门锁应采用新型三点式门锁（具有锁栓和上下插杆机构、上下曲柄滑块机构）。

7）观察窗的密封圈应为抗紫外性能良好的耐候性橡胶密封圈，如三元乙丙橡胶，且应使用整段式密封圈，中间不得有接缝。应采用压紧式密封圈，不得采用自夹紧式密封圈，如图 1–40 所示。

图 1–40　观察窗整段式密封圈（不接缝）

8）顶盖和箱底内部结构应采用双层结构。

9）为缩小柜（箱）体内部的温差，减少低柜（箱）体内部凝露，应在箱体内壁、顶盖、箱门或其夹层整体加装阻燃泡沫材料进行隔热保温，覆盖面积不小于总面积的 90%。

10）设备出厂时应抽检淋雨试验，试验方法参照 GB/T 2423.38—2008《电工电子产品环境试验　第 2 部分》执行，试验时监造人员必须旁站监督，并在监造报告中提供设备淋雨试验和试验后设备情况的照片。

11）外置式电流互感器外壳最低位应开设排水孔，且采用上盖式。二次电缆进线应低于接线盒，避免雨水积存或者通过二次进出线渗入接线盒内。

12）制造厂家应根据机构箱、汇控柜的容积计算出加热板功率及安装位置，并提供计算依据。

13）机构箱内应有完善的驱潮防潮装置，应采用多个低功率（不大于 50W/ 只）加热器分布布置。加热器连续工作寿命至少达到 100000h，可触及加热器表面温升不超过 30K。供应商应提供分布式加热器布置位置和数量的仿真计算报告，在相对湿度 75%、降温 6K/h，箱内不应出现凝露。高温高湿地区可增加冷凝除湿装置，装置除湿量不小于 300mL/24h[温度 27℃，相对湿度 60% 环境下（GB/T 19411—2003《除湿机》）]。极寒地区（–40℃以下）应增加自动和手动温度控制的大功率加热器。

14）加热器电源和操作电源应分别独立设置，以保证切断操作电源后加热器仍能工作；加热器的安装位置与其他二次元器件（含电缆）的净空距离不应小于 50mm。

4. 提升断路器气密性

（1）现状及需求。

断路器漏气问题一直是运维检修阶段经常处置的缺陷，漏气缺陷主要是由断路器密封件损坏、SF_6 气体回路及表计损坏、焊缝沙眼所致。SF_6 气体泄漏将导致：①断路器绝缘性能降低，严重时导致断路器爆炸；②增加温室气体排放，对环境带来污染；③漏气缺陷的处理，增加了设备非计划停运次数，极大增加检修工作量。

减少漏气缺陷，需要制造厂选用更加优质的密封件，严格进行制造过程中的工艺控制，采用更加符合区域环境的密封工艺。

提升断路器气密性能够有效减少 SF_6 漏气缺陷，降低因 SF_6 气体泄漏或受潮导致的断路器绝缘故障，减少后期运维成本及工作量。相关案例见案例 1~ 案例 5。

案例 1：220kV 某变电站 110kV 断路器，近两年多次对其进行补气工作。红外检漏仪发现断路器漏气点为断路器 B 相本体气室与管路连接处，原因为本体气室与管路接连处密封垫材质不佳，导致气体泄漏。图 1–41 所示为管路接头密封不良。

案例 2：220kV 某变电站 110kV 430 断路器 SF_6 低压力报警，现场通过激光检漏，发现密度继电器下方三通底座 B 相铜管焊接接头处漏气，如图 1–42 所示。

图 1–41　管路接头密封不良

图 1–42　铜管焊接接头处漏气

案例 3：220kV 某变电站 66kV 断路器自投运至今，每年均进行 2~3 次补气工作。经检漏发现断路器漏气点为断路器 B 相焊接接头处，如图 1–43 所示。

案例 4：500kV 某变电站 500kV 断路器 C 相 SF_6 压力低闭锁。经检查发现断路器 C 相 SF_6 充气逆止阀无法返回造成 5022 断路器 C 相漏气。对充气阀进行拆除后发现，充气阀内部有锈蚀痕迹，充气后复归不到位，密封不良导致漏气造成，如图 1–44 所示。

图 1–43 铜管焊接接头处漏气

图 1–44 充气阀锈蚀密封不良

案例 5：750kV 某变电站 7511A 相罐式断路器出现低气压报警现象，通过红外检漏仪发现绝缘子与法兰存在露缝缺陷，如图 1–45 所示。

图 1–45 密度继电器未按反措要求加装防雨罩

（2）具体措施。

1）密封件应采用三元乙丙橡胶，低温地区户外断路器密封圈的密封性能应满足极限温度的要求。

2）SF_6 气体管道应优先采用不锈钢材质，铜管道不允许焊接，横梁中的 SF_6 气体管道应有防雨遮挡措施。

3）SF_6 取补气接口应采用耐腐蚀金属盖封装，并加装防水密封圈。

4）断路器拐臂盒应采用整体铸造方式，严禁采用焊接拼装。

5）制造厂家应提供瓷套水压、探伤、法兰面平面度试验报告，复合套管提供气体压力试验报告。

6）绝缘子与法兰胶装部分应采用喷砂工艺。胶装处胶合剂外露表面应平整，无水泥残渣及露缝等缺陷，胶装后露砂高度为 10~20mm，胶装处应均匀涂抹防水密封胶。

7）应结合停电检查绝缘子金属法兰与瓷件胶装部位完好性，必要时重新复涂防水密封胶，如图 1–46 所示。

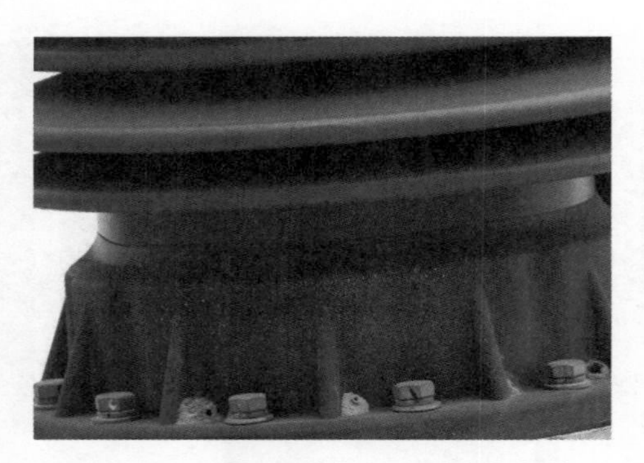

图 1-46　法兰浇装部位涂防水密封胶

5. 提升 SF_6 密度继电器运行可靠性

（1）现状及需求。

SF_6 密度继电器（表计）用于监测断路器 SF_6 压力，对于防止断路器因 SF_6 泄漏或液化导致绝缘事故具有重要意义，但部分 SF_6 断路器未安装监测表计，SF_6 继电器（表计）安装不满足反措要求，导致 SF_6 压力无法正常监测或密度继电器运行不可靠。

提升 SF_6 密度继电器运行可靠性，需要从 SF_6 密度继电器选型、产品制造以及运维检修阶段全面落实反措要求。

SF_6 密封继电器（表计）运行可靠性提升，能够有效提升 SF_6 气体监测可靠性，降低 SF_6 密度继电器（表计）缺陷率，减轻运维工作量；防止由于压力降低、气体继电器触点导通或接地等，导致的断路器拒动或直流接地等问题。相关案例见案例 1~ 案例 4。

案例 1：220kV 某变电站 40.5kV 断路器没有 SF_6 压力表，日常巡视不能检查实际压力值，当断路器 SF_6 压力缓慢降低时不能及时发现其趋势，无法提前采取行动，如图 1-47 和图 1-48 所示。

图 1-47　OHB-40.5 断路器

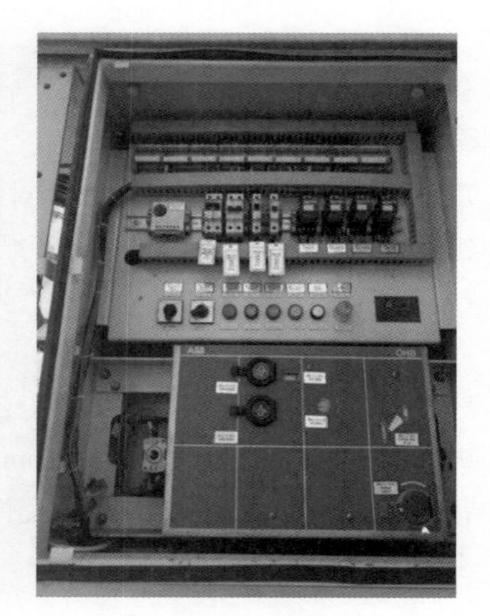

图 1-48　GI-E 断路器

案例 2：330kV 某变电站 330kV 断路器未按反措要求加装密度继电器防雨罩，如图 1–49 所示。

图 1–49　密度继电器未按反措要求加装防雨罩

案例 3：330kV 某变电站 330kV 断路器 SF_6 密度继电器安装在机构箱内部，不满足《国家电网有限公司十八项电网重大反事故措施》要求，如图 1–50 所示。

图 1–50　密度继电器与本体不在同一运行环境温度

案例 4：330kV 某变电站 3332 断路器 A 相、3322 断路器 C 相、3323 断路器 B 相 SF_6 表头倾斜，表计防振垫断裂，如图 1–51 所示。造成防振垫断裂的原因主要是橡胶制的防振垫因户外温差大，老化加快，加之断路器加装三通阀后表计伸长，振动幅度加大所致。

图 1–51　表计防振垫断裂

（2）具体措施。

1）断路器采用 SF_6 气体作为绝缘介质的，应安装 SF_6 密度继电器。

2）断路器制造厂应开展外购 SF_6 密度继电器校验，并提供校验报告，严禁使用外协报告替代。

3）户外安装的密度继电器应设置防雨罩，防雨罩应采用不锈钢或铝合金材料，保证指示表、控制电缆接线盒和充放气接口均能够得到有效遮挡。

4）SF_6 密度继电器应装设在与断路器本体同一运行环境温度的位置，不应装设在具有温度调节装置的机构箱、汇控箱内。现场不得调整已与断路器本体在同一运行环境温度安装的 SF_6 密度继电器的管路。

5）SF_6 密度继电器应选用带阻尼功能的防振型继电器。

6）220kV 及以上断路器每相应装设独立的密度继电器。

6. 提升导电接触可靠性

（1）现状及需求。

部分断路器因装配工艺不良或导电金属部件表面处理工艺不当，运行中磨损造成接触不良；频繁开断电容器组（电抗器组）的断路器触头电烧伤严重，多次分合后导致接触电阻增大，接触处过热，严重时导致断路器爆炸。

为避免断路器内部接触不良导致事故，一方面要加强断路器导电金属件外表面处理工艺的控制，另一方面在验收投运及运维检修阶段要重点关注断路器回路电阻测量数值，特别是频繁开断无功补偿装置的断路器。

提升导电接触可靠性能够有效防止断路器过热导致的设备故障。

（2）具体措施。

1）导电回路的所有接触部位应镀银，镀层应结晶细致、平滑、均匀、连续；表面无裂纹、起泡、脱落、缺边、掉角、毛刺、色斑、腐蚀锈斑和划伤、碰伤等缺陷；动接触部位镀银厚度不应小于 20μm，静接触部位镀银厚度不应小于 8μm，镀银层硬度、附着力等应满足设计要求；活塞处镀银层应经滚压处理。

2）断路器制造厂应提供触头成分、金相组织及弹簧触头压紧力检测报告。弧触头应采用整体烧结的加工方式，其化学成分应满足 JB/T 4107.2—2014《电触头材料化学分析方法　第 2 部分：铜钨中铜》要求，金相组织满足 GB/T 8320—2017《铜钨及银钨电触头》要求，密度、硬度、抗拉、抗弯、电导率满足 GB/T 5586—1998《电触头材料基本性能试验方法》要求；弹簧触头的压紧力应采用工装逐个进行检测。

3）灭弧室应逐相进行插拔力检测，保证每相本体插拔力的一致性，提高产品操作可靠性，确保本体灵活运动。断路器厂家应提供每相灭弧室插拔力检测报告，如图 1–52 所示。

4）330kV 及以上变电站内用于投切无功补偿设备的断路器，回路电阻超标或投切次数

达到 2000 次的，应对灭弧室进行解体检修。

7. 提升绝缘可靠性

（1）现状及需求。

近年来，系统内多次发生绝缘拉杆脱落、拉杆轴销处放电、绝缘拉杆断裂等批次性问题，造成断路器内部放电、绝缘拉杆炸裂等事故，严重影响电网及设备的安全运行。

提升断路器绝缘水平重点需要加强制造阶段对断路器内部绝缘件性能的检测把关，运维阶段做好断路器 SF_6 压力及微水的监测，避免因 SF_6 气体泄漏或受潮等导致内部绝缘水平降低。

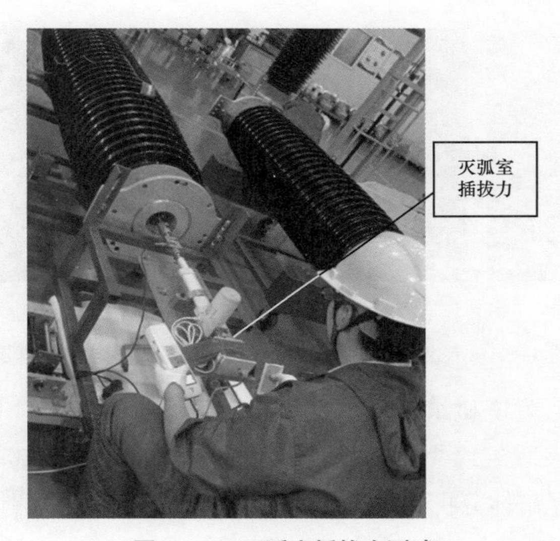

图 1–52　灭弧室插拔力测试

提升绝缘性能能够有效降低断路器绝缘导致的设备故障，提高供电可靠性。相关案例见案例 1~ 案例 6。

案例 1：330kV 某变电站 110kV 沣都断路器开断线路故障时，C 相灭弧室绝缘拉杆击穿烧损，导致开断故障电流失败，C 相灭弧室内部烧损，灭弧室底部金属腔烧穿，喷溅金属碎屑。2016 年 3 月 31 日，原 110kV 沣碱断路器开断线路故障时，重合失败，第二次分闸过程中，C 相灭弧室绝缘拉杆击穿烧毁，故障电流经绝缘拉杆对地放电，故障电弧将底部金属腔熔穿，绝缘拉杆从灭弧室脱出。2016 年 6 月 29 日，原 1131 沣肖断路器由热备用状态转至运行状态，断路器操动机构、传动部件卡滞造成合闸不到位，断路器 B 相内部电弧燃烧，导致瓷套爆炸。其烧毁的原因是由于绝缘拉杆被击穿烧毁，反映出该绝缘拉杆绝缘性能存在极大问题，如图 1–53 所示。

案例 2：750kV 某输变电工程系统调试过程中，7522 罐式断路器 A 相内部发生短路故障，故障后解体情况如图 1-54 所示，经分析本次故障为绝缘拉杆的制造质量问题。

图 1-53　断路器绝缘拉杆被击穿烧毁

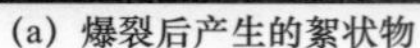

（a）爆裂后产生的絮状物

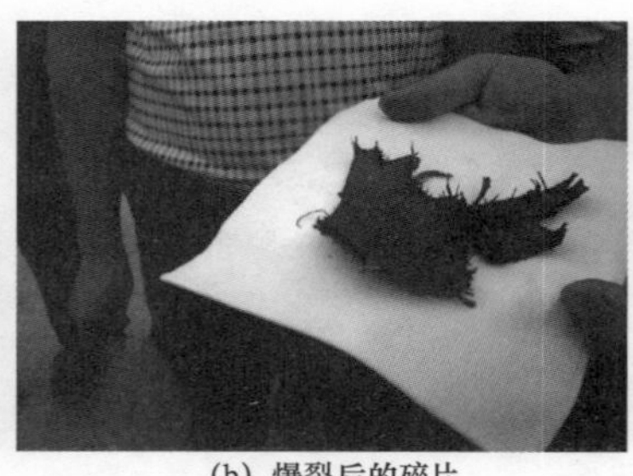

（b）爆裂后的碎片

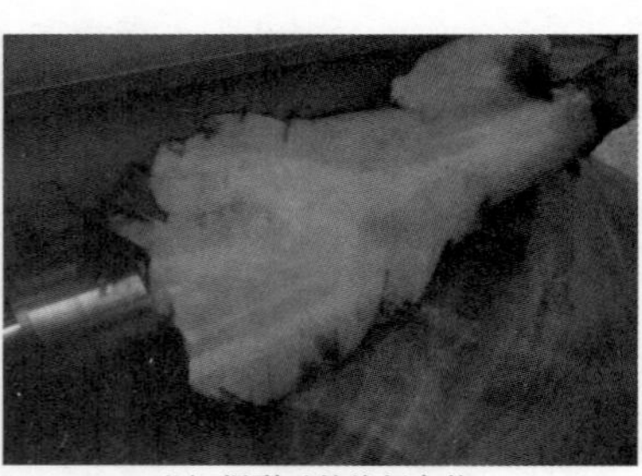

（b）爆裂后的拉杆主体

图 1-54　7322 罐式断路器 A 相内部短路故障解体情况

案例 3：某电厂 5 号发电机组假同期试验结束后，准备将 7511 断路器转热备用，大贺 I 线跳开，经解体检查发现绝缘拉杆上接头拉脱变形，断路器内部有黑色黏稠物质，如图 1-55 和图 1-56 所示，经解体分析此次故障原因属绝缘拉杆产品质量问题。

案例 4：750kV 某变电站在对 7522 断路器 A 相整体对地交流耐压时，当电压升至 352kV 时，试验回路报击穿故障，解体发现绝缘拉杆内壁存在明显的闪络痕迹，如图 1-57 所示。分析原因为厂家安装时，绝缘拉杆透气孔已经受潮。

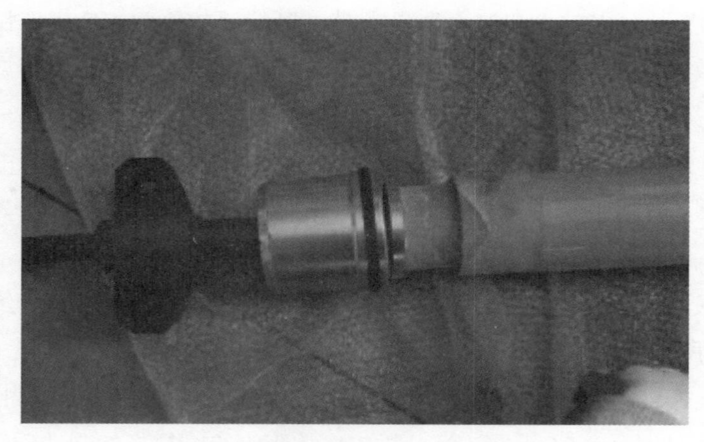

图 1-55　绝缘拉杆上接头拉脱并变形

图 1-56　故障断路器内部的黑色黏稠物质

图 1-57　绝缘试验后的拉杆主体

案例 5：750kV 某变电站 7511 断路器在制造厂进行雷电冲击试验时，发生闪络现象。解体发现盆式绝缘子表面出现树状爬电现象，如图 1-58 所示，原因为盆式绝缘子在装配过程中未进行足够的清洁工作。

案例 6：某换流站 7530 断路器跳闸，现场发现 B 相本体接地扁铁处有灼烧痕迹，如图 1-59 和图 1-60 所示，解体分析本次放电事故的原因为套管气室底部存在异物。

图 1-58　出现树状爬电的盆式绝缘子

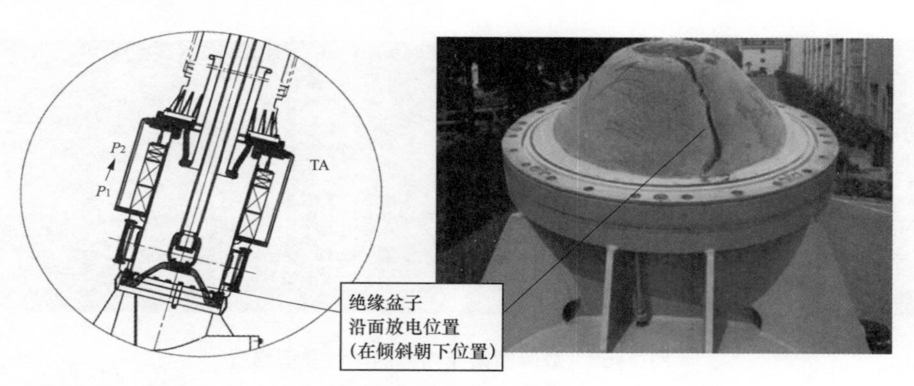

图 1–59　放电位置

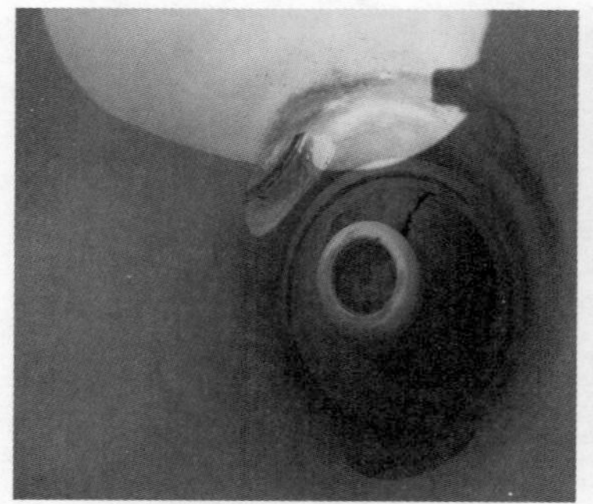

（a）气室壁附着大量 SF_6 分解产物

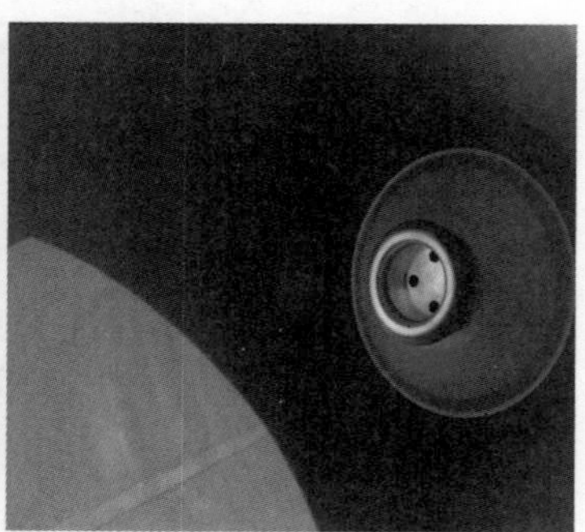

（b）非故障侧套管气室内部

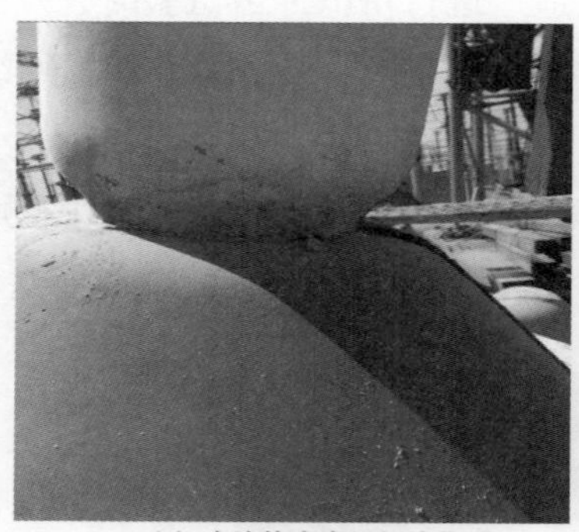

（c）电连接底座局部熔化

（d）绝缘子表面痕迹

（e）电连接内部

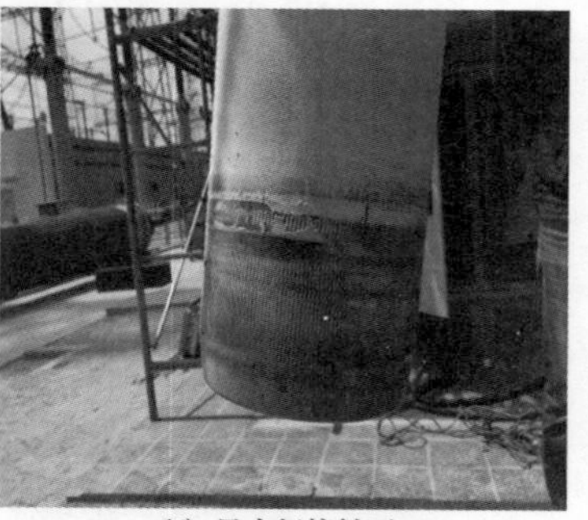

（f）导电杆接触面

图 1–60　事故解体分析（一）

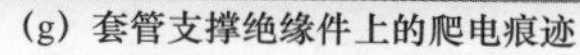

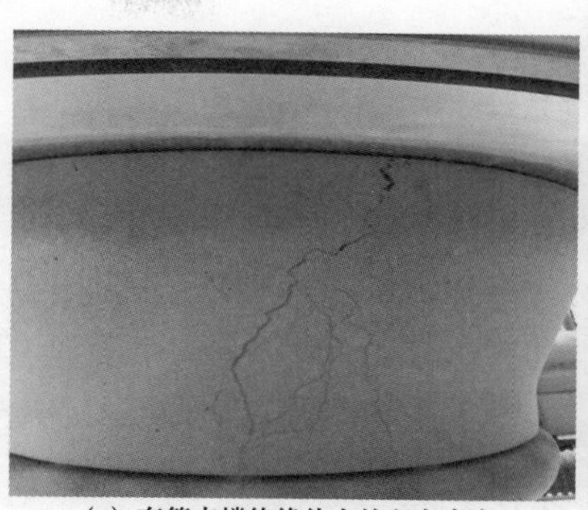

(g) 套管支撑绝缘件上的爬电痕迹

(h) 套管安装法兰绝缘件上的爬电痕迹

图 1-60 事故解体分析(二)

(2)具体措施。

1)断路器制造厂应严格开展绝缘拉杆、盆式绝缘子等绝缘件的工频耐压及局部放电试验,对绝缘拉杆、盆式绝缘子(包括国产和进口)等绝缘件应逐只进行工频耐压及80%工频耐压下的局部放电试验,局部放电值不应大于3pC,试验工装应尽可能等效绝缘拉杆、盆式绝缘子等绝缘件在产品中的电场分布;并提供试验报告,严禁使用外协报告替代。

2)所有绝缘拉杆、盆式绝缘子等绝缘件应在恒温恒湿环境中密封保存,并在安装前进行干燥。

3)SF_6断路器本体应微正压运输。

4)110kV及以上罐式断路器出厂前在分合闸状态下均进行正负极性各3次额定雷电冲击电压耐受试验(其波前时间不大于1.2μs±30%),避免异物、尖端等引起电场畸变导致放电。出厂工频、冲击耐压试验如发生放电,应先查找到放电点,经过处理后重新试验。

5)投运前,110kV及以上电压等级罐式断路器应在1.2倍额定相电压下进行局部放电检测。

8. 提升运维便捷性

(1)现状及需求。

目前断路器取补气接口不统一,部分断路器的SF_6密度继电器不能免拆卸校验、观察窗运行后模糊不清、观察窗位置设计不合理、机构过于紧凑、元件更换困难等问题给运维检修工作带来不便,造成检修时间过长,运检效率过低。

提升运维便捷性,提高运检工作质效,需要设备从产品设计、原材料选用等方面进行改进。

通过统一表计接口及设备基础、优化机构箱设计等能有效提升现场检修工作效率,减轻一线员工工作负担。加装三通阀还能够实现不拆卸校验表计,避免频繁拆卸表计对密封件造成的损伤,减少漏气缺陷。相关案例见案例1~案例11。

案例1:不同生产厂家生产的220kV瓷柱式SF_6断路器、SF_6充气及试验接口规格各异,部分厂家本厂不同批次产品充气及试验接口也有差异，接口不具备通用性，如图 1-61 所示。

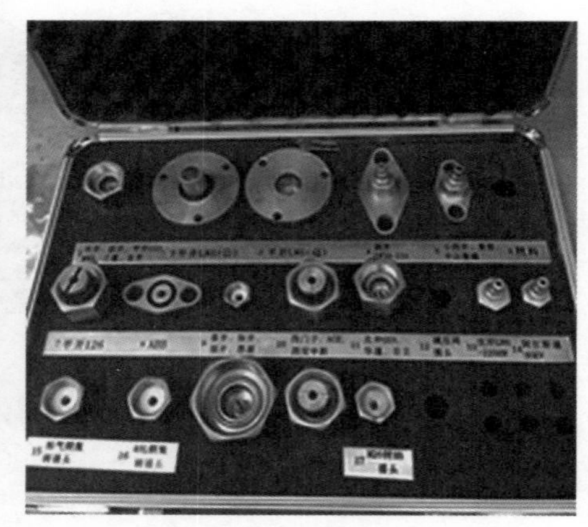

图 1-61　各断路器厂家 SF_6 充气及试验接口型号

案例 2：110kV 某变电站 110kV 断路器所配 YS-100 6FS 型 SF_6 密度继电器无法满足不拆卸校验密度继电器的要求，如图 1-62 所示。

案例 3：500kV 某变电站 220kV 断路器，SF_6 密度继电器安置在机构箱内且不满足与开关设备本体之间的连接方式，如图 1-63 所示。

图 1-62　SF_6 密度继电器不满足反措不拆卸校验要求

图 1-63　SF_6 密度继电器安置在机构箱内

案例 4：220kV 某变电站 220kV 断路器因存在家族性缺陷，需要对其进行整体更换，但因新断路器基础尺寸与原旧断路器基础尺寸不相同，更换中不得不重新制作基础，造成设备更换检修停电时间延长。

案例 5：220kV 某变电站 110kV 断路器观察窗有机玻璃老化模糊不清，如图 1-64 所示，日常巡视过程中无法正常观测。

案例 6：220kV 某变电站 220kV 断路器机构箱外部结构设计不合理，在外部无法看到断路器的合分闸位置，只有将柜门打开后才能观察到断路器的合分闸位置，不便于日常巡视，

如图 1–65 所示。

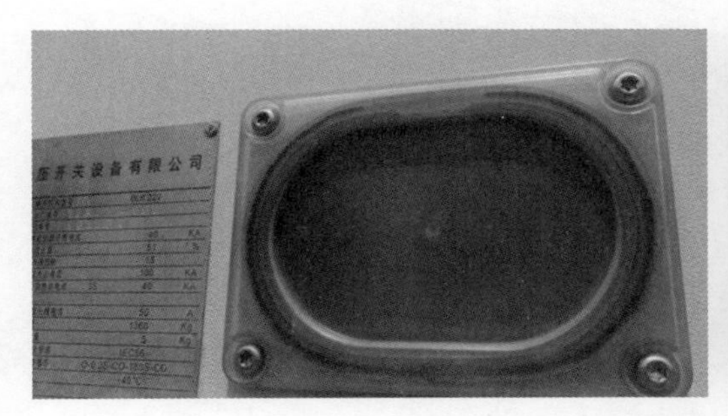

图 1–64　观察窗模糊不清

图 1–65　机构箱观察窗设计不合理

案例 7：750kV 某变电站 750kV 断路器开关储能指示观察窗位置靠近上部，如图 1–66 所示，为运维人员巡视带来很大困难。

图 1–66　断路器储能指示观察窗位置

案例 8：330kV 某变电站 66kV 旁路断路器操作合闸后，断路器的时间继电器延时元件异常，造成不正常闭锁。检修人员更换时间继电器延时元件时，由于内部空间过小，部分元件在最里侧，延长了应急抢修时间，如图 1–67 所示。

图 1–67　机构箱内布局不合理

案例 9：750kV 某变电站 7522 断路器的机构箱加热器安装位置不合理，造成不方便更换，如图 1–68 所示。

（a）7522 断路器机构箱外部

（b）7522 断路器机构箱内部

图 1–68　7255 断路器机构箱

案例 10：某地区大幅降温，气温达到 –20℃，750kV 某变电站断路器加热带顺利投运，保证了罐式断路器安全稳定运行，如图 1–69 所示。

（a）机构箱内加热器

（b）罐式断路器大罐外部加热带

图 1–69　750kV 某变电站断路器加热带

案例 11：220kV 某变电站，设计阶段未考虑修建固定检修操作平台，如图 1–70 所示，给检修或机构处理缺陷带来不便。

图 1-70　断路器未设计操作平台

（2）具体措施。

1）设备充 / 取气口位置应考虑检修维护便捷，选用通用公制接口。

2）SF_6 密度继电器与开关设备本体之间的连接方式应满足不拆卸校验密度继电器的要求。

3）断路器设备与基础之间应采用地脚螺栓连接，统一螺栓位置及间距，接口尺寸及土建施工工艺应满足 Q/GDW 11071.4—2013《110（66）~750kV 智能变电站通用一次设备技术要求及接口规范》要求。

4）观察窗应采用与箱门材料热膨胀系数相近的抗紫外线老化的特种玻璃，防止运行后模糊不清。

5）优化机构箱设计，合理设计箱体结构，保证观察窗口能够方便观察到断路器分合闸位置指示、储能状态及计数器动作次数等信息。

6）合理布置断路器机构箱内各元件安装位置，必要时可以加装侧门，充分考虑易损件现场检修、拆卸的便利性。

7）对于运行在低温环境的断路器，应通过加热保证机构操作可靠、SF_6 气体不被液化。当环境温度降至 5℃时，投入机构箱内加热器，保证机构箱内部温度不低于 −5℃，防止温度对机构液压油性能造成影响，加热器一般布置在机构箱底板上；当环境温度低于 −20℃时，投入罐式断路器大罐外部加热带，保证壳体温度不低于 −30℃，防止壳体内部 SF_6 气体液化，加热器应贴紧壳体外部布置。

8）设计阶段应考虑在断路器机构箱处修建操作平台。

9. 提升选型合理性

（1）现状及需求。330kV 及以上变电站用于投切 35kV 电容器组（电抗器组）的断路器选择 35kV 等级设备，其开断能力不能满足频繁投切容性或感性电流的要求，一旦出现断路器故障导致的近区短路将对主变压器造成严重冲击，损坏主变压器。500kV 变电站典型设计未考虑低压侧总断路器，导致主变压器被迫陪停频率大幅增加，降低了运行可靠性。低温地区断路器选型不当，易造成 SF_6 液化绝缘降低，导致断路器绝缘故障；断路器开断能力不满足安装地点最大短路要求，热备用断口无避雷器保护等问题均会导致断路器炸裂，引发严重的电网及设备事故，需要高度重视。

提升选型的合理性需要从规划、设计阶段入手，选择适合当地运行环境、系统需求的设备。

330kV 及以上变电站开断无功补偿的断路器提高一级选型，能够有效提升断路器开断水平，避免断路器开断失败造成近区短路故障，损坏主变压器。增加 500kV 变电站低压总断路器能够减少主变压器陪停，提升电网运行可靠性。断路器增设避雷器保护，能够有效避免雷击等造成的断路器断口击穿炸裂，低温、系统短路电流较大等情况选择适合当地运行条件的断路器，能够提升其运行可靠性，降低设备故障率。相关案例见案例 1~ 案例 4。

案例 1：某北方地区省份冬季出现大幅降温，气温达到 –30℃以下，在此期间 220kV 某变电站 18 台断路器出现六氟化硫压力报警和闭锁情况，如图 1–71 所示。

图 1–71　低温引起 SF_6 压力降低

案例 2：500kV 某变电站主变压器低压侧未设计总断路器，设计图纸如图 1–72 所示，母线及母线 TV 的检修均需要主变压器陪停，降低了系统运行可靠性。

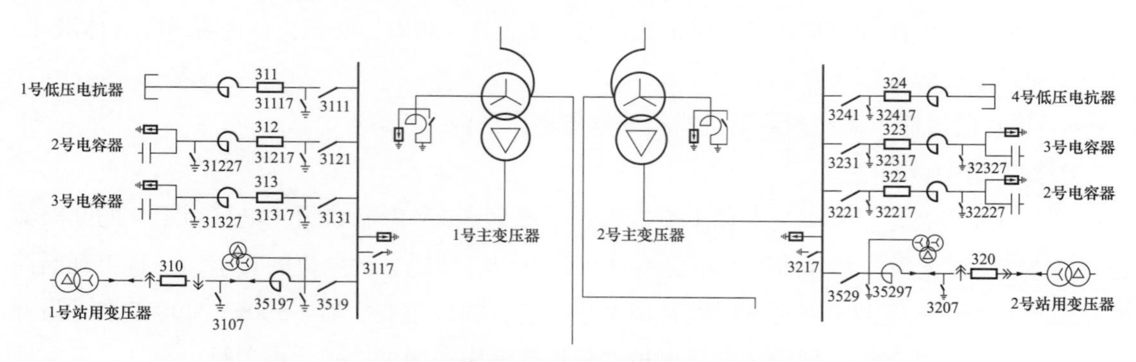

图 1–72　500kV 某变电站主变压器低压侧未设计总断路器

案例 3：220kV 某变电站附近辛鹿线连续遭受两次雷击故障，造成变电站辛 2 号主变压器高压侧间隙过电流保护动作，主变压器三侧断路器跳闸；220kV 失灵保护动作，辛 220、香辛 2、辛 222 断路器跳闸，变电站 220kV 西母失压，处于热备用的辛鹿 1 断路器 B 相断口击穿，解体情况如图 1–73 所示。

图 1–73 断路器 B 相断口击穿解体情况

案例 4：35kV 某变电站 302 断路器内置电流互感器绝缘降低，导致断路器接地，需更换电流互感器，被迫将断路器本体解体，如图 1–74 所示，更换后再恢复并重新调试。如果电流互感器单独安装，只需更换电流互感器即可。

图 1–74 更换内置电流互感器现场

（2）具体措施。

1）严寒地区不应采用 SF_6 瓷柱式断路器，应选用罐式断路器或室内 GIS 设备。在运瓷柱式断路器应加强气体压力监测，采取必要措施防止气体液化，情况严重应考虑补充混合气

体或更换为罐式断路器。

2）投切 35kV 电容器组（电抗器组）的断路器应采用 C2 级 SF_6 断路器。

3）330kV 及以上变电站投切 35kV 电容器组（电抗器组）的断路器应选用 66kV 级断路器，投切 66kV 电容器组（电抗器组）的断路器应选用 110kV 级断路器，投切 110kV 电容器组（电抗器组）的断路器应选用 220kV 级断路器。

4）500kV 变电站低压侧应设计总断路器，降低主变压器陪停率。

5）额定短路电流开断能力不满足要求时，应及时采取线路加装串联电抗器、主变压器中性点加装电抗器、更换断路器等措施；未采取措施前应合理调整运行方式，限制短路电流。

6）应在线路入口加装金属氧化物避雷器。

7）35kV 及以下断路器应采用外置 TA 型式或采用罐式断路器，且外置 TA 应采用硅橡胶外绝缘。

8）10kV 户外瓷柱式断路器应优先选用 SF_6 断路器。

9）全面淘汰气动机构产品。

1.3.2 断路器可靠性提升措施（专用部分）

1. 提升电网供电可靠性

（1）现状及需求。

由于使用隔离断路器的变电站典型设计取消了隔离开关，受接线方式的限制，在隔离断路器停电检修时，与其直接相连的母线、线路等设备须同时停电，扩大了陪停范围，严重影响系统供电可靠性。相关案例见案例 1~ 案例 3。

案例 1：330kV 某变电站对 3320 隔离断路器停电检修，按常规 AIS 接线方式，只需停运 3320 断路器及两侧隔离开关；由于 3320 采用隔离断路器，检修 3320 隔离断路器须将整串一次设备及两条 330kV 线路全停。

案例 2：220kV 某变电站 220kV 攸衫 I 线断路器停电检修，由于采用隔离断路器，须将线路停电并接地，扩大了停电操作范围，接线图如图 1–75 所示。

案例 3：110kV 某变电站 110kV 东中线间隔停电检修，由于采用隔离断路器，须将所在母线、所在线路、1 号主变压器全部停电并接地，扩大了停电操作范围，影响了供电可靠性，一次接线图如图 1–76 所示。

（2）具体措施。

1）3/2 接线方式的变电站，不应采用隔离断路器。

2）变电站的母联 / 分段间隔，不应采用隔离断路器。

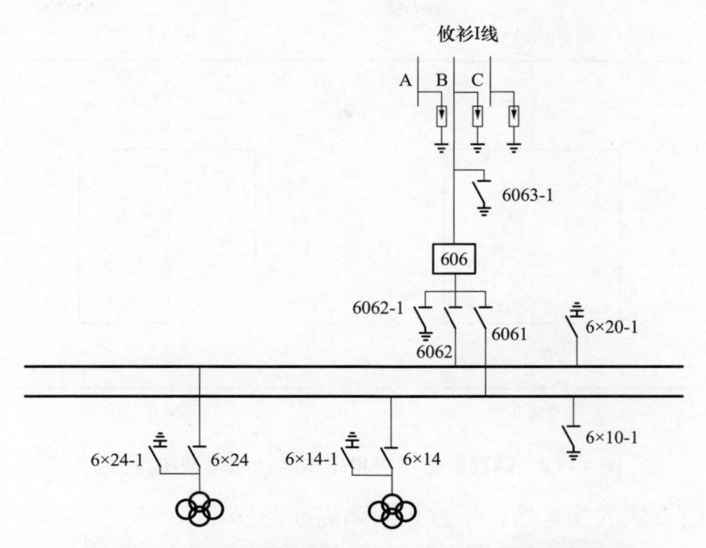

图 1-75 220kV 某变电站 220kV 攸衫 I 线间隔接线图

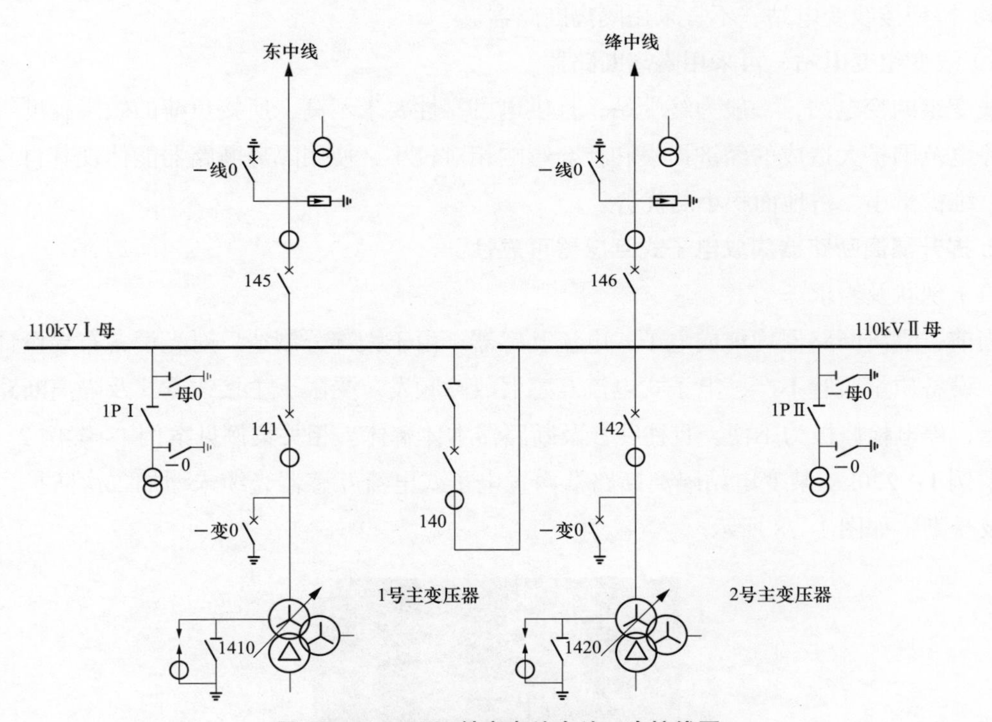

图 1-76 110kV 某变电站全站一次接线图

隔离断路器应用于母联 / 分段间隔时，两侧均安装隔离开关或只安装 1 组隔离开关，隔离断路器与常规瓷柱式断路器使用方式相同，不能有效体现隔离断路器的优势。如取消两侧隔离开关，则母线供电可靠性无法得到保证。隔离断路器应用于母联间隔典型接线方式如图 1-77 所示。

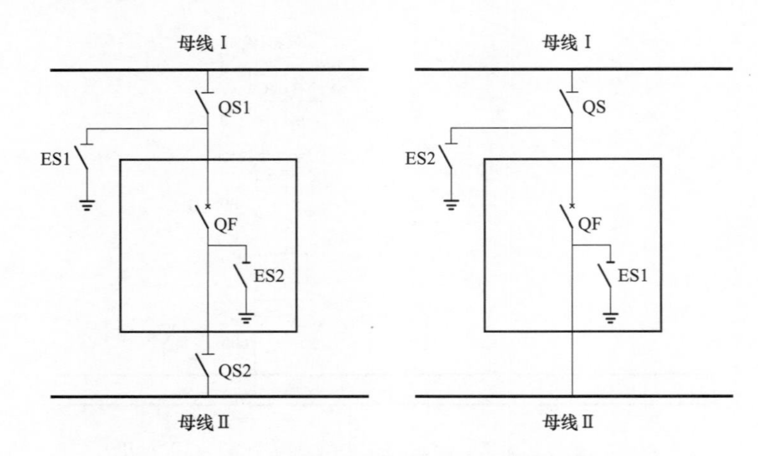

图 1-77　隔离断路器应用于母联间隔典型接线方式

3）双母线接线方式的变电站，不宜采用隔离断路器。

4）单母线分段接线方式变电站，不宜采用隔离断路器。

5）桥型接线变电站，不宜采用隔离断路器。

6）线变组变电站，可采用隔离断路器。

线变组的变电站，一般为终端站，且供电可靠性要求不高，所接负荷的敏感程度等均较低，停电范围扩大造成的经济损失和社会影响相对较小，使用隔离断路器能体现其自身操作简单、维护量小、占地面积小的优势。

2. 提升隔离断路器集成电子式互感器可靠性

（1）现状及需求。

当前，隔离断路器均集成电子式电流互感器，由于大部分制造厂对光设备布局设计考虑不周、设备质量监管不严，电子式电流互感器故障频发。受限于主接线方式及隔离断路器结构缺点，停电检修极为不便，且往往涉及断路器本体解体。相关案例见案例 1~ 案例 2。

案例 1：220kV 某变电站隔离断路器内置电子式电流互感器光缆未增加二次防护，引发进水及受潮，如图 1-78 所示。

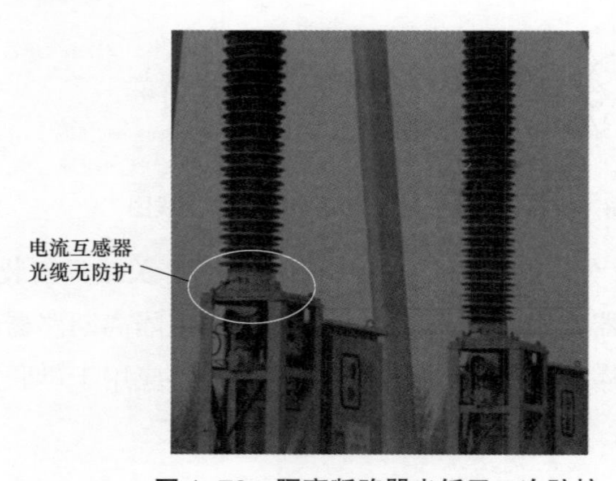

图 1-78　隔离断路器光纤无二次防护

案例 2：110kV 某变电站隔离断路器光纤绝缘子制造工艺不良，内部局部放电导致绝缘击穿，引起线路故障跳闸，现场情况如图 1-79 所示。

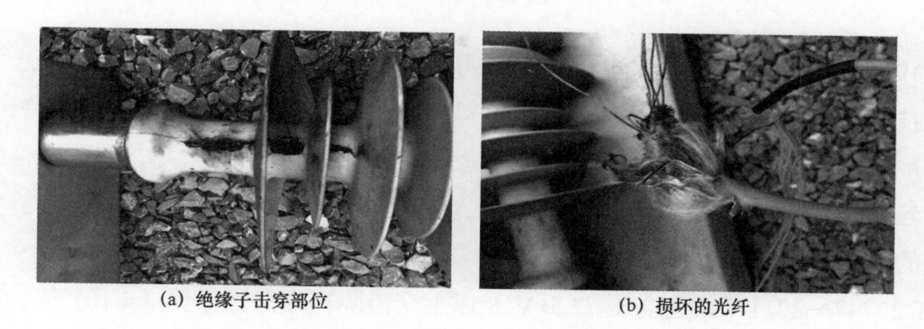

(a) 绝缘子击穿部位　　(b) 损坏的光纤

图 1-79　故障光纤绝缘子击穿部位和损坏的光纤

（2）具体措施。

1）取消内置电子式电流互感器，采用独立外置式结构，220kV 隔离断路器外置集成无源电子式电流互感器典型接线如图 1-80 所示。

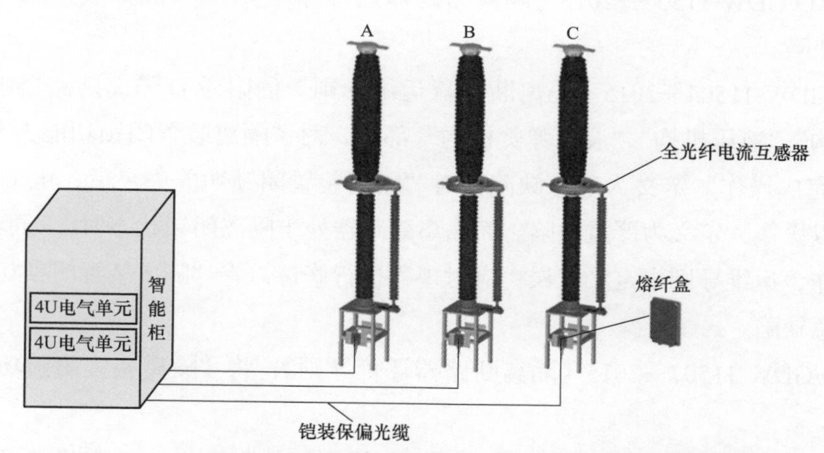

图 1-80　220kV 隔离断路器外置集成无源电子式电流互感器典型接线

2）光缆应布置二次防护，防止运行过程中磨损或二次部分进水。

3）光纤用绝缘子应逐只开展工频耐压、局部放电试验和 X 光探伤试验，单只放电量不大于 3pC。

3. 规范隔离断路器管理及技术标准

（1）现状及需求。

国家电网公司隔离断路器相关运维管理、状态评价、反事故措施等配套文件存在遗漏或不完善的方面，需要根据已积累的运维经验，对运维导则、状态评价、通用制度、反事故措施等规章制度进行清理、查缺补漏，修订完善管理制度及技术文件，指导现场开展运维管理工作。

（2）具体措施。

1）明确界定隔离断路器能否作为隔离断口使用，以及在何种状态下可作为隔离断口使用。

Q/GDW 1799.1—2013《国家电网公司电力安全工作规程　变电部分》第 7.2.2 条对“保证安全的技术措施”中“停电”部分描述为“禁止在只经断路器（开关）断开电源或只经换流器闭锁隔离电源的设备上工作。应拉开隔离开关（刀闸），手车开关应拉至试验或检修位置，应使各方面有一个明显的断开点，若无法观察到停电设备的断开点，应有能够反映设备运行状态的电气和机械等指示”。

GB/T 27747—2011《额定电压 72.5kV 及以上交流隔离断路器》第 3.4.103 条的定义隔离断路器为“触头处于分闸位置时，满足隔离开关要求的断路器”。

在 Q/GDW 1799.1—2013 中，对断开点的定义，仅限于“隔离开关（刀闸）”或“拉至试验位置或检修位置的手车开关”。对隔离断路器能否作为断开点使用没有进行定义。当前，在应用隔离断路器的变电站，采取何种安全措施时，存在较大争议。

2）修编 Q/GDW 11504—2015《隔离断路器运维导则》，将“隔离装置闭锁功能失灵”定义为危急缺陷。

现行 Q/GDW 11504—2015《隔离断路器运维导则》的附录 D 隔离断路器缺陷分类中，在“弹簧机构”“液压机构”“液压弹簧机构”部分，对“隔离装置闭锁功能失灵后，电动、手动均不能完成操作”定义为危急缺陷；对“隔离装置闭锁功能失灵后，电动不能完成操作，手动可以操作”定义为严重缺陷。而隔离断路器处于隔离闭锁状态时，不能进行电动或手动合闸操作，运维导则中定义有误。应对规程进行修订，将“隔离装置闭锁功能失灵”直接定义为危急缺陷。

3）在 Q/GDW 11507—2015《隔离断路器评价导则》，将“隔离装置闭锁功能失灵”纳入状态评价。

Q/GDW 11507—2015《隔离断路器状态评价导则》的附录 A 中，未将“隔离装置闭锁功能失灵”纳入状态量及评价。

“隔离装置闭锁功能”丧失，如不及时调整检修策略，隔离装置闭锁失灵问题不能得到及时处理，可能引发恶性误操作，造成严重的人身、设备和电网事故。

应对规程进行修订，加入“隔离装置闭锁功能失灵”的状态量，劣化程度级别为 IV 级，基本扣分为 10 分。

1.4　断路器智能化关键技术

1.4.1　断路器智能化关键技术通用部分

1. 推进 SF_6 气体压力示数远传表计应用

（1）现状及需求。

传统的密度继电器仅能实现 SF_6 气体压力的闭锁和报警功能，对于压力值缺乏实时监测手段，多是在断路器 SF_6 气体压力降至报警或闭锁值时才被发现，对设备运行状态的判断缺乏前瞻性。同时运维人员需定期抄记表计压力值并上传 PMS 系统，耗费大量精力和时间，以 1 个三类 220kV 变电站为例，运维人员每月至少开展一次抄表工作，按 50 只表计算，两人巡视、抄录、整理、上传 PMS 需花费 5~6h，占用了运维人员宝贵的时间，且对于设备漏气趋势及漏气率的计算不准确。

有必要通过示数远传手段实时监测 SF_6 气体压力信息，提升设备缺陷的预知预判能力，减少运维人员工作量。

（2）技术路线。

SF_6 压力示数远传表计主要是通过布置于本体气室的密度传感器，将压力信号上传到在线监测系统主机，如图 1–81 所示，实现断路器 SF_6 气体压力在线监测功能，并且可灵活设定报警界限，就地查询历史压力值，准确分析判断设备漏气趋势及漏气率，提前发现设备出现异常情况，大幅减轻一线员工的工作负担。

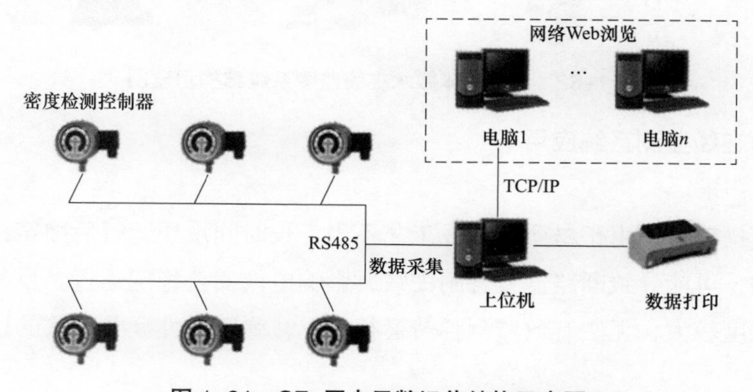

图 1–81　SF_6 压力示数远传结构示意图

2. SF_6 气体微水在线监测系统应用

（1）现状及需求。

SF_6 气体微水的检测一般通过停电例行试验开展，对断路器运行过程中的微水值及变化情况无法及时掌控，SF_6 微水含量超标易造成内部绝缘受潮，导致设备绝缘故障。

通过 SF_6 气体微水在线监测系统可实时监测 SF_6 气体微水信息，强化对 SF_6 气体微水的监测。

（2）技术路线。

SF_6气体微水在线监测系统结构示意图如图1-82所示，实现微水在线监测功能，能够掌握运行断路器内部SF_6气体微水情况，及时处理微水含量超标问题，避免内部绝缘受潮。

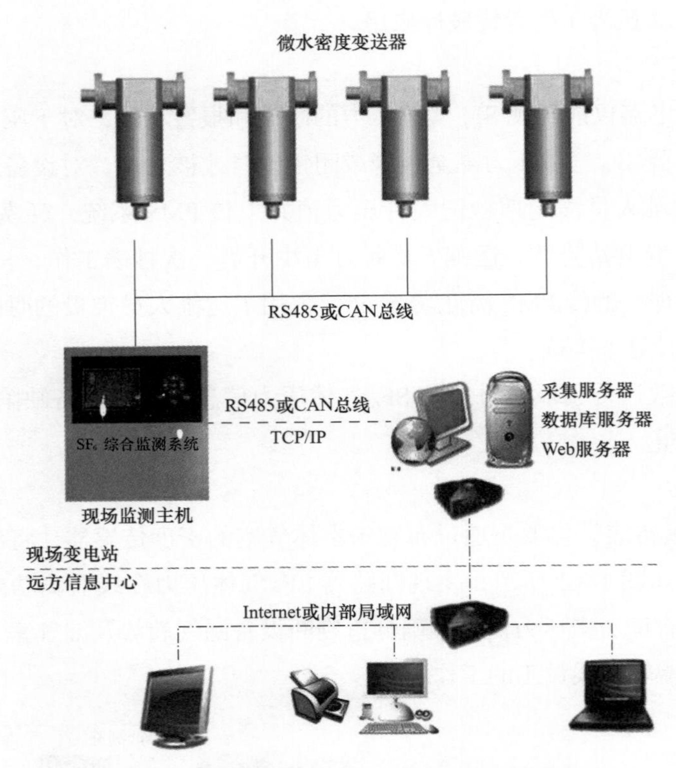

图1-82　SF_6气体微水在线监测系统结构示意图

3. 弹簧压力在线监测系统应用

（1）现状及需求。

断路器弹簧操动机构由于材质不良或工艺不当，长时间承压运行后弹簧易疲劳，分合闸操作前无法预知，可能导致断路器分合闸失败，影响电网安全稳定运行。目前，变电站现场弹簧压力测试难度较大，无法有效监测弹簧运行情况，弹簧弹性疲劳导致的设备及电网事故难以有效预防。

需要研究断路器机构弹簧压力在线监测系统，对断路器机构分合闸弹簧弹性进行监测。

（2）技术路线。

弹簧压力在线监测系统是指在断路器机构分合闸弹簧承压部位加装压力传感器，通过压力传感器监测弹簧压力值，实现对弹簧压力的在线监测及分析功能。该系统通过在线监测弹簧压力，对历史数据进行分析，能够清晰反映弹簧弹性变化，提前发现弹簧隐患，降低故障率。弹簧压力传感器安装示意图如图1-83所示。

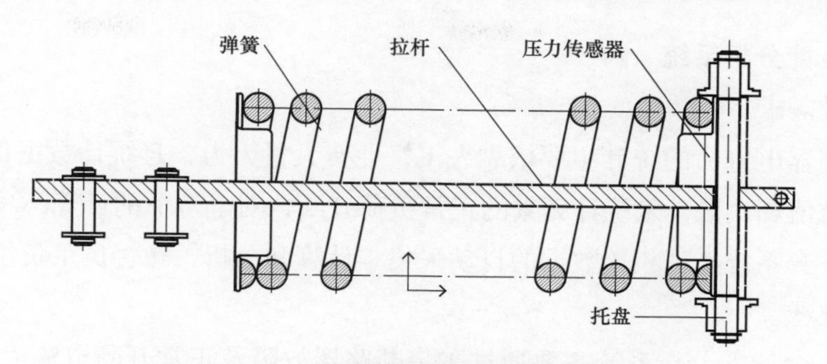

图 1–83　弹簧压力传感器安装示意图

4. 机械特性在线监测及专家诊断系统应用

（1）现状及需求。

当前，断路器机械特性参数主要依靠停电例行试验获取，对运行过程中的断路器特性数据缺乏监测和比对分析，对动作过程缺乏监督手段，部分潜伏性缺陷不能提前发现，可能导致机械特性方面的隐患扩大，从而发生设备事故。

有必要进一步研究通过在线监测手段加强运行过程中的断路器机械特性的监测，并建设专家诊断系统，提升断路器运行可靠性。

（2）技术路线。

断路器机械特性在线监测及专家诊断系统原理示意图如图 1–84 所示，能够在断路器动作后测量和记录动触头行程曲线、分合闸操动线圈电流波形、储能电机电流波形、辅助触点断路器状态等参量并上传至监测主机，通过专家诊断系统对其进行分析，判断出机构的运行状态。实现不停电监测断路器机械特性状态，提早发现隐患，降低设备故障率。

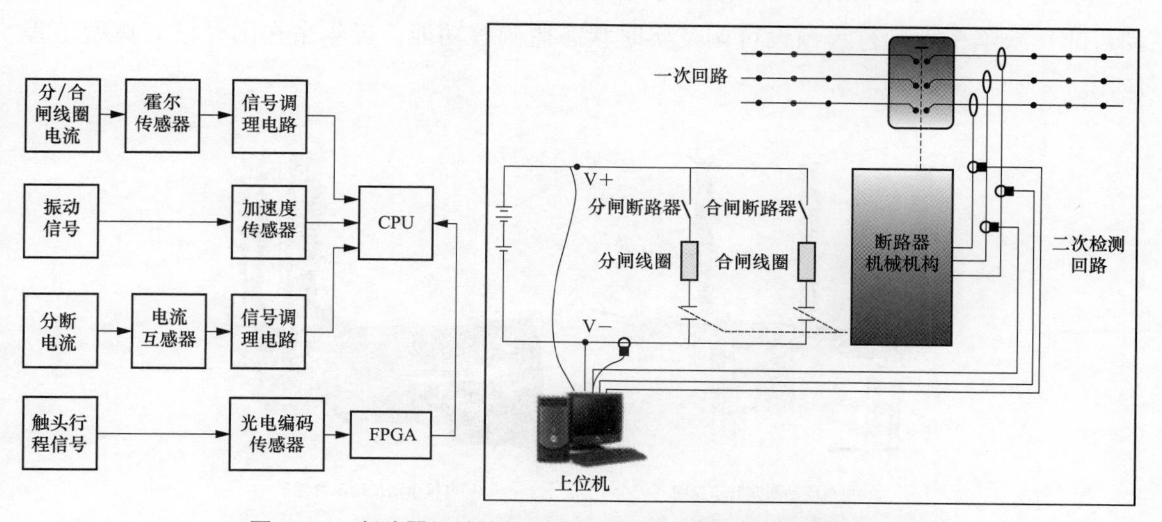

图 1–84　断路器机械特性在线监测及专家诊断系统原理示意图

5. 电寿命智能分析系统

（1）现状及需求。

目前，断路器电寿命的统计主要依靠人工，耗费大量人力，且统计数据仅包括遭受短路的最大短路电流值和次数，未统计频繁的正常负荷开断，对电寿命的计算不尽准确。

需要通过一套系统实现相关数据的自动采集、计算和分析，减轻员工负担。

（2）技术路线。

断路器电寿命智能分析系统主要通过采集断路器故障及正常开断电流大小、持续时间、次数，通过积分方式进行计算分析，精确计算断路器触头电磨损量，并对剩余的断路器开断能力及电寿命进行精确预估，为状态检修工作提供决策依据。

6. 伺服电机驱动技术

（1）现状及需求。

目前瓷柱式断路器操动机构主要有弹簧、液压、气动、液压弹簧等，弹簧机构运行较稳定，但平稳度较液压机构差、检修难度较大；液压机构输出功率大、平稳度好，但渗漏缺陷较多；气动机构缺陷较多属淘汰产品；液压弹簧运行较稳定、平稳度好，但造价较高、检修难度大，上述机构均是一、二次相对独立运行，任一环节出现问题，都会导致断路器拒分、拒合或故障，严重时造成电网事故。

需要研究一种结构简单、机械特性稳定且满足未来一、二次高度集成的新型断路器驱动形式，伺服电机驱动很好地解决了该问题。

（2）技术路线。

采用永磁同步伺服电动机替代断路器操动机构，为断路器提供分合闸操作，伺服电机驱动示意图如图 1-85 所示。断路器操作实现了一、二次高度集成，具有结构简单、运动可靠、缺陷率低、行程预设可调及实时状态监测等功能，近年来在国外已有典型工程应用。

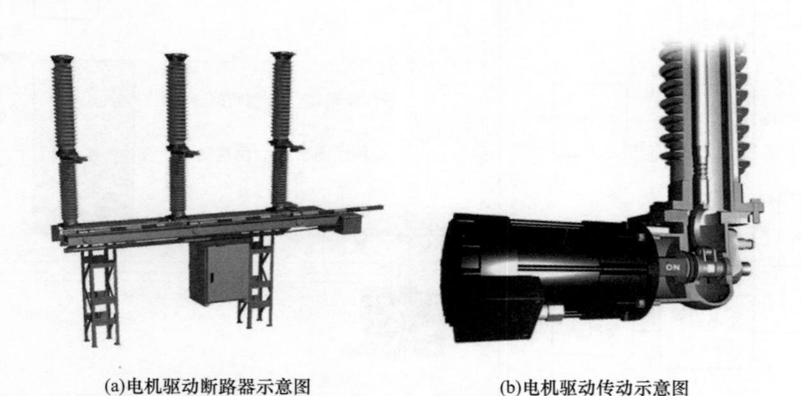

(a)电机驱动断路器示意图　　(b)电机驱动传动示意图

图 1-85　伺服电机驱动示意图

7. 断路器二次接口标准化

（1）现状及需求。

在目前智能变电站中，汇控柜通过大量的电缆与一次设备本体连接，电缆的设计、敷设、连接和调试，需要大量的工作量，影响变电站的建设效率、工期和工程质量。同时由于目前电缆回路缺乏标准化，不同厂家、不同工程及同一个工程不同间隔的接线均不相同，严重影响了工程设计、设备制造和现场安装调试的效率，对日后工程的维护也是巨大的挑战。此外装置和装置间的信号传递，仍然需要经过虚拟回路的设计、配置和验证等过程，相关工作量仍然巨大，以一个变电站 20 个间隔为例，需要设计和配置的信号和回路达到近 4000 个，工作非常庞杂，并且易于出错。

因此通过标准化的二次接口对降低施工、调试、运维工作强度及难度十分必要。

（2）技术路线。

二次接口标准化主要实现：断路器 / 隔离开关机构箱对外接口标准化，电缆预置化，即插即用；设计标准化高防护即插即用的合智一体装置（合并单元与智能终端一体化，即远端模块）；设置断路器本体终端，实现断路器二次回路智能化；在合并单元智能终端中推广双数据流冗余处理技术。一、二次设备接口标准化和即插即用提升了设计、施工、试验和运维各个环节的效率，合智一体装置的应用降低了智能设备对运行环境的苛刻要求，双数据冗余处理、印制电路板、密封继电器等技术的应用，使得设备运行可靠性大大提高，减少了断路器拒动的风险。

1.4.2　断路器智能化关键技术专用部分

1. 柱式断路器应用复合绝缘

（1）现状及需求。

瓷柱式断路器抗震、防爆性能较差，且其运行过程中会因内部绝缘、开断电弧失败、分合闸不到位等问题导致瓷套炸裂，碎瓷片会损伤周边设备及人身安全，存在一定安全隐患。

需解决断路器灭弧室瓷套防爆问题，提高人身及电网设备安全。

（2）技术路线。

采用复合绝缘柱式断路器，由于其灭弧室及支持绝缘子均采用复合绝缘，具备一定的韧性，抗震防爆性能好，断路器内部故障后，不会产生大量喷溅碎片，对周围设备损伤较低，一定程度上能降低断路器故障造成的影响，复合绝缘柱式断路器如图 1–86 所示。

图 1–86　复合绝缘柱式断路器

2. 罐式断路器与无源电子式互感器集成技术应用

（1）现状及需求。

目前罐式断路器主要与常规电磁式电流互感器集成，常规电磁式电流互感器绝缘结构复杂，有二次侧开路危险，易产生铁磁谐振、存在磁饱和、常规 TA 外罩密封不严等问题。采用罐式断路器的变电站中需要单独布置常规电压互感器，增加占地面积。

罐式断路器与无源电子式互感器集成技术可以解决上述问题，可使罐式断路器智能化程度提高，无源电子式互感器可为二次设备提供可靠的数据源，满足保护测控装置需求，提高设备可靠性，减少占地面积。

（2）技术路线。

罐式断路器与无源电子式互感器集成技术，采用磁光效应、电光效应代替传统互感器的电学原理，可实现高压电流、电压非介入式测量，最核心创新是在高压一次侧仅有敏感光路部分，完全实现了光电隔离，实现了本质安全和强绝缘能力，具有突出的抗电磁干扰性能，可提高一次设备智能化水平。全光纤电流互感器和光学电压互感器工作原理图如图 1–87 所示。

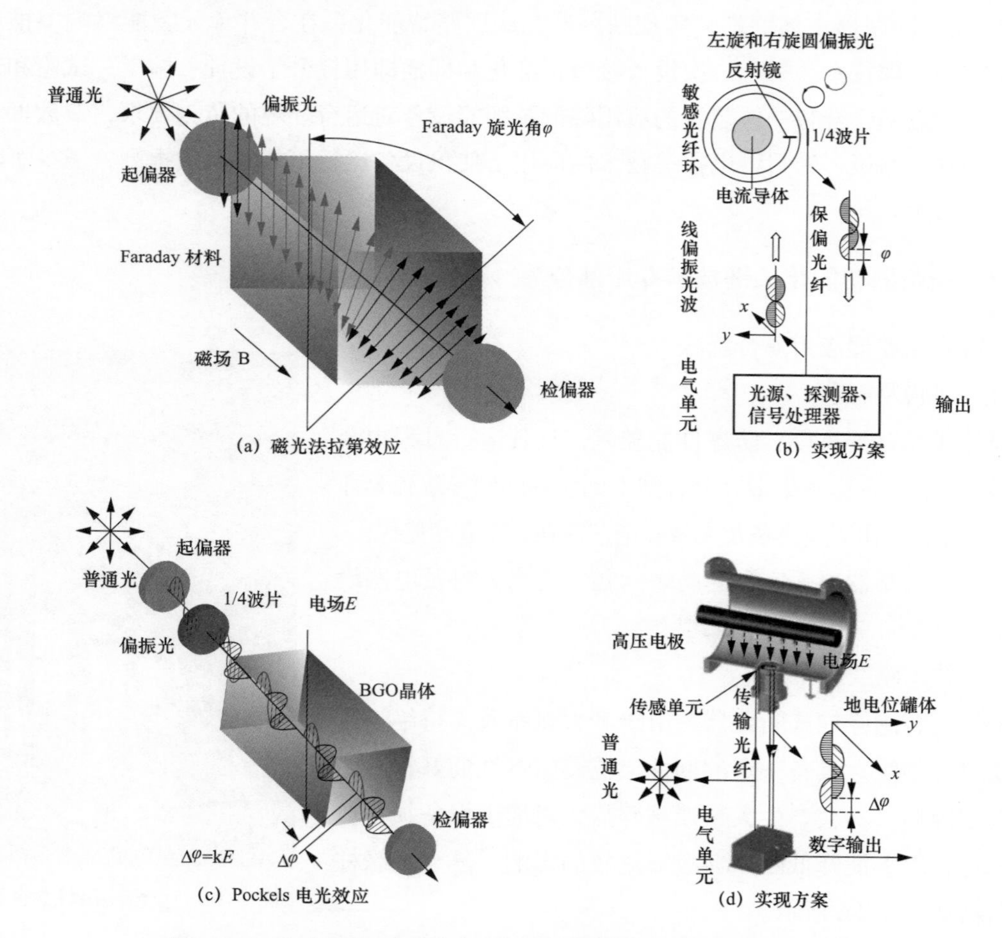

图 1–87　全光纤电流互感器和光学电压互感器工作原理图（一）

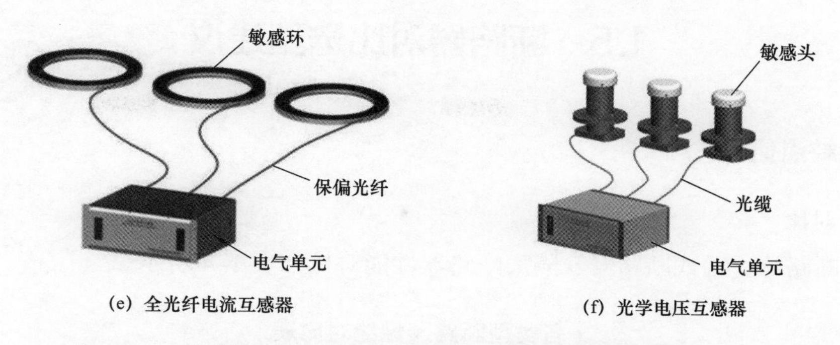

(e) 全光纤电流互感器　　(f) 光学电压互感器

图 1-87　全光纤电流互感器和光学电压互感器工作原理图（二）

在高压一次侧仅有敏感光路部分，电气单元在低压侧，完全实现了光电隔离，低压侧电气单元安装在二次小室或罐式断路器的就地智能控制柜。无源电子式互感器的光电隔离说明图如图 1-88 所示。

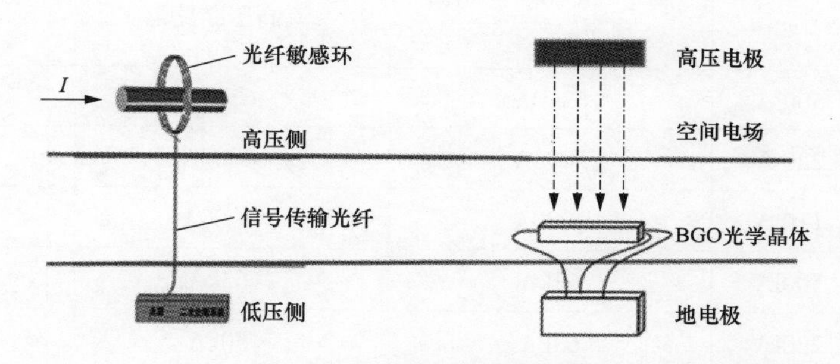

图 1-88　无源电子式互感器的光电隔离说明图

无源电子式互感器主要特点如下：

1）安全：高压与低压侧通过传感光纤连接，绝缘结构大大简化，可有效解决传统电磁式互感器爆炸、谐振、二次开路等危险。

2）可靠：高压侧无源工作，高低压光学隔离，抗干扰能力强，产品可靠性高。

3）准确：全光纤电流互感器准确级保护用级别为 5TPE，测量级别为 0.2；光学电压互感器保护用级别为 3P，测量级别为 0.2 级；直接数字信号输出，无二次压降的精度损失。

4）智能：具有故障自我诊断的智能化功能，能及时诊断出自身故障并报警，避免了由于互感器自身故障引起保护误动作。

5）易于集成：安装方式灵活，节省金属材料，节约占地。

6）绿色环保：不需要消耗大量的铜、铝等有色金属，也不会对大气、水等造成污染。

1.5 断路器对比选型建议

1.5.1 优缺点比较

1. 性能对比

瓷柱式断路器、罐式断路器、隔离断路器性能对比如表 1–4 所示。

表 1–4　　各类型断路器性能对比表

性能＼设备		瓷柱式断路器	罐式断路器	隔离断路器
电压等级		10 ~ 1000kV	10 ~ 750kV	110 ~ 330kV
绝缘水平		满足 GB 1984—2014	满足 GB 1984—2014《交流高压断路器》	满足 GB 1984—2014《交流高压断路器》
最高额定电流	500kV	6300A	6300A	—
	220kV	5000A	4000A	4000A
	110kV	4000A	4000A	4000A
最高短路开断电流 / 热稳定电流	500kV	63kA	63kA	—
	220kV	63kA	50kA	50kA
	110kV	40kA	40kA	40kA
最高关合电流 / 动稳定电流	500kV	160kA	160kA	—
	220kV	160kA	125kA	125kA
	110kV	100kA	100kA	100kA
最大短路电流开断次数①	500kV	16	16	—
	220kV	20	20	12
	110kV	25	25	12
机械寿命		5000（M1 级）	5000（M1 级）	5000（M1 级）
机构储能方式		弹簧、液压、液压弹簧	弹簧、液压、液压弹簧	弹簧
机构数量②	分相式	3	3	9
	一体式	1	1	3
灭弧方式	500kV	压气式	压气式	—
	220kV	自能式 / 压气式	自能式 / 压气式	自能式 / 压气式
	110kV	自能式 / 压气式	自能式 / 压气式	自能式 / 压气式

续表

设备 性能		瓷柱式断路器	罐式断路器	隔离断路器
环境温度适应性③		+40 ~ 25℃	+40 ~ 40℃③	+40 ~ 25℃
海拔适应性		不大于2000m，可修正至3000m及以上	不大于2000m，可修正至3000m及以上	不大于2000m，可修正至3000m及以上
防污能力		瓷外套，憎水性一般	瓷外套，憎水性一般/复合绝缘外套，憎水性强	复合绝缘外套，憎水性强
防风能力		风压不超过700Pa（相当于风速34m/s）	风压不超过700Pa（相当于风速34m/s）	风压不超过700Pa（相当于风速34m/s）
防覆冰能力		10mm	10mm	10mm
集成化程度④	500kV	不便于集成电流互感器	可集成电磁式电流互感器、无源电子式电流互感器、有源电子式电流互感器	—
	220kV	不便于集成电流互感器	可集成电磁式电流互感器、无源电子式电流互感器、有源电子式电流互感器	可集成无源电子式电流互感器、有源电子式电流互感器
	110kV	不便于集成电流互感器	可集成电磁式电流互感器、无源电子式电流互感器、有源电子式电流互感器	可集成无源电子式电流互感器、有源电子式电流互感器
总质量	500kV	约9000kg	约15000kg	—
	220kV	约3000kg	约4500kg	约3000kg
	110kV	约1400kg	约1500kg	约1300kg
SF_6气体质量	500kV	约80kg	约500kg	—
	220kV	约21kg	约200kg	约21kg
	110kV	约8kg	约40kg	约8kg

①“最大短路电流开断次数”是指断路器能够开断最大短路电流的总次数；以110kV断路器为例，隔离断路器该项指标仅为其他两类断路器的1/2，严重制约了断路器的电寿命，长期稳定运行风险高。

②“机构数量”反映该类设备操作的复杂程度，隔离断路器集成的机构数量是其他两类断路器的3倍，机构增多将导致故障点增加，同时误操作风险也相对更高。

③“环境温度适应性”反映断路器适应周围运行环境的能力；“罐式断路器”最低运行温度可达到−40℃，性能优于其他两类断路器。

④ 国内当前使用的隔离断路器在国外隔离断路器的结构基础上集成了接地开关、电子互感器、智能组件等，缺陷、故障频发，受限于主接线方式及隔离断路器结构缺点，停电检修极为不便。

2. 安全性对比

瓷柱式断路器、罐式断路器、隔离断路器安全性对比如表 1–5 所示。

表 1–5　　　　各类型断路器安全性对比表

安全性 \ 设备	瓷柱式断路器	罐式断路器	隔离断路器
防爆性	开断失败可能引发灭弧室爆炸，瓷外套碎裂危及人身及电网安全	断路器灭弧室配置有防爆膜，罐体不会炸裂	复合外套具有良好的防爆性，开断失败不会伤及人身及周边设备
防触电①	配合隔离开关使用，有明显的断开点，不易触电	配合隔离开关使用，有明显的断开点，不易触电	无明显断开点，触电风险较瓷柱式断路器高
运维安全性②	已积累良好运维经验，风险较低	已积累良好运维经验，风险较低	集成接地开关，接地开关闭锁可靠性低，误操作风险比瓷柱式断路器高
防震性能	AG3；重心高，抗震能力一般	AG5；重心低，抗震能力较瓷柱式断路器强	AG5；采用复合绝缘护套，重量较轻、韧性好，抗震能力较瓷柱式断路器强

①“防触电”安全性方面，瓷柱式断路器与罐式断路器两侧需配合隔离开关使用，隔离断路器本身具备隔离功能但是无明显断开点，误碰带电部位的触电风险高于其他两类设备。

②“运维安全性”方面，隔离断路器在运行中分为运行状态、分闸状态、分闸锁定状态和检修状态，由于状态较瓷柱式断路器和罐式断路器多，功能复杂且接地开关闭锁可靠性低，误操作风险较高。

3. 可靠性对比

瓷柱式断路器、罐式断路器、隔离断路器可靠性对比如表 1–6 所示。

表 1–6　　　　瓷柱式断路器、罐式断路器、隔离断路器可靠性对比表

可靠性 \ 设备		瓷柱式断路器	罐式断路器	隔离断路器
故障概率		技术成熟，故障概率低	技术成熟，故障概率低	技术不够成熟，机构复杂，集成电子式互感器，故障概率较瓷柱式断路器高
问题及主要缺陷	本体	漏气、绝缘拉杆故障	漏气、内部绝缘件局部放电	漏气、集成互感器故障、套管内衬绝缘击穿
	机构	二次原件损坏、传动部件变形或损坏、液压机构渗漏油	二次原件损坏、传动部件变形或损坏、液压机构渗漏油	二次原件损坏、传动部件变形或损坏、闭锁装置故障
断路器检修停电范围①		仅断路器及两侧隔离开关停电	仅断路器及两侧隔离开关停电	与隔离断路器直连的母线或线路均需停电

续表

可靠性 \ 设备	瓷柱式断路器	罐式断路器	隔离断路器
系统运行可靠性	电流互感器与断路器之间的连线暴露在空气中，存在保护死区	断路器两侧均配置电流互感器，可避免保护死区	电流互感器集成在断路器内部，可避免保护死区
制造工艺和质量控制	重点控制本体密封及内部绝缘件安装工艺质量、操动机构传动件材质、整体装配工艺	重点控制本体密封及内部绝缘件安装工艺质量、操动机构传动件材质、罐体防腐工艺、整体装配工艺	重点控制集成的电子式互感器质量、复合绝缘外套材质、极柱内衬工艺、分闸闭锁装置可靠性

①“断路器检修停电范围”是指单台断路检修时需要受累停电的所有设备，由于隔离断路器具备隔离功能，在典型主接线中一般不需隔离开关配合使用，隔离断路器一般与母线及线路直连，当断路器检修时，停电设备过多，严重影响供电可靠性。

4. 便利性对比

瓷柱式断路器、罐式断路器、隔离断路器便利性对比如表 1–7 所示。

表 1–7　　瓷柱式断路器、罐式断路器、隔离断路器便利性对比表

便利性 \ 设备	瓷柱式断路器	罐式断路器	隔离断路器
安装便利性（以一个典型 220kV 双母线接线方式线路间隔为例）	设备最多，工作量大，土建时间 20 天，设备安装 8 天，共计 28 天	减少 1 组电流互感器安装工作量，土建时间 19 天，设备安装 7 天，共计 26 天	设备最少，安装工作量最小，土建时间 18 天，设备安装 5 天，共计 23 天
运维便利性（以一个典型 220kV 双母线接线方式线路间隔为例）	间隔内设备数量及种类较多，运维工作量大	间隔内设备数量较瓷柱式断路器少，运维工作量较少	间隔内设备数量最少，运维工作量最小
检修便利性（以一个典型 220kV 双母线接线方式线路间隔为例）	间隔内设备数量及种类较多，检修工作量大	间隔内设备数量较瓷柱式断路器少，检修工作量较少	间隔内设备数量最少，检修工作量最小，但一旦检修将引起大量陪停，影响电网可靠性
更换改造便利性	整体更换，SF_6 气体回收量少，用时 3 天	整体更换，SF_6 气体回收量大，需对电流互感器进行调试等，用时 4 天	整体更换，SF_6 气体回收量少，需对电流互感器、闭锁装置进行调试等，用时 4 天

5. 一次性建设成本

瓷柱式断路器、罐式断路器、隔离断路器一次性建设成本对比如表 1–8 所示。

表 1–8　　瓷柱式断路器、罐式断路器、隔离断路器一次性建设成本对比表

建设成本 \ 设备		瓷柱式断路器	罐式断路器	隔离断路器
采购成本①	500kV 单串	约 605 万元（含断路器 3 台，互感器 9 支，隔离开关 6 组）	约 900 万元（含罐式断路器 3 台，隔离开关 6 组）	—
	220kV 单间隔	约 65 万元（含断路器 1 台，互感器 3 支，隔离开关 3 组）	约 98 万 元（含 断路器 1 台，隔离开关 3 组）	约 200 万（含断路器 1 台，隔离开关 2 组）
	110kV 单间隔	约 23 万元（含断路器 1 台，互感器 3 支，隔离开关 2 组）	约 33 万 元（含 断路器 1 台，隔离开关 2 组）	约 80 万（含断路器 1 台）
占地面积	500kV 单串	占地面积大，约 4400 m^2	占地面积较瓷柱式断路器少，约 4000 m^2	—
	220kV 单间隔	占地面积大，约 700 m^2	占地面积与瓷柱式断路器相当，约 690 m^2	占地面积较瓷柱式断路器少，约 580 m^2
	110kV 单间隔	占地面积较大，约 300 m^2	占地面积与瓷柱式断路器相当，约 290 m^2	占地面积较瓷柱式断路器少，约 210 m^2
安装调试成本	500kV 单串	费用最高，约 43.5 万元	费用较瓷柱式断路器低，约 37 万元	—
	220kV 单间隔	费用最高，约 18.5 万元	费用较瓷柱式断路器低，约 12.3 万元	费用最低，约 9.8 万元
	110kV 单间隔	费用最高，约 8.5 万元	费用较瓷柱式断路器低，约 5.8 万元	费用最低，约 3.5 万元

①“采购成本”方面，以一个 110kV 间隔为例，隔离断路器一次性投资成本为罐式断路器的 2.4 倍，为瓷柱式断路器的 3.5 倍，采购成本过高。

6. 后期成本

瓷柱式断路器、罐式断路器、隔离断路器后期成本对比如表 1–9 所示。

表 1–9 瓷柱式断路器、罐式断路器、隔离断路器后期成本对比表

后期成本 \ 设备	瓷柱式断路器	罐式断路器	隔离断路器
运维成本（以一个典型双母线接线方式 220kV 线路间隔为例）	运维过程中需对断路器压力表计、电流互感器油位（气压）、进行巡视，并开展红外测温工作。单次巡视耗费 2 人・时	运行过程中需对断路器压力表计进行巡视，并开展红外测温工作，单次巡视耗费 1.5 人・时	运行过程中需对断路器压力表计进行巡视，并开展红外测温工作，单次巡视耗费 1 人・时
检修成本（以一个典型双母线接线方式 220kV 线路间隔为例）	检修基准周期 3 年，主要包括断路器回路电阻、机械特性、SF_6 气体检测；电流互感器电容量、介质损耗、油（气）试验；隔离开关回路电阻测试等，用工 12 人・日	检修基准周期 3 年，主要包括断路器回路电阻、机械特性、SF_6 气体检测；隔离开关回路电阻测试，用工 9 人・日	检修基准周期 3 年，主要包括断路器回路电阻、机械特性、SF_6 气体检测，机构闭锁装置检查，用工 6 人・日
更换改造成本（以单台 220kV 设备为例）①	费用最低，新设备采购费用约 26 万元，更换费用约 4 万元，合计成本约 30 万元	费用较瓷柱式断路器高，新设备采购费用约 68 万元，更换费用约 5 万元，合计成本约 73 万元	费用最高，新设备采购费用约 180 万元，更换费用约 5 万元，合计成本约 185 万元

①“更换改造成本”方面，以单台 220kV 设备为例，隔离断路器一次性投资成本为罐式断路器的 2.7 倍，为瓷柱式断路器的 6.2 倍，更换改造成本过高。

1.5.2 优缺点总结及选型建议

1. 瓷柱式断路器

优点：开断能力强、绝缘性能好；结构简单、动作可靠；安装调试简单、快捷；改造和扩建方便。

缺点：抗震、防爆性及低温适应能力较罐式断路器差。

选型建议：新改扩建的敞开式变电站，110kV 及以上电压等级优先选用瓷柱式断路器。

2. 罐式断路器

优点：整体结构紧凑，现场安装简单；运维操作简单；抗震能力强，防爆性好；罐体外加伴热带后适用于高寒地区。

缺点：SF_6 气体使用量大，造价比瓷柱式断路器高。

选型建议：地震多发区、高寒地区的敞开式变电站，110kV 及以上电压等级优先选用罐式断路器。

3. 隔离断路器

优点：占地面积较小，采用复合绝缘外套，防爆性能好。

缺点：隔离断口无明显断开点、接地开关闭锁可靠性低，存在人身安全风险；电寿命低，长期运行稳定性有待进一步验证；设备检修陪停范围大，影响供电可靠性；集成的电子式电流互感器故障率高；设备总体造价过高。

选型建议：新改扩建的敞开式变电站，采用线路变压器组接线方式的，可选用隔离断路器。

第 2 章　隔离开关智能化提升关键技术

2.1　隔离开关主要结构型式

2.1.1　单柱单臂垂直伸缩式隔离开关

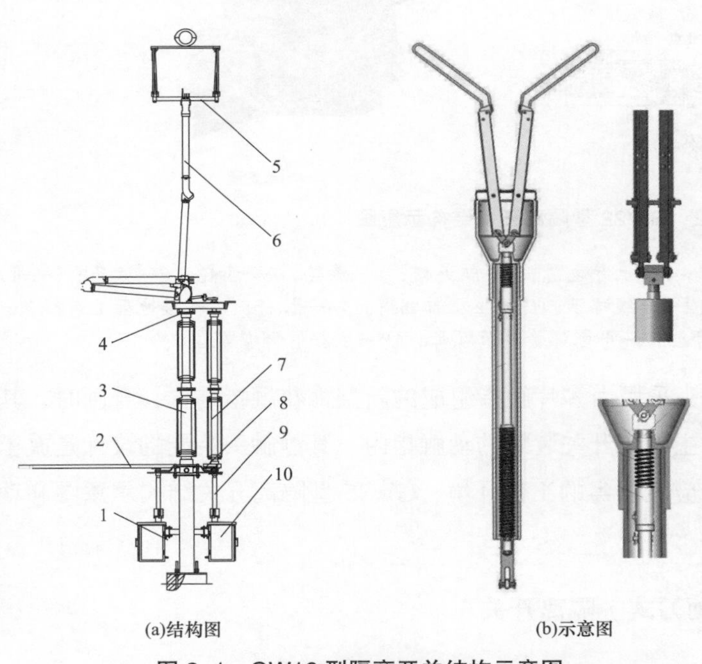

图 2–1　GW16 型隔离开关结构示意图

1—附属接地开关操动机构；2—附属接地开关导电部件；3—支柱绝缘子；4—附属接地开关静触头安装板；5—隔离开关静触头；6—导电部件；7—操作绝缘子；8—传动部件；9—垂直连杆；10—隔离开关操动机构

单柱单臂垂直伸缩式隔离开关是单断口、垂直伸缩单臂折架式户外交流高压隔离开关。分闸时主隔离开关系统合拢折叠，与其正上方的静触头之间形成清晰醒目有足够空间的可靠隔离断口；合闸时犹如手臂伸直一样，在完全伸直后，动触片可靠地钳夹住静触杆（也有采用动静触头插入式设计）。其结构紧凑、外观简洁、分闸后不占用相间距离，常用作为母线侧隔离开关。

目前市场上常见的单柱单臂垂直伸缩式隔离开关主要有 GW16（10）型、GW22 型和 GW35 型三种。

（1）GW16（10）型隔离开关动触头为钳夹式，动触片传动装置布置于动触头座内部，其夹紧弹簧位于导电臂内部，导电臂为非全密封性结构，GW16 型隔离开关结构示意图如图 2–1 所示。

（2）GW22 型隔离开关动触头为钳夹式，动触片传动装置为敞开式布置，其夹紧弹簧采用外压式，导电臂为全密封结构，GW22 型隔离开关结构示意图如图 2-2 所示。

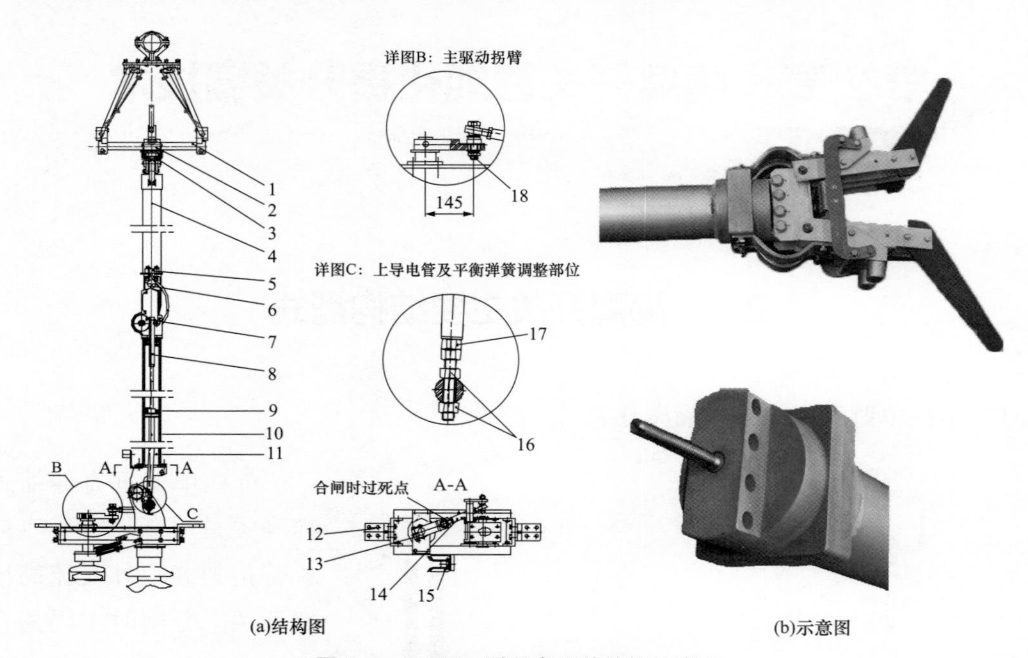

(a)结构图　　(b)示意图

图 2-2　GW22 型隔离开关结构示意图

1—悬挂式静触头；2—动触头；3—顶杆；4—上导电臂；5—软连接；6—滚轮；7—齿轮；8—齿条；9—平衡弹簧；10—操作杆；11—下导电臂；12—接线端子；13—主操作拐臂；14—拉杆；15—接地开关静触头；16—上导电臂调节螺母；17—平衡弹簧调节螺母；18—主拐臂调整螺栓

（3）GW35 型隔离开关主动触头采用由多片触指组成的新型梅花触指结构，合闸时，其静触头装配的静触棒可靠地被插入主隔离开关装配的动触指内。其静触头装配的设计是放于罩内的，有优良的防护性能，能适应较恶劣的工作环境，GW35 型隔离开关结构示意图和动静触头结构图如图 2-3 所示。

2.1.2　单柱双臂垂直伸缩式（剪刀式）隔离开关

单柱双臂垂直伸缩式（剪刀式）隔离开关是单断口、双臂对折式户外高压交流隔离开关。分闸时主隔离开关系统向下缩回合拢折叠，与其正上方的静触头之间形成清晰醒目有足够空气间隙的可靠隔离断口；合闸时主隔离开关系统犹如剪刀剪合动作一样，动触臂的触指部分可靠地钳夹住静触杆。其结构紧凑，外观简洁，分闸后不占用相间距离，常用作为母线侧隔离开关。单柱双臂垂直伸缩式（剪刀式）隔离开关结构示意图如图 2-4 所示。目前系统内常见的单柱双臂垂直伸缩式（剪刀式）隔离开关为 GW6 型。

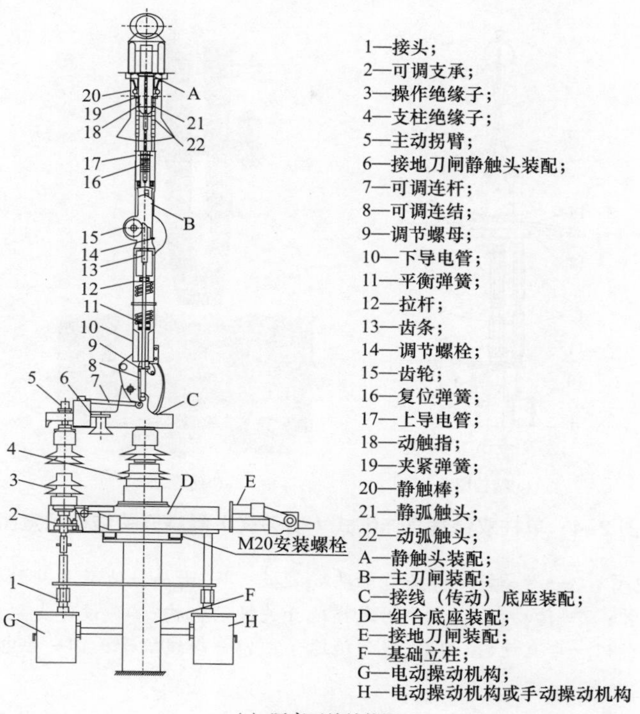

（a）隔离开关结构图

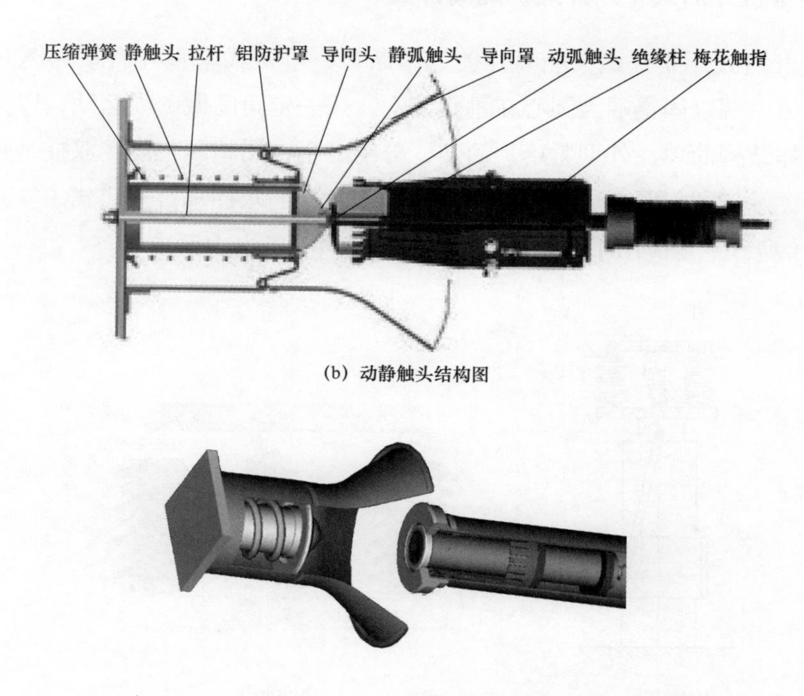

（b）动静触头结构图

（c）动静触头示意图

图 2–3　GW35 型隔离开关结构图和动静触头结构示意图

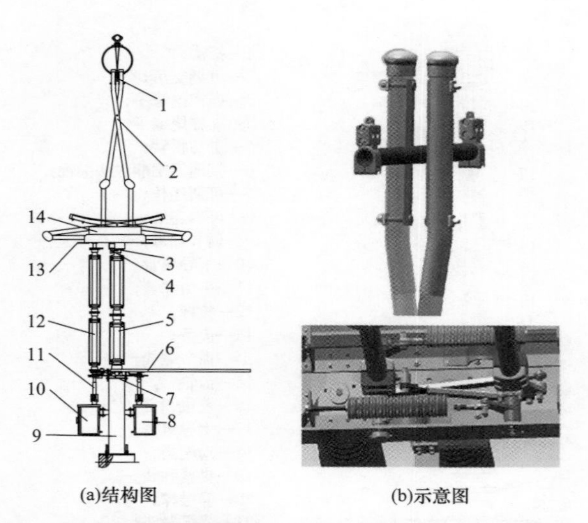

(a)结构图　　(b)示意图

图 2-4　单柱双臂垂直伸缩式（剪刀式）隔离开关结构示意图

1—静触头；2—导电臂；3—附属接地开关静触头安装板；4—附属接地开关静触头；5—支柱绝缘子；6—附属接地开关导电管；7—传动部件；8—附属接地开关操动机构；9—设备支架；10—隔离开关操动机构；11—垂直连杆；12—操作绝缘子；13—接线端子；14—导电座

2.1.3　双柱垂直开启式（立开式）隔离开关

双柱垂直开启式（立开式）隔离开关为单断口、单臂式垂直开启式隔离开关。其导电臂一端固定，另一端以固定端为圆心在垂直面上，按一定角度做圆周运动，以实现分合闸操作。此开关整体结构简单，外型紧凑、简洁，分闸后不占用相间距离。双柱垂直开启式（立开式）隔离开关示意图如图 2-5 所示。目前市场上常见的双柱垂直开启式（立开式）隔离开关主要为 GW1 型，主要应用于额定电压为 35kV 及以下的电力系统中。

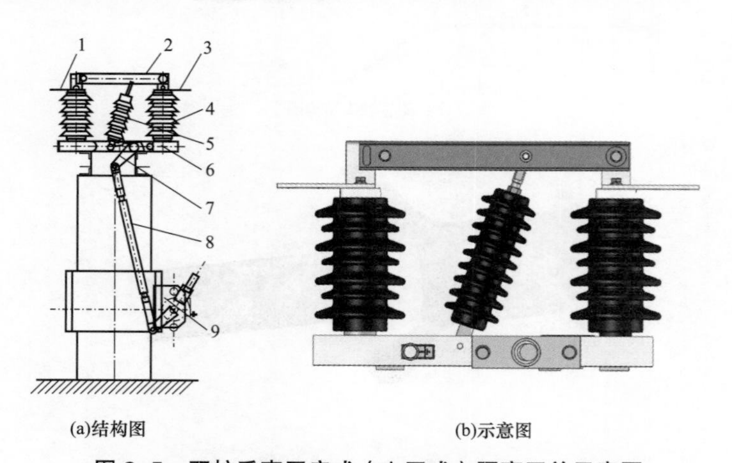

(a)结构图　　(b)示意图

图 2-5　双柱垂直开启式（立开式）隔离开关示意图

1—静触头；2—主触刀；3—动触头；4—支柱绝缘子；5—操作绝缘子；6—底架；7—拐臂；8—垂直连杆；9—操动机构

2.1.4　双柱水平伸缩式隔离开关

双柱水平伸缩式隔离开关是双柱、水平断口、单臂折架式户外交流高压隔离开关。分闸时主隔离开关系统向上转动并合拢折叠，与另一侧的静触头之间形成清晰醒目有足够空间的可靠隔离水平绝缘断口；合闸时犹如手臂伸直一样，在完全伸直后，动触片可靠地钳夹住静触杆（也有采用动静触头插入式设计）。其结构紧凑，外观简洁，分闸后不占用相间距离，常用作为线路侧隔离开关。

目前市场上常见的双柱水平伸缩式隔离开关主要有 GW17（11）型、GW23 型和 GW36 型三种。

（1）GW17（11）型隔离开关动触头为钳夹式，动触片传动装置布置于动触头座内部，其夹紧弹簧位于导电臂内部，导电臂为非全密封性结构，GW17（11）型隔离开关结构示意图如图 2-6 所示。

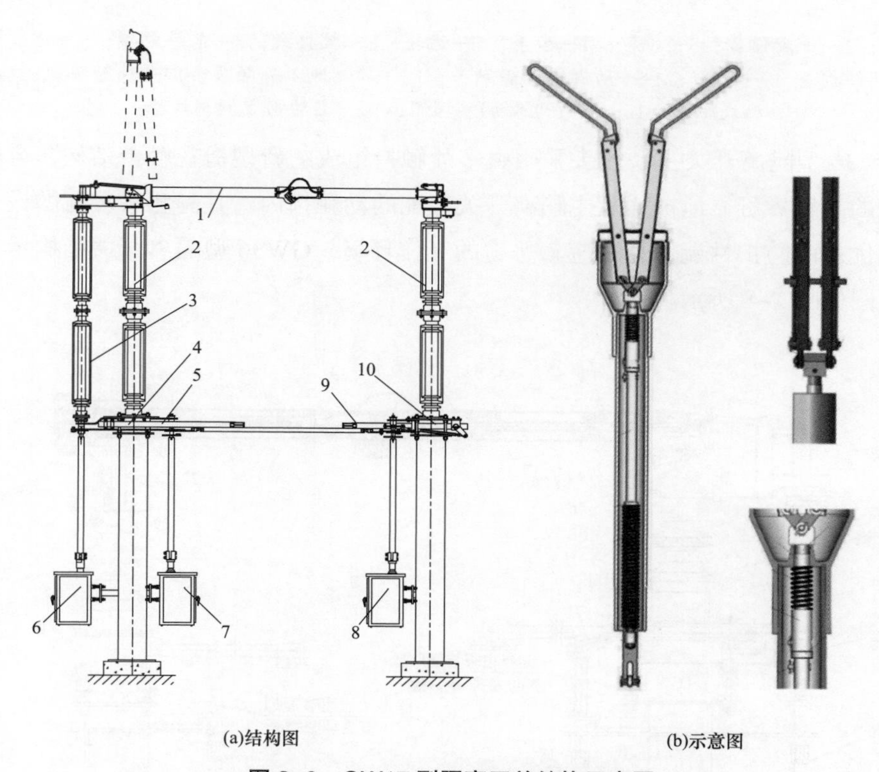

图 2-6　GW17 型隔离开关结构示意图

1—导电臂；2—支柱绝缘子；3—操作绝缘子；4—动侧传动部件；5—动侧附属接地开关；6—操动机构；7—动侧附属接地开关操动机构；8—静侧附属接地开关操动机构；9—静侧附属接地开关；10—静侧传动部件

（2）GW23 型隔离开关动触头为钳夹式，动触片传动装置为敞开式布置，其夹紧弹簧采用外压式，导电臂为全密封结构，GW23 型隔离开关结构示意图如图 2-7 所示。

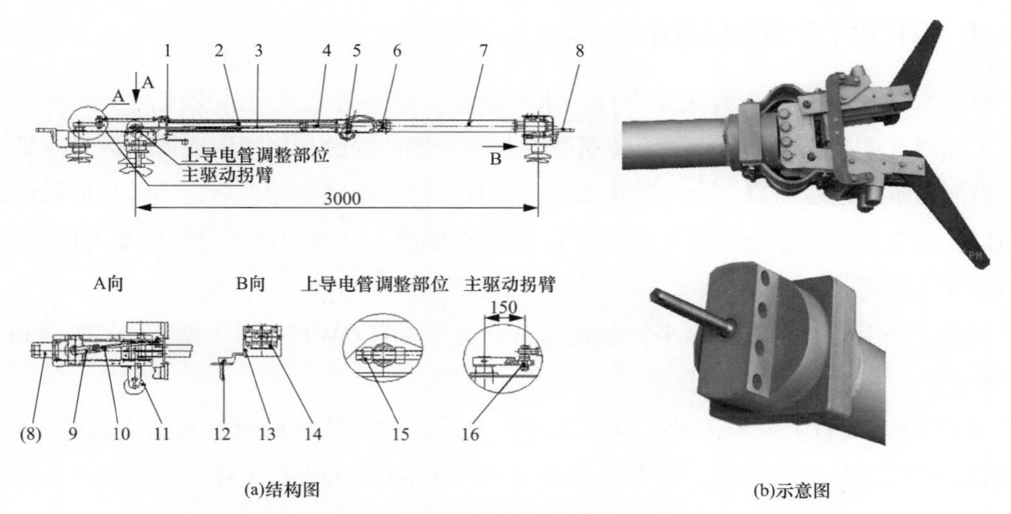

图 2-7　GW23 型隔离开关结构示意图

1—后导电臂；2—平衡弹簧；3—推杆；4—齿条；5—齿轮；6—软接线；7—前导电臂；8—接线板；9—主动拐臂（可调结构）；10—拉杆；11—动侧地刀静触头；12—静侧地刀静触头；13—静触头座；14—弹簧外压式触指；15—前导电臂调整螺帽；16—主动拐臂调整螺栓

（3）GW36 型隔离开关主动触头采用由多片触指组成的新型梅花触指结构，合闸时，其静触头装配的静触棒可靠地被插入主隔离开关装配的动触指内。其静触头装配的设计是放于罩内的，有优良的防护性能，能适应较恶劣的工作环境，GW36 型隔离开关结构示意图和动静触头结构图如图 2-8 所示。

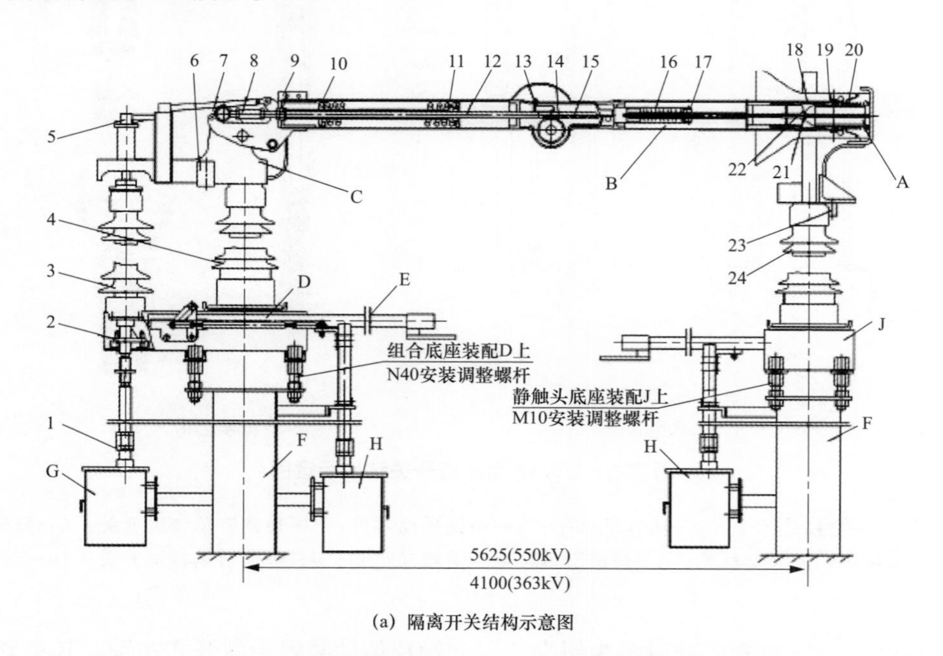

图 2-8　GW36 型隔离开关结构示意图和动静触头结构图（一）

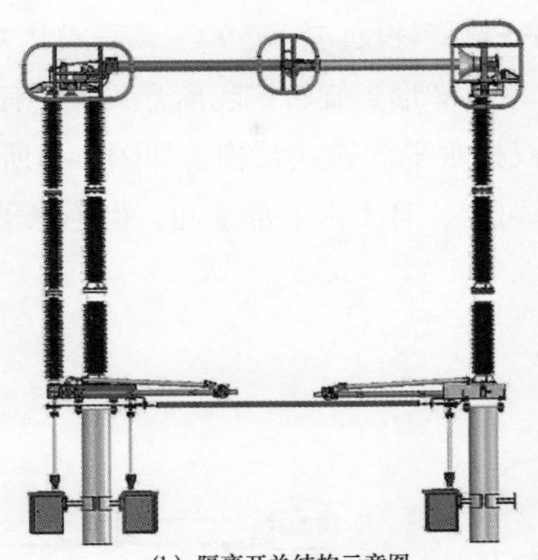

(b) 隔离开关结构示意图

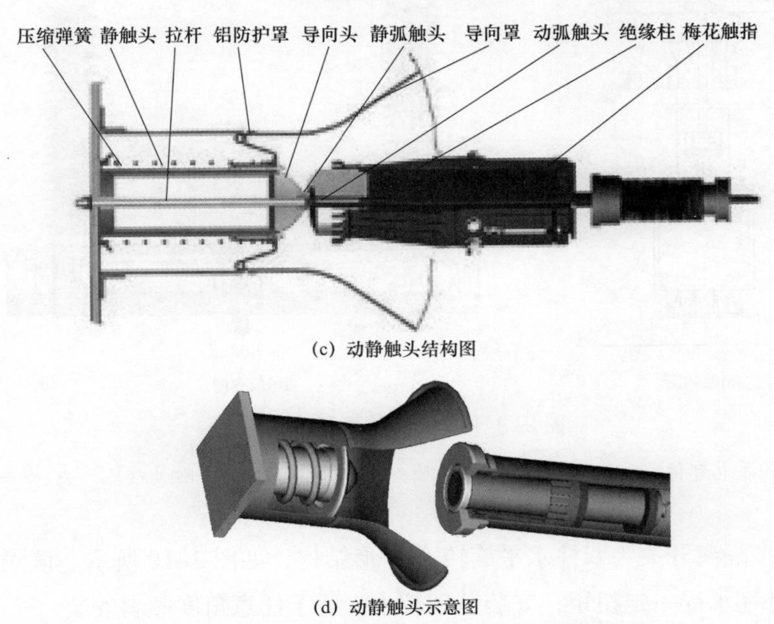

(c) 动静触头结构图

(d) 动静触头示意图

图 2-8　GW36 型隔离开关结构示意图和动静触头结构图（二）

A—静触头装配；B—主刀闸装配；

C—接线底座装配；D—组合底座装配；1—接头；2—可调支承；3—操作绝缘子；4—主刀闸支柱绝缘子；

E—接地刀闸装配；F—基础立柱；　5—主动拐臂；6—接地刀闸静触头装配；7—可调连杆；8—可调连结；

G—电动操动机构；　9—调节螺帽；10—下导电管；11—平衡弹簧；12—拉杆；13—调节螺栓；

H—电动操动机构或手动操动机构；　14—齿轮；15—齿条；16—复位弹簧；17—上导电管；18—动触指；19—夹紧弹簧；

J—静触头底座装配　20—静触棒；21—静弧触头；22—动弧触头；23—接地刀闸静触头装配；24—静触头支柱绝缘子

2.1.5　双柱水平（V 形）旋转式隔离开关

双柱水平（V 形）旋转式隔离开关每极有两个瓷绝缘子，主隔离开关导电臂分为两部分，分别固定在两个支柱绝缘子上。装于操作相开关底座下部的主隔离开关操动机构的顺时针或反时针旋转 180°（单极为 90°），通过主隔离开关操作连杆带动一侧瓷柱旋转 90°，借助单极连杆（或伞齿）使另一侧瓷柱反向旋转 90° ，完成开关合闸或分闸动作。

目前系统中常见的双柱水平（V 形）旋转式隔离开关主要有 GW4 型和 GW5 型两种。

（1）GW4 型隔离开关为双柱水平旋转式结构，如图 2-9 所示。该隔离开关导电回路散热面积大，温升小。结构简单可靠，且不占上部空间，但绝缘子兼受弯矩及扭矩。主要应用于 35~220kV 电压等级系统中。

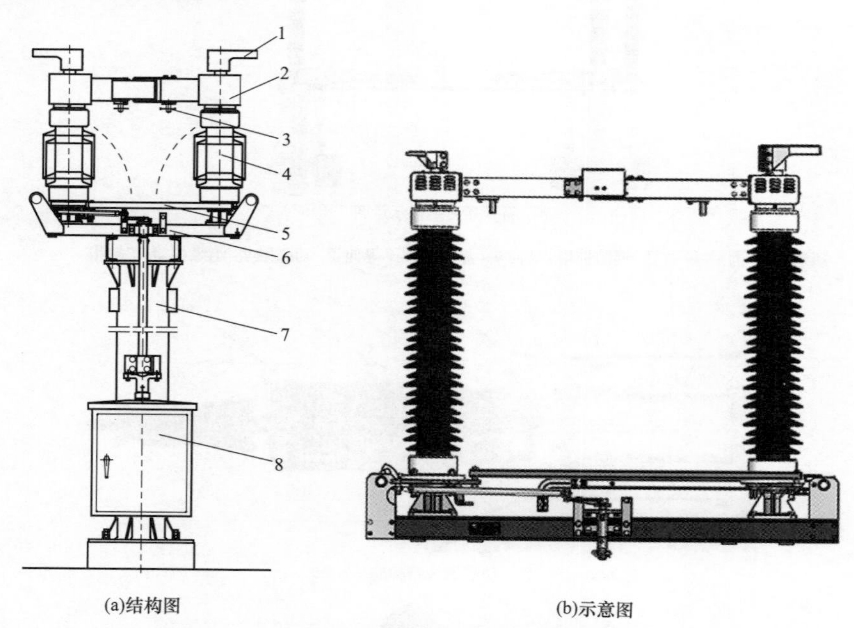

图 2-9　GW4 型隔离开关示意图

1—接线端子；2—导电部件；3—附属接地开关静触头；4—绝缘子；5—附属接地开关；6—传动部件；7—设备支架；8—操动机构

（2）GW5 型隔离开关为双柱水平旋转式 V 形结构，如图 2-10 所示。该隔离开关绝缘子除受端子拉力外还承受一定扭矩；安装基础较小，适于任意角度倾斜安装。

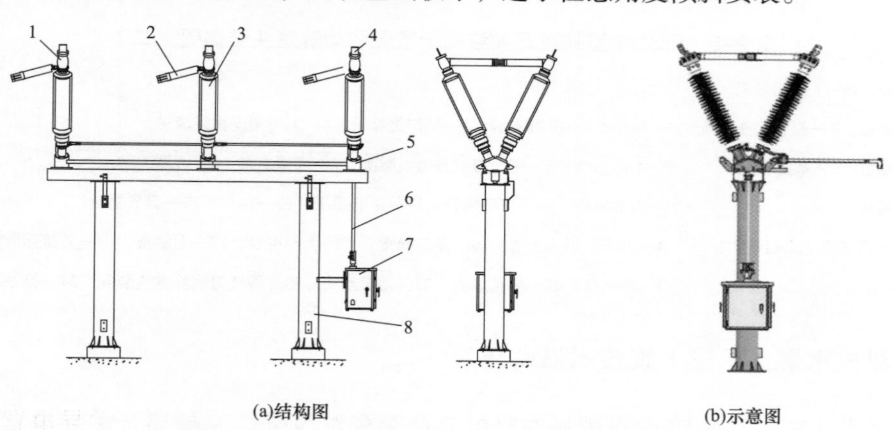

图 2-10　GW5 型隔离开关示意图

1—导电座；2—导电臂；3—绝缘子；4—接线端子；5—传动部件；6—垂直连杆；7—操动机构；8—设备支架

2.1.6　三柱水平旋转式隔离开关

三柱水平旋转式隔离开关为三柱、双断口、水平开启式户外高压交流隔离开关。其静触头位于两侧支撑绝缘子上，动触臂采用水平平衡转动结构，通过中间绝缘子支撑。其工作原理是通过连杆驱动中间绝缘子转动，带动动触臂在水平面上旋转一定角度，使动触臂两端的动触头插入或离开静触头，完成分合闸动作，利用传动杠杆的死点位置在分合闸终点起自锁作用。其结构简单，操作方便可靠，受力平衡、稳定，常用作于220kV及以上电压等级的线路侧隔离开关。GW7型隔离开关结构示意图、现场实物图分别如图2-11和图2-12所示。

目前，系统中常见的三柱水平旋转式隔离开关主要为GW7型。

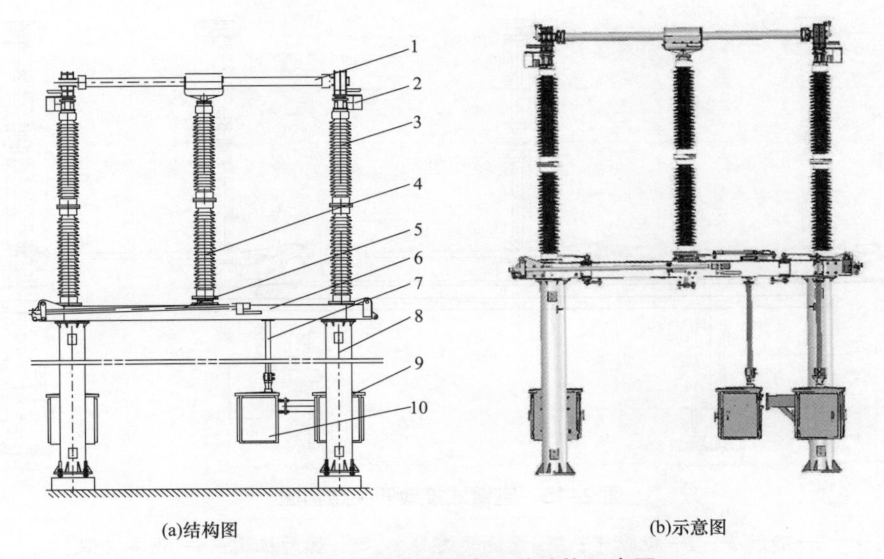

图2-11　GW7型隔离开关结构示意图

1—导电部分；2—接地开关静触头；3—支柱绝缘子；4—操作绝缘子；5—附属接地开关；6—传动部件；7—垂直连杆；8—设备支架；9—主刀闸操动机构；10—接地开关操动机构

图2-12　GW7型隔离开关现场实物图

2.1.7 接地开关

接地开关是用于将回路接地的一种机械式开关装置，在异常条件下（如短路），可在规定时间内承载规定的异常电流；但在正常回路条件下，不要求承载电流。接地开关由静触头装配、接地开关装配、组合底座装配及操动机构及支柱绝缘子等部分组成。目前系统中常见的接地开关主要有直臂式、垂直伸缩式（折臂式）等结构型式。

1. 直臂式接地开关

直臂式接地开关的结构如图 2-13 所示。接地开关合闸的运动过程是操动机构通过传动连杆装配推动接地开关装配的转轴转动，带动四连杆运动，从而使接地开关装配先旋转后再进行直线运动，向上插入静触头，在合闸终了，接地开关被牢牢扣住。

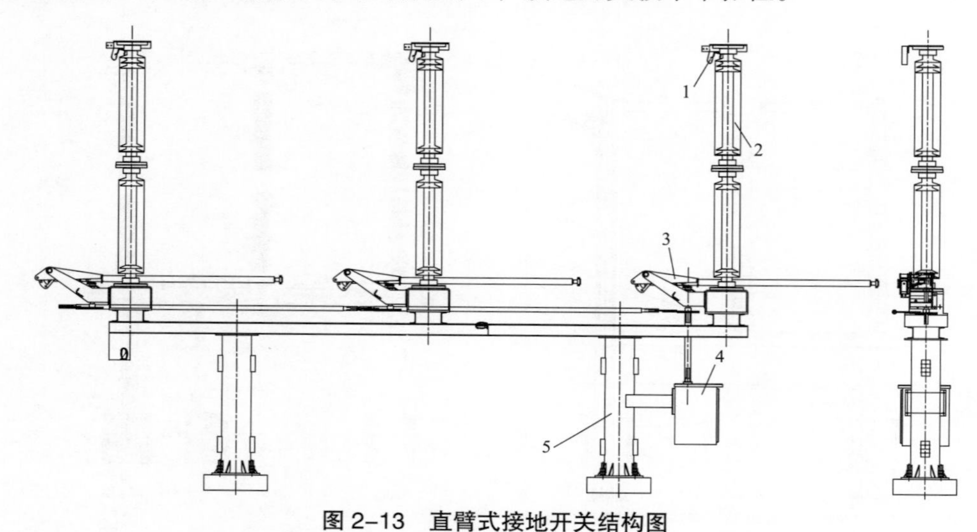

图 2-13 直臂式接地开关结构图

1—静触头；2—绝缘子；3—接地开关刀杆；4—操动机构；5—设备支架

2. 垂直伸缩式（折臂式）接地开关

垂直伸缩式（折臂式）接地开关结构示意图如图 2-14 所示，接地开关分闸时主隔离开关系统合拢折叠；合闸时操动机构通过传动连杆装配推动接地开关装配的转轴转动，导电臂犹如手臂伸直一样，将动触头插入装于接线底座装配上的接地开关静触头装配内，完成从分闸到合闸的全部动作。

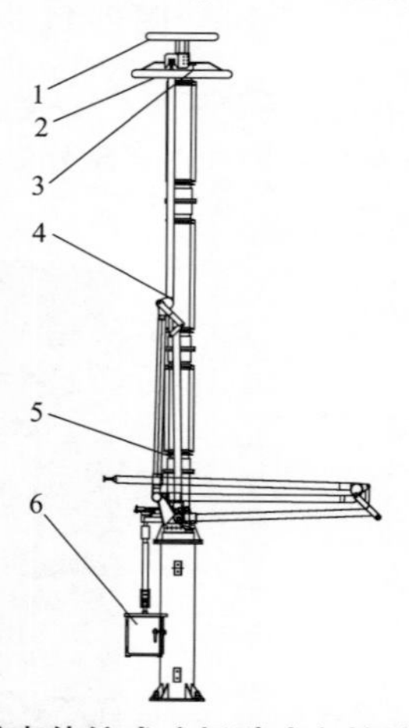

图 2-14 垂直伸缩式（折臂式）接地开关结构图

1—屏蔽环；2—均压环；3—静触头；4—接地开关刀杆；5—传动部件；6—操动机构

2.2　隔离开关主要问题分析

2.2.1　单柱单臂垂直伸缩式隔离开关

对电力行业单柱单臂垂直伸缩式隔离开关问题统计分析，共提出主要问题 7 类，单柱单臂垂直伸缩式隔离开关主要问题分类如表 2–1 所示，主要问题占比如图 2–15 所示。

表 2–1　　单柱单臂垂直伸缩式隔离开关主要问题分类

问题分类	占比（%）	问题细分	占比（%）
传动部件问题	29.39	连杆、万向节	12.94
		轴套、轴销	9.00
		操作弹簧	1.49
		机构齿轮	1.49
		机械闭锁	1.49
		滚轮	1.49
		辅助开关连接	1.49
导电臂密封问题	28.37	导电臂进水	16.42
		导电臂内结冰	8.96
		触头座进水	2.99
导电部件问题	14.93	动静触头	8.96
		导电软连接	2.99
		导电杆	1.49
		中间连接	1.49
绝缘子材质问题	6.0	绝缘子断裂	6.00
机构箱防护问题	4.48	防水密封	2.99
		加热驱潮装置	1.49
运维检修问题	7.47	失修	2.99
		检修质量	2.99
		检修不便	1.49
其他问题	9.36	其他	9.36

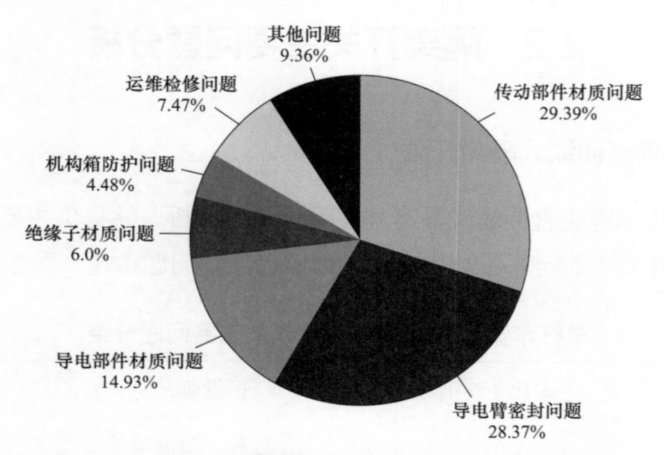

图 2–15　单柱单臂垂直伸缩式隔离开关主要问题占比

2.2.2　单柱双臂垂直伸缩式（剪刀式）隔离开关

对电力行业单柱双臂垂直伸缩式（剪刀式）隔离开关问题统计分析，共提出主要问题 5 类，单柱双臂垂直伸缩式隔离开关主要问题分类如表 2–2 所示，主要问题占比如图 2–16 所示。

表 2–2　　单柱双臂垂直伸缩式（剪刀式）隔离开关主要问题分类

问题分类	占比（%）	问题细分	占比（%）
导电部件问题	42.88	动静触头	16.69
		导电臂	14.29
		导电杆	4.76
		中间连接	2.38
		导电软连接	2.38
		接线端子	2.38
传动部件问题	28.56	轴套、轴销	4.76
		连杆、万向节	4.76
		操作弹簧	2.38
		机构齿轮	2.38
		辅助开关连接	2.38
		其他零部件	11.90
机构箱问题	9.52	防水密封	7.14
		加热驱潮装置	2.38
运维检修问题	14.28	运维操作不便	11.90
		检修质量	2.38
其他问题	4.76	其他	4.76

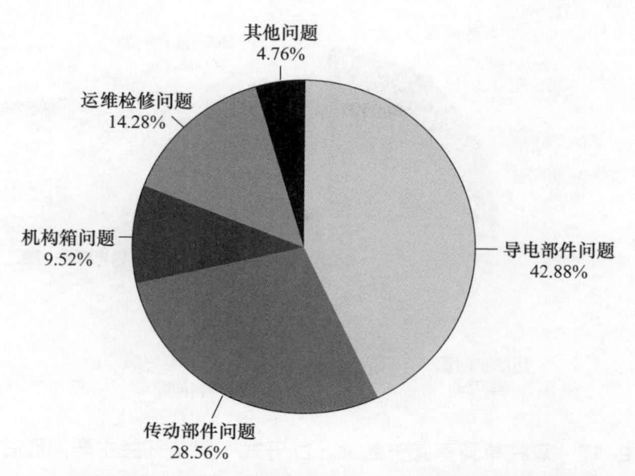

图 2-16　单柱双臂垂直伸缩式（剪刀式）隔离开关主要问题占比

2.2.3　双柱单臂垂直开启式（立开式）隔离开关

对电力行业双柱单臂垂直开启式（立开式）隔离开关问题统计分析，共提出主要问题 6 类，双柱单臂垂直开启式隔离开关问题分类如表 2-3 所示，主要问题占比图 2-17 所示。

表 2-3　双柱单臂垂直开启式（立开式）隔离开关问题分类

<table>
<tr><th>问题分类</th><th>占比（%）</th><th>问题细分</th><th>占比（%）</th></tr>
<tr><td rowspan="3">传动部件问题</td><td rowspan="3">18.2</td><td>连杆、万向节</td><td>9.10</td></tr>
<tr><td>机械闭锁</td><td>4.55</td></tr>
<tr><td>拉杆</td><td>4.55</td></tr>
<tr><td rowspan="3">导电部件问题</td><td rowspan="3">18.2</td><td>动静触头</td><td>9.10</td></tr>
<tr><td>导电杆</td><td>4.55</td></tr>
<tr><td>导电连接板</td><td>4.55</td></tr>
<tr><td rowspan="3">机构箱问题</td><td rowspan="3">13.6</td><td>防水密封</td><td>4.53</td></tr>
<tr><td>二次元器件</td><td>4.53</td></tr>
<tr><td>二次回路</td><td>4.53</td></tr>
<tr><td rowspan="2">绝缘子问题</td><td rowspan="2">22.7</td><td>绝缘子断裂</td><td>18.18</td></tr>
<tr><td>绝缘子防污性能</td><td>4.55</td></tr>
<tr><td rowspan="2">运维检修问题</td><td rowspan="2">9.1</td><td>失修</td><td>4.55</td></tr>
<tr><td>运维操作不便</td><td>4.55</td></tr>
<tr><td>其他问题</td><td>18.2</td><td>其他</td><td>18.2</td></tr>
</table>

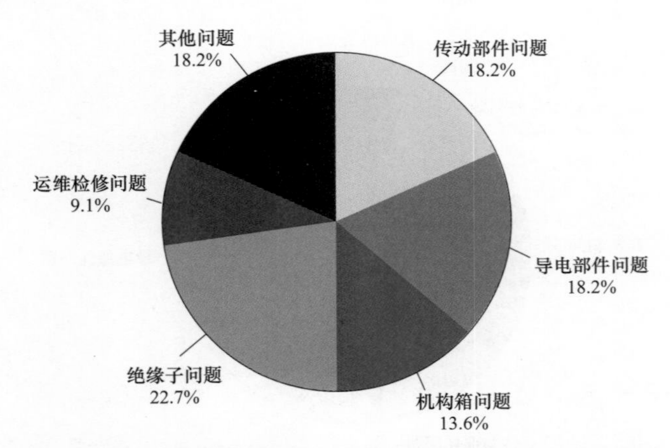

图 2-17 双柱单臂垂直开启式（立开式）隔离开关主要问题占比

2.2.4 双柱水平伸缩式隔离开关

对电力行业双柱水平伸缩式隔离开关问题统计分析，共提出主要问题 6 类，双柱水平伸缩式隔离开关问题分类如表 2-4 所示，主要问题占比如图 2-18 所示。

表 2-4 双柱水平伸缩式隔离开关问题分类

问题分类	占比（%）	问题细分	占比（%）
传动部件问题	45.16	轴套、轴销	12.90
		连杆、万向节	12.90
		机械闭锁	6.45
		操作弹簧	3.23
		其他金属部件	9.68
导电部件问题	29.03	导电杆	12.90
		动静触头	12.90
		导电连接板	3.23
导电臂密封问题	6.45	导电臂进水	6.45
机构箱问题	3.23	防水密封	3.23
运维检修问题	9.68	检修质量	6.45
		运维操作便利	3.23
其他问题	6.45	其他	6.45

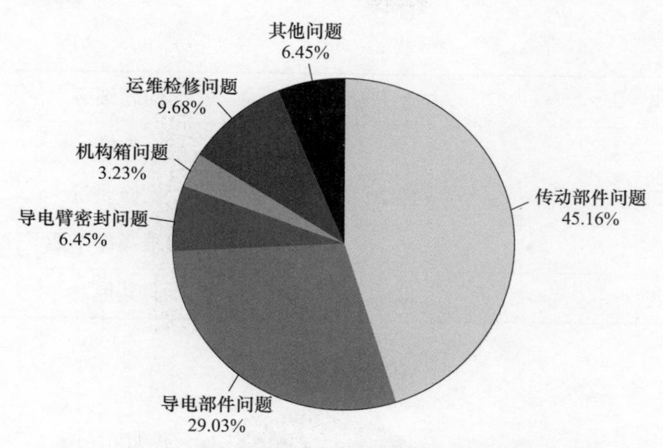

图 2-18　双柱水平伸缩式隔离开关主要问题占比

2.2.5　双柱水平（V 形）旋转式隔离开关

对电力行业双柱水平（V 形）旋转式隔离开关问题统计分析，共提出主要问题 6 类，双柱水平（V 形）旋转式隔离开关问题分类如表 2-5 所示，主要问题占比如图 2-19 所示。

表 2-5　双柱水平（V 形）旋转式隔离开关问题分类

问题分类	占比（%）	问题细分	占比（%）
导电部件问题	30.88	导电杆	2.49
		动静触头	20.99
		中间连接	1.23
		导电软连接	2.47
		导电连接板	3.70
传动部件问题	23.45	轴套、轴销	1.23
		连杆、万向节	11.11
		机构齿轮	2.47
		辅助开关连接	1.23
		其他部件	7.41
机构箱、底座问题	11.1	防水防尘密封	7.41
		二次元器件设计	1.23
		电气闭锁设计	1.23
		中间继电器容量	1.23
绝缘子问题	6.17	绝缘子断裂	6.17

续表

问题分类	占比（%）	问题细分	占比（%）
运维检修问题	17.29	失修	2.47
		检修质量	4.94
		运维操作不便	9.88
其他问题	11.11	其他	11.11

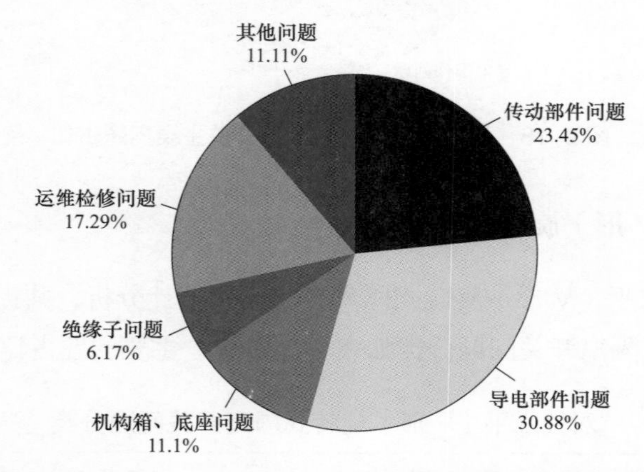

图 2-19　双柱水平（V 形）旋转式隔离开关主要问题占比

2.2.6　三柱水平旋转式隔离开关

对电力行业三柱水平旋转式隔离开关问题统计分析，共提出主要问题 5 类，三柱水平旋转式隔离开关问题分类如表 2-6 所示，主要问题占比如图 2-20 所示。

表 2-6　　三柱水平旋转式隔离开关问题分类

问题分类	占比（%）	问题细分	占比（%）
传动部件问题	31.25	连杆、万向节	10.41
		轴套、轴销	4.17
		机械闭锁	4.17
		辅助开关连接	2.08
		其他零部件	10.42
导电部件问题	29.17	动静触头	20.83
		导电杆	4.17
		导电连接板	4.17

续表

问题分类	占比（%）	问题细分	占比（%）
机构箱、底座问题	16.66	防水密封	8.33
		二次元器件	6.25
		电气连锁	2.08
运维检修问题	18.75	检修质量	10.42
		运维检修不便	8.33
其他问题	4.17	其他	4.17

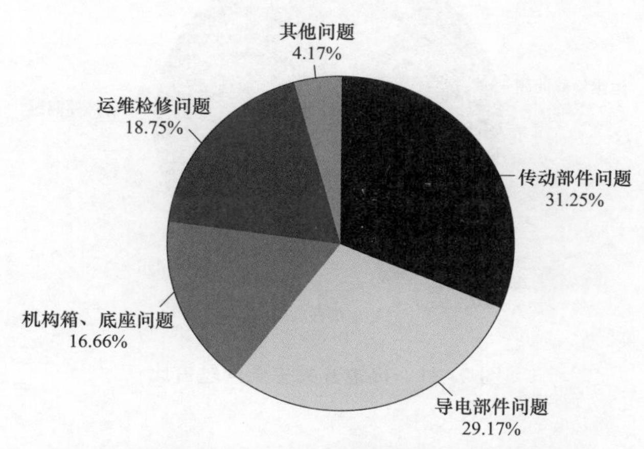

图 2–20　三柱水平旋转式隔离开关主要问题占比

2.2.7　接地开关

对电力行业接地开关问题统计分析，共提出主要问题 5 类，接地开关问题分类如表 2–7 所示，主要问题占比如图 2–21 所示。

表 2–7　接地开关问题分类

问题分类	数量	占比（%）	问题细分	数量
传动部件问题	9	45.0	连杆、万向节	7
			机械闭锁	1
			平衡弹簧	1
导电部件问题	2	10.0	动静触头	2
绝缘子问题	2	10.0	绝缘子断裂	2

续表

问题分类	数量	占比（%）	问题细分	数量
运维检修问题	5	25.0	检修不便	2
			失修	1
			运维操作不便	2
其他问题	2	10.0	其他	2

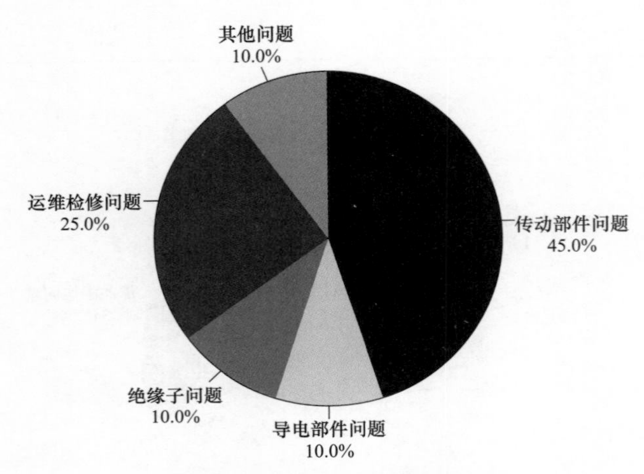

图 2-21　接地开关主要问题占比

2.3　隔离开关可靠性提升措施

2.3.1　隔离开关可靠性提升措施通用部分

1. 提升导电部件性能

（1）现状及需求。

由于行业技术标准执行不到位、部分厂家以次充好等原因，在导电部件结构设计、材质选用、加工处理时，未考虑满足隔离开关长期运行要求，导电部件易发生腐蚀、剥落、接触不可靠等问题，造成隔离开关通流能力下降，严重时因导电部件机械强度降低而发生断裂，引起设备故障，严重影响供电可靠性。相关案例见案例 1~ 案例 4。

为确保此类隔离开关长期安全稳定运行，必须提升导电部件结构设计、材质选用、处理工艺，加大到货抽检力度，杜绝伪劣产品入网。

案例 1：220kV 某变电站 220kV 隔离开关运行 8 年左右，即出现导电臂、接线板铝合金材质纤维化、起层剥离脱落现象，如图 2-22 和图 2-23 所示。

图 2-22　导电臂铝合金材质纤维化、起层剥离脱落

图 2-23　接线板铝合金材质纤维化、起层剥离脱落

案例 2：500kV 某变电站 500kV 隔离开关运行 10 年左右，即出现导电臂纤维化、起层起层剥离脱落现象，如图 2-24 所示。

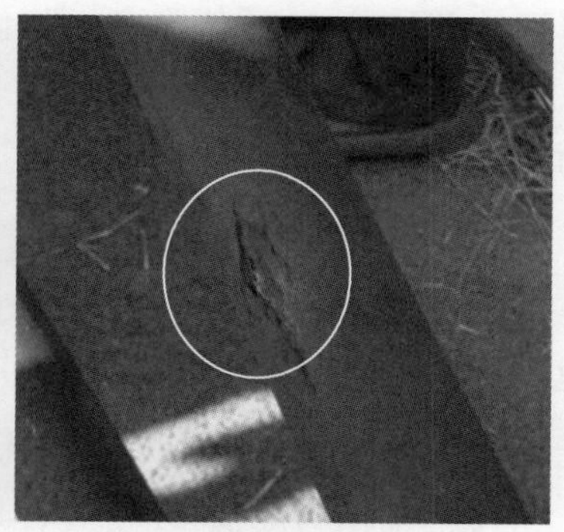

图 2-24　导电臂铝合金材质纤维化、起层剥离脱落

案例 3：某工业区，由于酸雨等环境造成位于该地区的敞开式隔离开关导电臂铝合金部件腐蚀严重，起层剥离脱落，如图 2-25 所示。

图 2-25　导电臂铝合金材质起层剥离脱落

案例 4：220kV 某变电站 110kV 某隔离开关发热严重，检查发现该隔离开关铜质软导电带与铝接线柱碰接处出现大量氧化铝粉末，接线柱腐蚀严重，如图 2-26 所示。

图 2-26　铜质软导电带腐蚀严重

（2）具体措施。

1）提升铝合金导电部件材质性能。

a. 采用铝合金的导电部件，应采用电阻率低、不存在晶间腐蚀倾向的牌号为 5 系、6 系列的铝合金材质，且型材表面进行阳极氧化处理，氧化膜不低于 4μm；隔离开关的所有部件不应采用牌号 2 系列、7 系铝合金，防止腐蚀剥落。

b. 导电回路焊缝应按批次探伤抽检，抽检比例为 10%，制造厂提供抽检试验报告。

2）提升铜质导电部件材质性能。

a. 应采用纯铜、铬青铜合金或其他高强度、高导电性能的材质；采用纯铜材质时，牌号应不低于 T2（纯度不低于 99.9%），采用铬青铜合金时，应满足 GB/T 5231—2012《加工铜及铜合金牌号和化学成分》的要求。

b. 触指、静触杆活动接触部位应镀银，采用常规镀银时，镀银层厚度不应小于 20μm，硬度大于 120HV；采用石墨镀银时，镀银层厚度不应小于 20μm；主触头、触指其他部位应镀锡或镀银，镀锡层厚度不应小于 12μm，镀银层厚度不应小于 8μm。

c. 镀银层应为银白色，呈无光泽或半光泽，不应为高光亮镀层，镀层应结晶细致、平滑、均匀、连续；表面无裂纹、起泡、脱落、缺边、掉角、毛刺、针孔、色斑、腐蚀锈斑和划伤、碰伤等缺陷；镀层应开展结合力抽检。

3）主导电回路严禁采用铜编织带，应采用 T2 铜镀锡或纯铝材质（1 系铝）叠片式软导电带。软导电带应采用导向设计，外露的软导电带最外层应采用包覆不锈钢片等方式进行防护。

4）隔离开关触头应设计成在正常变化范围内，其接触压力应满足制造厂要求。制造厂应提供隔离开关触指夹紧力标准、测试报告。

5）加大隔离开关到货验收力度。到货验收时，必须对隔离开关导电部件的所有材质和镀层进行全面检测。

2. 提升传动部件性能

（1）现状及需求。

由于行业技术标准执行不到位、部分厂家粗制滥造等原因，在传动部件结构设计、材质选用及加工处理时，未考虑满足隔离开关长期户外运行的要求，造成传动部件易发生锈蚀、磨损、断裂等问题，导致传动部件机械强度降低、隔离开关分合闸不到位甚至卡涩拒动，大大增加了成本和检修维护工作量，对供电可靠性也影响极大。相关案例见案例1～案例17。

为减少隔离开关传动部件缺陷率，一方面要从设计、制造、材料选型等方面控制，确保传动部件防腐、防老化性能优良，另一方面加大到货验收力度，提早发现传动部件隐患。

案例1：220kV某变电站户外运行的220kV隔离开关出现操动机构动作至分位，本体仍处于合位的拒分情况。检查发现隔离开关小连杆万向节断裂，连杆存在裂纹。经检测，试样的金相组织为奥氏体铸造件。裂纹由边部萌生，沿着晶界逐步向组织内部生长，为典型的沿晶裂纹，如图2–27所示。

图2–27　隔离开关万向节断裂、连杆存在裂纹

案例2：220kV某变电站隔离开关在操作过程中发生A相无法分闸现象。检查发现传动部分关节轴承材质不佳，已断裂，如图2–28所示。

图2–28　隔离开关关节轴承断裂

案例 3：某制造厂生产的 500kV 隔离开关，其不锈钢万向节连杆存在裂纹、断裂情况，如图 2–29 所示。

图 2–29　隔离开关万向节连杆存在裂纹

案例 4：220kV 某变电站 220kV 隔离开关不锈钢万向节因材质问题，普遍存在裂纹甚至断裂的情况，如图 2–30 所示。

图 2–30　220kV 隔离开关不锈钢万向节断裂情况

案例 5：220kV 某变电站隔离开关在例行试验检修过程中发现主回路直阻超标。经检查发现其动触指夹紧力不够，解体上导电臂后发现夹紧弹簧锈蚀严重，如图 2–31 所示。

图 2–31　夹紧弹簧锈蚀严重

案例 6：220kV 某变电站隔离开关在例行试验检修过程中发现操作力矩偏大。经检查发现其触指拉力弹簧老化严重，如图 2–32 所示。

图 2–32　触指拉力弹簧老化锈蚀

案例 7：在对 220kV 某变电站 220kV 某隔离开关操作过程中，发现触指接触不可靠。经过检查后发现在长期户外运行的情况下，触指压紧弹簧锈蚀严重，老化断裂，如图 2–33 所示。

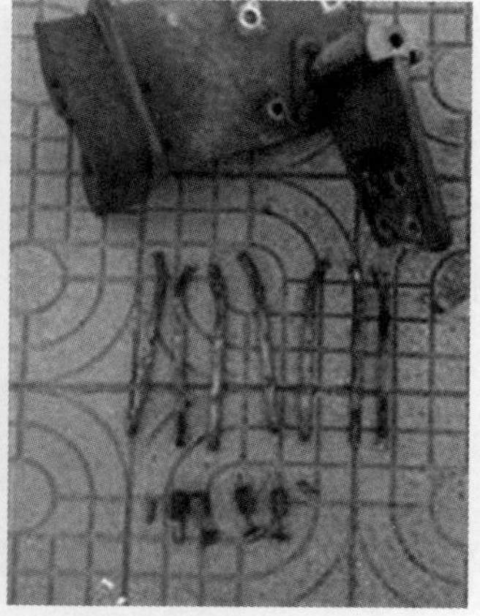

图 2–33　触指压紧弹簧锈蚀断裂

案例 8：220kV 某变电站运维人员巡视时发现 66kV 隔离开关操作连杆出线裂纹，如图 2–34 所示，经检查为杆内积水结冰所致，主要由于垂直连杆下方封口无疏水通道，图 2–35 为垂直连杆下方封口设计对比图。

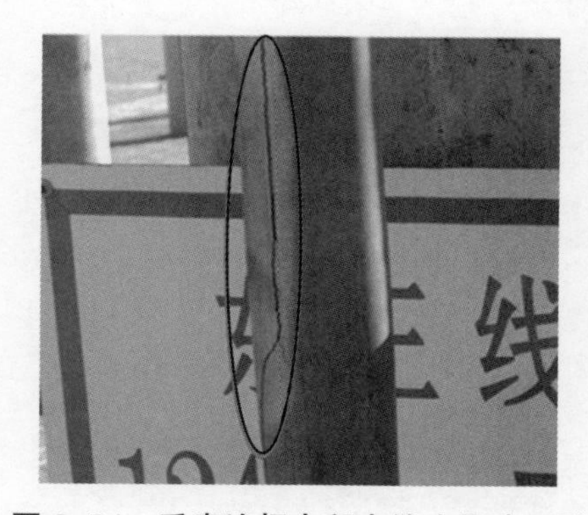

图 2–34　垂直连杆内积水结冰导致开裂

(a) 垂直连杆下方封口设计，无疏水通道

(b) 垂直连杆下方敞口设计，有疏水通道

图 2-35　垂直连杆下方封口设计对比图

案例 9：220kV 某变电站运维人员在开展设备巡视工作时，发现 110kV 隔离开关转动连杆开裂。经过检查分析，原因为隔离开关转动下方无疏水通道，雨水积在连杆内结冰后导致连杆胀裂。

案例 10：220kV 某变电站隔离开关不能合闸，现场检查发现机构输出轴法兰断裂。经检测分析，其断裂部位位于法兰中部，断口较平齐，周边无塑性变形痕迹，呈典型的脆性断裂特征，同时断口上有较多气孔存在，为典型的砂型铸造成型件，如图 2-36 所示。

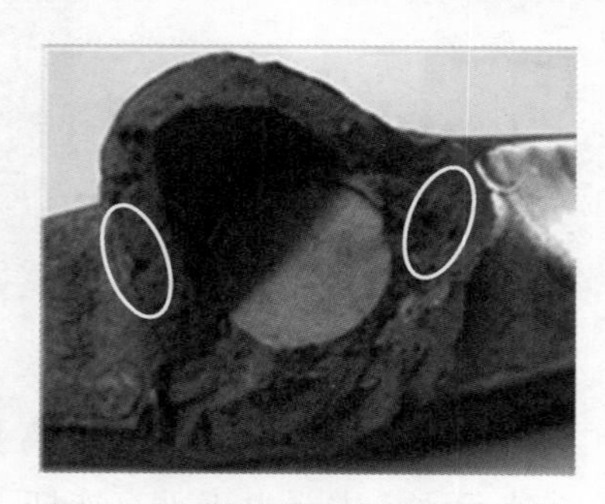

图 2-36　断裂的机构输出轴法兰

案例 11：35kV 某变电站在进行倒闸操作时，35kV 隔离开关连杆接头因材质问题而断裂，如图 2-37 所示。

图 2-37　因材质问题断裂的连杆接头

案例 12：500kV 某变电站线路隔离开关在检修中发现隔离开关 A 相静触头基座出现严重的开裂现象。经进一步分析，发现在成分分析中底座基材与设计不符；金相和断口分析中发现此底座基材内部孔洞明显，疏松结构造成原材料力学性能低下，抗拉强度和硬度均不满足设计和标准要求，如图 2-38 所示。

图 2-38　开裂的静触头底座

案例 13：220kV 某变电站运行人员在操作时，发现 110kV 隔离开关拒动。经检查为操动机构的连杆顶部焊接处断裂。断裂原因为现场安装时电焊工艺不佳，防腐处理不到位，造成锈蚀断裂，如图 2-39 所示。

图 2-39　焊接连杆锈蚀断裂

案例 14：某厂生产的 GW16—252 型隔离开关，在运行一段时间后，经常出现操作过程中卡涩的问题。经分析后发现，其导电杆内的复合轴套采用黄铜材质，而操作杆轴销为钢制镀锌件，轴套与轴销接触面在电化腐蚀的作用下变得粗糙，摩擦力变大，因此经常出现卡涩的问题，如图 2-40 和图 2-41 所示。

图 2-40　黄铜轴套表面易磨损、变粗糙

图 2-41　不锈钢轴套自润滑石墨层

案例 15：检修人员在 220kV 某变电站检修作业时，发现 110kV 侧线路隔离开关主隔离开关与接地开关间闭锁板安装不牢固，导致闭锁时机械强度不够，闭锁板与所连接部位发生位移甚至脱落，如图 2-42 所示。

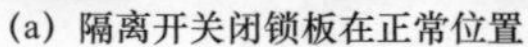

(a) 隔离开关闭锁板在正常位置

(b) 隔离开关闭锁板脱落

图 2-42　隔离开关闭锁板脱落

案例 16：某制造厂生产的隔离开关，由于隔离开关操动机构辅助开关上部连接法兰为塑料件。长时间运行后因塑料件老化而变脆，在隔离开关操作过程中因塑料部件承受过大的剪切力而断裂，导致辅助开关无法和隔离开关一起切换，如图 2-43 所示。

案例 17：220kV 某变电站 110kV 隔离开关在进行合闸操作时，操动机构辅助开关连接部位断裂，检查发现由于隔离开关操动机构辅助开关上部连接法兰为塑料件。长时间运行后因塑料件老化而变脆，在隔离开关操作过程中因塑料部件承受过大的剪切力而断裂，导致辅助开关无法和隔离开关一起切换。

图 2-43　辅助开关塑料法兰断裂

（2）具体措施。

1）隔离开关和接地开关必须选用符合国家电网公司《关于高压隔离开关订货的有关规定（试行）》（国家电网公司生产输变〔2004〕4 号）完善化技术要求的产品。

2）提升铁质金属部件材质性能。户外钢结构件、紧固件应热浸镀锌或选用其他不低于热浸镀锌的防腐工艺。钢结构件热浸镀锌的技术指标应符合 GB/T 2694—2018《输电线路铁塔制造技术条件》中的第 6.9 条的要求，紧固件热浸镀锌的技术指标应符合 DL/T 284—2012《输电线路杆塔及电力金具用热浸镀锌螺栓与螺母》中的第 5.5 条的要求，如表 2–8 所示。不锈钢的化学成分应符合 GB/T 20878—2007《不锈钢和耐热钢牌号及化学成分》的要求，并应符合锰（Mn）含量不大于 2% 的奥氏体不锈钢要求。

表 2–8　热镀锌件镀锌厚度要求

材料	镀件厚度（mm）	厚度最小值（μm）	最小平均值（μm）
成型件或板材	≥ 5	70	86
	＜ 5	55	65
紧固件（螺栓、螺帽、垫圈等）		40	50

3）提升弹簧材质性能。

a. 隔离开关各弹簧的技术指标应符合 GB/T 23935—2009《圆柱螺旋弹簧设计计算》的要求，其表面应采用磷化电泳或其他更好的工艺防腐处理，附着力不小于 5MPa，如采用磷化电泳工艺处理涂层厚度不应小于 20μm；不锈钢弹簧应严格执行 GB/T 24588—2009《不锈弹簧钢丝》的要求。

b. 每根弹簧都应进行探伤和力学特性测试，每批次都应按比例开展金相、强扭（若采用扭簧）、强压（若采用压簧）及材质检测，隔离开关制造厂应提供上述试验报告或见证试验结果证明，严禁使用弹簧厂家报告替代，每根弹簧都应有唯一的身份标识，便于后期进行质量追溯。

4）提升传动连杆、抱箍性能。

a. 隔离开关垂直连杆下部应有排水通道，防止因积水结冰造成连杆开裂。

b. 操动机构垂直连杆输出轴法兰、抱箍等传动部件，若采用铸造铝合金，应采用压力铸造，不应采用砂型铸造。

c. 机构垂直连杆与抱箍连接处需设置热镀锌材质的尖角紧定螺钉，隔离开关调试完毕后，应将紧定螺钉紧固，如图 2–44 所示。

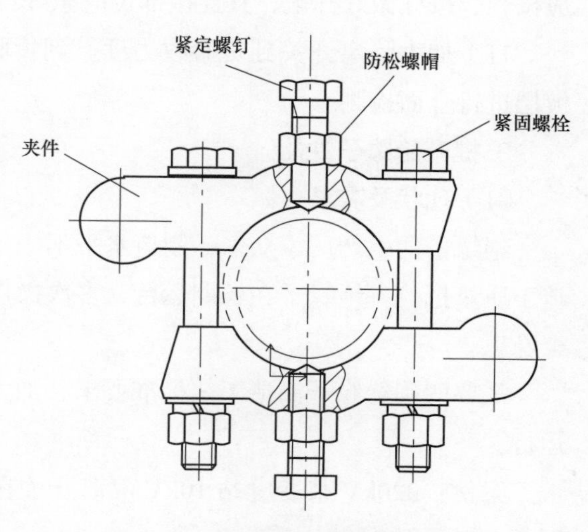

图 2–44　垂直连杆与抱箍发生位移

d. 传动连杆应采用装配式连接结构，连接应有防窜动措施。连杆应选用高强度和高刚度材料制成。隔离开关所有的连杆严禁在现场进行加工，如切割、锉磨、焊接、打孔等。

5）提升销轴与轴套材质性能。户外隔离开关的销轴与轴套，应采用不锈钢销轴配石墨复合轴套，严禁采用不锈钢销轴配不锈钢轴套或钢制镀锌销轴配黄铜轴套。同时所有滑动摩擦部位需采用可靠的自润滑措施，严禁非自润滑异种材料的直接接触，如铜与铝或不锈钢与铝的直接接触。

6）所有卡簧、开口销都应采用不锈钢材质，防止锈蚀、断裂失效。

7）隔离开关辅助开关与机构传动连接处禁止采用塑料材质，应采用金属部件连接。

8）操动机构应采用全密封的减速箱，严禁采用外露的丝杆滑块结构，如图 2–45 所示。

图 2–45　全密封减速箱

9）制造厂应提供所有外露金属件的耐盐雾、漆膜附着力试验报告。耐盐雾试验应满足 DL/T 1425—2015《变电站金属材料腐蚀防护技术导则》要求，腐蚀等级为 C1、C2、C3 时，中性盐雾试验应不小于 720h；腐蚀等级为 C4、C5 时，中性耐盐雾试验应不小于 1000h；漆膜附着力试验参考 GB/T 9286—1998（ISO 2409）执行，不低于 1 级。

10）隔离开关和接地开关应在生产厂家内进行整台组装和出厂试验。需拆装发运的设备应按相、按柱做好标记，其连接部位应做好特殊标记。

11）加大隔离开关到货验收力度。到货验收时，必须对隔离开关传动部件的所有材质、镀层进行全面检测。

3. 提升绝缘子性能

（1）现状及需求。

绝缘子的生产厂家众多，制造水平不一、质量良莠不齐，隔离开关制造厂在采购后往往疏于质量把控。绝缘子在长期运行、多次操作后易发生断裂情况，带来极大的人身、设备安全隐患。

需要明确绝缘子制造工艺标准要求，加大质量的监督和管控力度，杜绝不合格产品入网运行。

案例：220kV 某变电站 10kV 隔离开关在操作过程中发现 B、C 相支柱绝缘子破裂，如图 2–46 所示。

图 2–46　隔离开关支柱绝缘子断裂

（2）具体措施。

1）隔离开关绝缘子均应是实心瓷质高强度绝缘子，性能参数、工艺应满足设计要求，隔离开关制造厂应进行绝缘子弯曲试验及扭转试验、探伤试验，并提供相关试验报告，其中探伤试验应逐支进行。

2）绝缘子的伞裙应为不等径的大小伞，伞型设计应符合 GB/T 26218《污秽条件下使用的高压绝缘子的选择和尺寸确定》的要求，两裙伸出之差不小于 15mm，相邻裙间高与裙伸出长度之比应大于 0.9，爬电因数不宜大于 4.0。应有良好的抗污秽能力和运行特性，其有效爬电距离应考虑伞裙直径的影响。

3）绝缘子金属法兰与瓷件胶装应采用喷砂工艺。胶合剂外露表面应平整，无水泥残渣及露缝等缺陷，胶装后露砂高度 10~20mm，胶装处应均匀涂以性能良好的防水密封胶。

4）绝缘子上、下铁质金属法兰应热镀锌，热镀锌层厚度应均匀，镀锌层表面应连续完整，不应有过酸洗、起皮、漏镀、结瘤、积锌和锐点等缺陷，镀锌层厚度不低于 90μm。

5）加大隔离开关绝缘子到货验收力度。到货验收时，须对隔离开关绝缘子进行全面检测，包括外观检查、爬距检查、法兰材质及镀锌层检测、探伤试验等。

4. 提升机构箱防护性能

（1）现状及需求。

部分隔离开关机构箱防水、防潮、防尘性能差，长期运行过程中机构内部易积灰，二次回路、元器件易受潮，引起辅助开关触点不通、黏连等缺陷，导致隔离开关电动操作失灵。相关案例见案例 1~ 案例 3。

需进一步明确、细化机构箱防护性能要求，降低机构箱缺陷、故障发生率。

案例 1：220kV 某变电站位于沿海，周边大气腐蚀为 C4 级，端子箱采用 304 不锈钢，运行 5 年后，因大气盐腐蚀导致局部出现点蚀穿孔，如图 2–47 所示。

案例 2：220kV 某变电站 110kV 隔离开关接地开关机构箱进水，导致内部二次线短路，接地开关现场与后台信号不对应。检查发现垂直主连杆与机构箱处未封闭完全，导致雨水从缝隙中进入，造成加热器烧损，二次线短路，如图 2–48 所示。

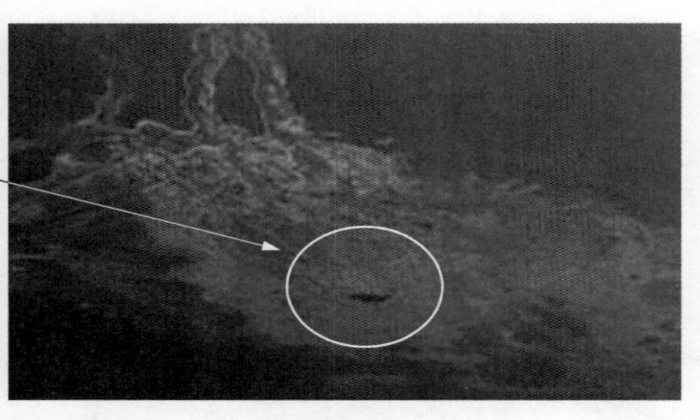

图 2-47 不锈钢箱体点蚀、穿孔进水箱内情况

图 2-48 机构垂直输出轴进水

案例 3：220kV 某变电站端子箱采用单只 75W 加热器布置，如图 2-49（a）所示，红外测温显示箱内温差较大，最高温度 140℃，相对温差达到 100K，加剧了温度不平衡，易产生凝露；而采用分布式低功率 15W 加热器布置如图 2-49（b）所示，箱内温差明显减小，基本消除凝露现象，如图 2-49 所示。

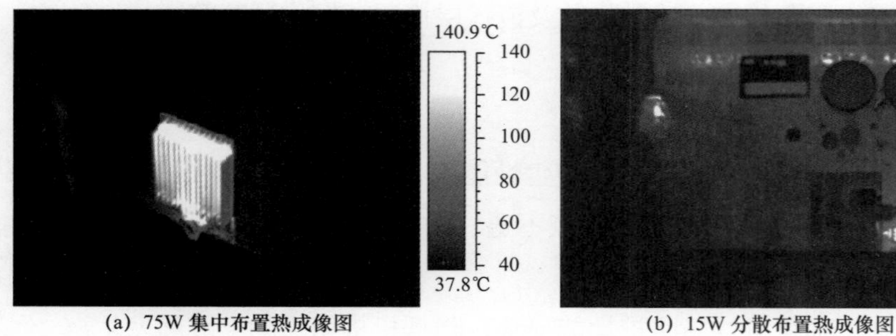

(a) 75W 集中布置热成像图　　(b) 15W 分散布置热成像图

图 2-49 15W 分布式较 75W 集中加热整体温度分布对比

（2）具体措施。

1）提升机构箱材质性能。

a. 机构箱壳体机械强度不低于 IK07。壳体可采用不锈钢、铝合金、覆铝锌板或更优材

质，壳体厚度不小于 2mm。若采用不锈钢，其尺寸允许偏差满足 GB/T 708—2019《冷轧钢板和钢带的尺寸、外形、重量及允许偏差》的 B 级精度要求，性能不应低于 304。当大气腐蚀程度达到 C4、C5 级应按 GB/T 19292.1—2002《金属和合金的腐蚀大气腐蚀性分类》分别选用 316、316L 不锈钢。非不锈钢外壳应整体喷塑或喷漆，干膜厚度对应 C1~C3、C4、C5 分别对应不小于 170、220、280μm，附着力不低于 1 级。

b. 箱门在开启的状态下，最大力矩位置，使用 50N 正推或拉，箱门最大形变不超过 50mm。

2）提升机构箱密封性能。

a. 户外汇控箱或机构箱的防护等级应不低于 IP45W，箱体应设置可使箱内空气流通的迷宫式通风口，并具有防腐、防雨、防风、防潮、防尘和防小动物进入的性能。

b. 箱体门锁和铰链应采用不锈钢、铜质材料或其他具有耐腐蚀、高强度材料，高度超过 600mm 的箱门应配置三点式门锁（具有锁栓和上下插杆）。

c. 机构箱箱门开合顺畅，顶部应有倾角设计并设防雨檐，门框及箱门采用导流设计，如图 2–50 所示。

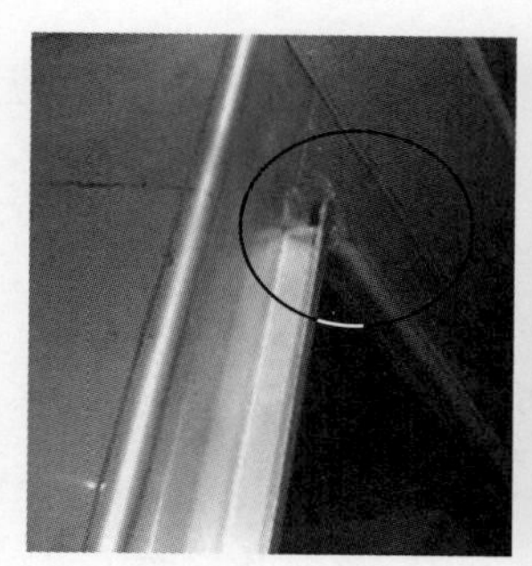
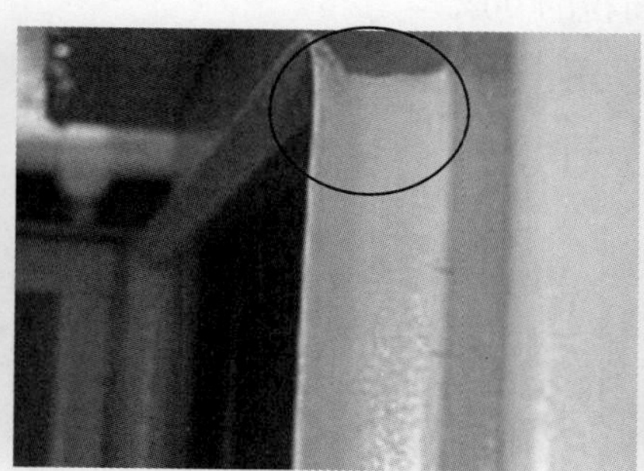

(a) 箱门外弯边或上翘设计

(b) 顶部倾角设计

图 2–50　机构箱优化设计

d. 箱门密封条应连续、完整，密封条应选用三元乙丙材质气囊式（Ω 型）橡胶或其他抗老化、密封性能优越的材料，户外寿命不少于 10 年，如图 2–51 所示。

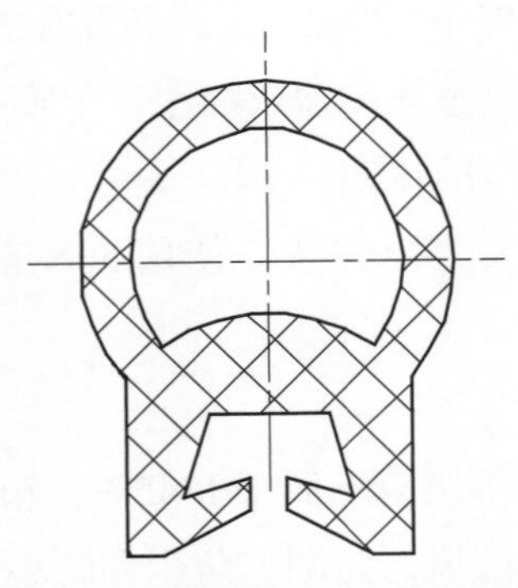

图 2–51　三元乙丙气囊型（Ω 型）密封圈剖面图

e. 对于常年风沙地区，机构箱应采用双道密封方式。

3）提升机构箱驱潮装置性能。

a. 高寒地区需保温时，在箱体内壁、顶盖、箱门或其夹层整体加装阻燃泡沫材料进行隔热保温，覆盖面积不小于总面积的 90%。

b. 箱体底部进出电缆应采用金属压迫式电缆固定头或电缆密封系统，防护等级应达到 IP68，不宜采用电缆穿管进线及有机或无机材料封堵，如图 2–52 所示。

(a)　压迫式电缆固定头安装外观

(b)　压迫式电缆固定头安装内部

(c)　浪管（电缆穿管）直接进入和压迫式电缆固定头对比

图 2–52　金属压迫式电缆固定头安装示意图

c. 箱内驱潮装置应优先采用多个低功率（不大于 50W/ 只）加热器分散布置方式，取消温湿度控制器。加热器连续工作寿命至少达到 100000h，可触及加热器表面温升不超过 30K，加热器与其他元器件及电缆的净空距不小于 50mm。

d. 高温高湿地区可增加冷凝除湿装置，装置除湿量不小于 300mL/24h，温度 27℃，环境相对湿度在 60% 以下（GB/T 19411—2003《除湿机》）。

e. 极寒地区（–40℃以下）应增加自动和手动温度控制的大功率加热器。

f. 每组驱潮装置应配置独立电源空气开关和断线报警装置。

g. 供应商应提供分散布置式加热器位置和数量的仿真计算报告，在相对湿度 75%、降温 6K/h 的条件下，箱内不应出现凝露。

h. 加强端子箱防潮、防凝露措施的验收。在出厂和到货验收阶段，对箱内保温、电缆封堵、驱潮装置严格按照措施要求进行验收。

4）机构相应接地良好，箱门与箱体之间接地连接铜线截面积不小于 $4mm^2$。

5）加大隔离开关到货验收力度。到货验收时，应对隔离开关机构箱的材质、密封性能、防潮、防凝露措施等内容，严格按照措施要求进行验收。

5. 提升二次元器件可靠性

（1）现状及需求。

部分制造厂对隔离开关二次元器件等外购件的质量管控不严，机构箱内二次元器件布局不科学，二次回路设计不合理，导致转换开关、继电器、微动开关等二次元器件的电气寿命普遍较短，极易发生二次回路缺陷。

需进一步明确隔离开关二次元器件选型要求，规范二次回路设计，加强二次元器件检修维护，降低机构箱缺陷、故障发生率。

（2）具体措施。

1）温控器（加热器）、继电器等二次元件应取得“3C”认证或通过与“3C”认证同等的性能试验，外壳绝缘材料阻燃等级应满足 VO 级，并提供第三方检测报告。

2）操动机构箱应配有足够的端子，材质为铜质，端子板及终端板与夹头均安装在电缆进口的上部，与电缆的距离不应小于 150mm，每组端子板应有 10%~15% 的备用端子，端子排应装配 VO 级阻燃材质的透明绝缘保护罩。

3）机构箱内所采用的元器件必须交、直流分开。

4）同一间隔内的多台隔离开关的电机电源，在端子箱或机构箱内必须分别设置独立的开断设备。

5）断路器或隔离开关电气闭锁回路不能用重动继电器，应直接用断路器或隔离开关的辅助触点。

6）机构箱元件布置应能防止误碰并便于维护和更换。机构箱元件应能防止误触电，端子排及二次接线严禁线芯外露。

7）除控制、指示及连锁等通常用的辅助触点外，每组隔离开关需有备用的动合与动断触点各 10 对，接地开关各 8 对（如果分相操作，则为每相的数量），辅助触点的开断能力为直流 110V、5A 或 220V、2.5A。

6. 提升运维检修管控水平

（1）现状及需求。

受运行方式影响，部分隔离开关难以停电（尤其是母线隔离开关），存在失修问题，导致运行状况不良。同时各省市在隔离开关例行检修和技改大修方面执行标准不一，力度不同，治理效果不佳，设备缺陷和隐患不能彻底消除，给电网带来极大风险。

需优化隔离开关（特别是母线隔离开关）检修模式，规范隔离开关技术改造及大修方案，明确检修关键质量控制要求，提升隔离开关运维检修管理水平。

推行母线隔离开关整站整段式集中检修，能减少停电次数和倒闸操作工作量，提升检修效率；另一方面可大大降低因隔离开关失修造成的母线强停风险，整体提高电网安全水平。

案例：220kV 某变电站 66kV 单柱单臂垂直伸缩式隔离开关 B 相静触头过热，温度高达 235℃。该种隔离开关静触头安装位置较高，需要使用高空作业车进行检修。在现场勘查中发现，由于间隔断路器及引线的阻挡，需将相邻间隔停电，特种车辆才能作业，造成停电范围的扩大，如图 2-53 所示。

图 2-53　单柱单臂垂直伸缩式隔离开关检修造成相邻间隔停电

（2）具体措施。

1）提升母线隔离开关健康水平。

a. 推行集中停电检修模式，开展整站整段的隔离开关轮换式检修。

b. 合理安排母线隔离开关的检修周期，结合母线停电开展所有间隔母线侧隔离开关的停电检修。

c. 研究隔离开关带电检修方法，对难以停电检修的隔离开关开展带电检修工作。

d. 研究双母线接线方式的母线侧隔离开关的带电磨合工作。

2）新安装、检修前后的隔离开关都应开展导电回路电阻测试，例行试验值应与交接试验值进行比较，不应超过制造厂技术文件的规定值。

3）加强绝缘子检查及探伤工作。

a. 结合停电对绝缘子外观进行全面检查。绝缘子外观应完好、无破损、裂纹，瓷绝缘子单个破损面积不得超过 $40mm^2$，总破损面积不得超过 $100mm^2$；胶装部位应牢固，胶装后露砂高度 10~20mm，胶装处应均匀涂以防水密封胶。

b. 结合停电对绝缘子爬距检查，绝缘子爬电比距应满足所处地区的污秽等级，不满足污秽等级要求的需有防污闪措施。

c. 结合停电开展绝缘子探伤工作，发现问题及时处理。

4）加强隔离开关传动部件润滑防护工作。

a. 安装、检修阶段应对轴承、转动、传动等传动摩擦部位涂以适合当地气候条件的润滑脂。

b. 综合考虑状态评价结果，按周期开展地电位金属部件维护工作。

5）加强隔离开关检修调试工作。

a. 为预防单柱单臂垂直伸缩式隔离开关在运行中自动脱落分闸，在检修中应检查操动机构蜗轮、蜗杆的啮合情况，确认没有倒转现象；检查并确认隔离开关主拐臂调整应过死点；检查平衡弹簧的张力应合适。

b. 对闭锁装置进行调试，应达到“隔离开关合闸后接地开关不能合闸，接地开关合闸后隔离开关不能合闸”的防误要求。

6）提升倒闸操作风险管控。

a. 在隔离开关倒闸操作过程中，应严格监视隔离开关动作情况，如发现卡滞应停止操作并进行处理，严禁强行操作。

b. 对于隔离开关的就地操作，应做好支柱绝缘子断裂的风险分析与预控，监护人员应严格监视隔离开关动作情况，操作人员应视情况做好及时撤离的准备。

7）提升运行设备巡视质效。

a. 在运行巡视时，应注意隔离开关、母线支柱绝缘子瓷件及法兰无裂纹，夜间巡视时应注意瓷件无异常电晕现象。

b. 定期用红外测温设备检查隔离开关设备的接头、导电部分，特别是在重负荷或高温期间，加强对运行设备温升的监视，发现问题应及时采取措施。

8）在运不合格隔离开关逐年改造。

a. 对在运的非全密封结构导电臂的隔离开关逐年改造，改为单柱双臂垂直伸缩式（剪刀式）结构型式，或改为全密封或敞开式导电臂结构的隔离开关：原则上对破冰能力或钳夹范围有特殊要求的可改造为 GW6 型，其余情况一般改造为 GW22 型。

b. 对不符合国家电网公司《关于高压隔离开关订货的有关规定（试行）》完善化技术要求的 72.5kV 及以上电压等级隔离开关、接地开关应进行完善化改造或更换。

7. 推进隔离开关电气、二次以及土建接口的统一

（1）现状及需求。

目前隔离开关厂家众多，隔离开关安装基础尺寸、二次对外接口存在较大差异，同类设备之间通用性差，限制了备品采购、技术改造的灵活性。相关招标技术文件已有明确的规定，但暂未执行到位。

需对隔离开关电气、二次及土建接口进行明确规定，加大执行力度，进一步提升同类设备之间的通用性。

（2）具体措施。

1）推进电气接口的统一。

a. 550、363kV 单柱单臂垂直伸缩式隔离开关采用分相操作，支架为钢结构，由设备制造厂提供，设备支架采用地角螺栓固定。地角螺栓的规格、支架底座等安装尺寸应统一，其标准安装接口等应满足 Q/GDW 13076—2014《交流三相隔离开关 / 接地开关采购标准》的要求，如图 2–54 所示。

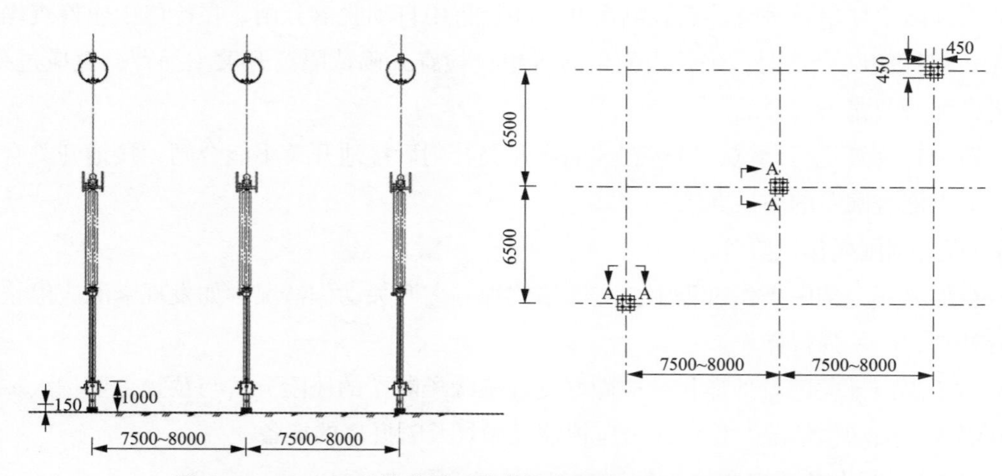

图 2–54　550kV 单柱单臂垂直伸缩式隔离开关标准安装接口图

b. 252、126kV 单柱单臂垂直伸缩式隔离开关采用三相机械联动，支架为钢结构，由设备制造厂提供，设备支架采用地角螺栓固定。地角螺栓的规格、支架底座等安装尺寸应统一，其标准安装接口等应满足 Q/GDW 13076—2014《交流三相隔离开关 / 接地开关采购标准》的要求，如图 2–55 所示。

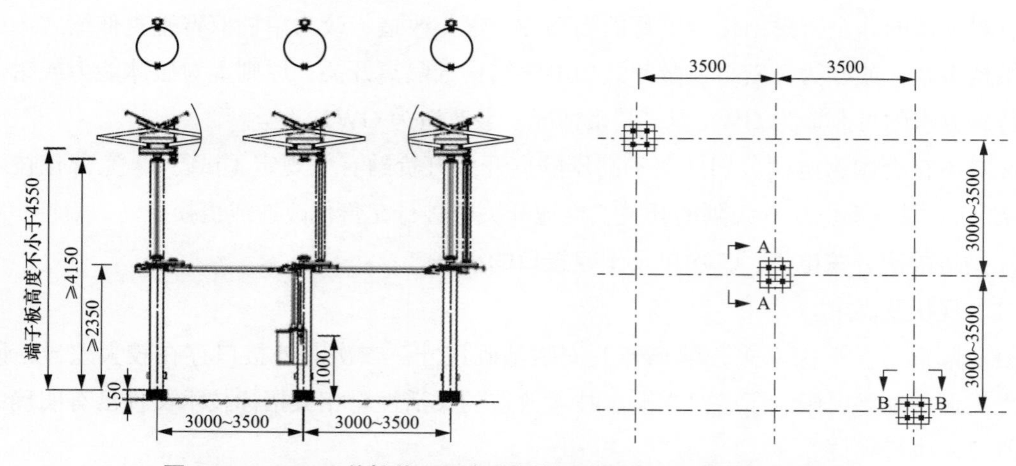

图 2–55　252kV 单柱单 / 双臂垂直伸缩式隔离开关标准安装接口图

2）推进土建接口统一。隔离开关的基础应能实现相同使用条件下的同类设备之间的通用互换，基础应采用地角螺栓连接，统一螺栓位置及间距。土建接口标准应满足 Q/GDW 13076—2014《交流三相隔离开关 / 接地开关采购标准》的要求，如图 2-56 所示。

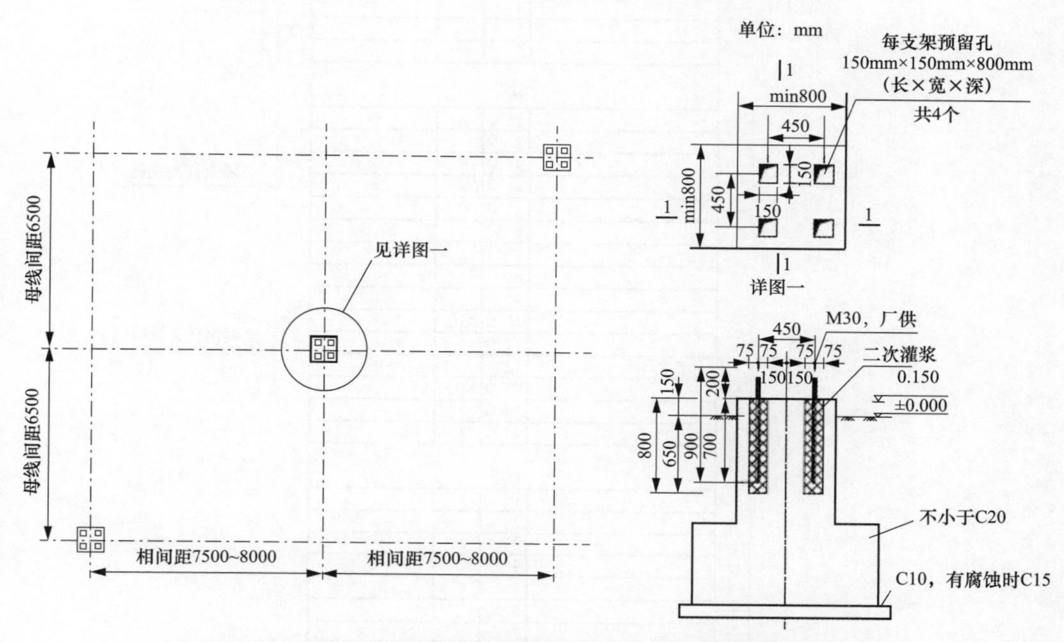

图 2-56　550kV 单柱垂直伸缩式隔离开关标准土建基础示意图

3）推进二次接口的统一。隔离开关应能远方及就地电动操作，并应装设供就地操作用的手动分合闸装置，切换开关设置应满足就地或远方控制三相操作要求，并配置切换开关辅助接点供远方监控用。其他二次接口标准应满足 Q/GDW 13076—2014《交流三相隔离开关 / 接地开关采购标准》的要求，550kV 隔离开关汇控箱标准端子排图（节选部分）如图 2-57 所示。

4）电缆光纤等若采用航空插头接入机构箱，应满足如下要求。

a. 航空插头与插座接触件均为冷压压接结构，航空插头原则上采用工厂内预置方式。与插座、插头组件连接的电线、电缆的导体，需符合 GB/T 3956—2008《电缆的导体》中第 2 种铜导体或第 5 种软铜导体的要求。对于低温高寒地区，宜选择具备耐低温型电缆以满足特殊环境要求。

b. 航空插头的插针采用镀银的工艺，镀银厚度不低于 3μm；航空插头的额定电压不低于 400V，长期通流应满足回路的最大负荷要求；插接件插针间及插针对外壳耐受工频 2kV，持续时间 1min，或工频 2.5kV，持续时间 1s。

c. 航插插座出厂时应配置防尘盖，防尘盖在施工现场安装连接前应保持防护完好。户外使用的航空插头的防尘和防水性能不低于 IP67，户外航空插头插接部位、二次进线盒应加装防雨罩，防雨罩应覆盖本体及接头处，防止进水受潮。航空插头不允许“高挂低用”。

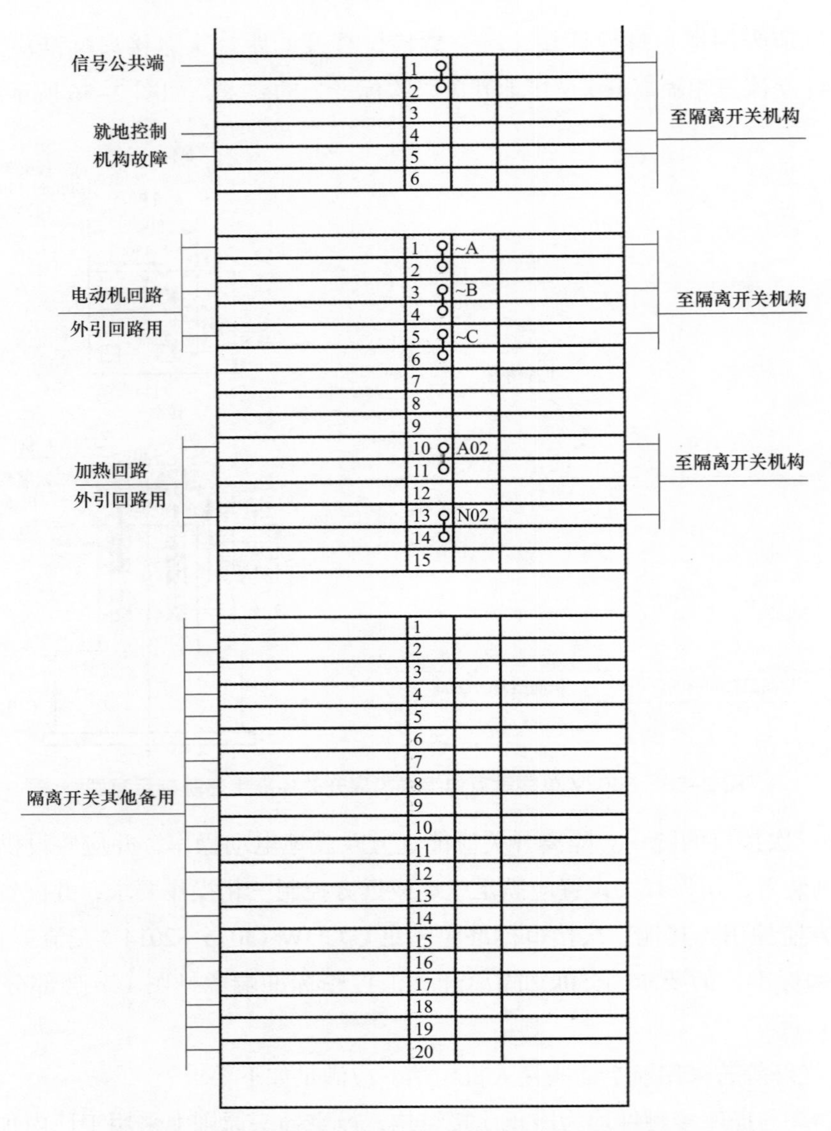

图 2-57　550kV 隔离开关汇控箱标准端子排图（节选部分）

2.3.2　隔离开关可靠性提升措施专用部分

1. 推进隔离开关结构型式的统一

（1）现状及需求。

双柱垂直开启式（立开式）隔离开关的设计存在先天缺陷，且多为小厂生产，工艺质量水平极差，极易造成运行中发热，操作时机械卡涩、绝缘子断裂等问题，可靠性远低于其他型式（如双柱水平旋转式）的隔离开关。相关案例见案例 1~ 案例 4。

需推进隔离开关结构型式的统一，避免高故障率的双柱垂直开启式（立开式）隔离开关入网，提高设备可靠性，增强备件采购、技术改造灵活性。

案例 1：220kV 某变电站的双柱垂直开启式（立开式）隔离开关，经常发生支柱绝缘子、操作绝缘子断裂的情况。经分析，其主要原因为双柱垂直开启式（立开式）隔离开关动静触头间的夹紧力难以控制：夹紧力调小，隔离开关导电回路易红外发热；夹紧力调大，隔离开关分合闸需要较大操作力。且此型隔离开关一般采用手动操动机构，分合闸动静触头接触或分开时，操作冲击力过大，易导致绝缘子断裂，如图 2–58 所示。

图 2–58　操作过程中隔离开关绝缘子发生断裂

案例 2：220kV 某变电站 10kV 隔离开关在正常运行操作中支柱绝缘子断裂，如图 2–59 所示。

图 2–59　隔离开关绝缘子断裂

案例 3：220kV 某变电站 10kV 隔离开关发生 A 相接地短路故障，如图 2–60 所示。经检查为限流电抗器室内该隔离开关（双柱垂直开启式）绝缘拉杆放电导致。此隔离开关采用了片状式绝缘拉杆，为绝缘水平低于本体的非成型件。

案例 4：220kV 某变电站 10kV 双柱垂直开启式（立开式）隔离开关在运行中隔离开关接线端子连接部位断裂，如图 2–61 所示。经检查，断裂处采用压簧螺栓结构，因弹簧疲劳失效，接触面电阻增大而发热，缺陷不断劣化，最终导致熔断。

图 2-60　隔离开关绝缘拉杆放电造成短路故障

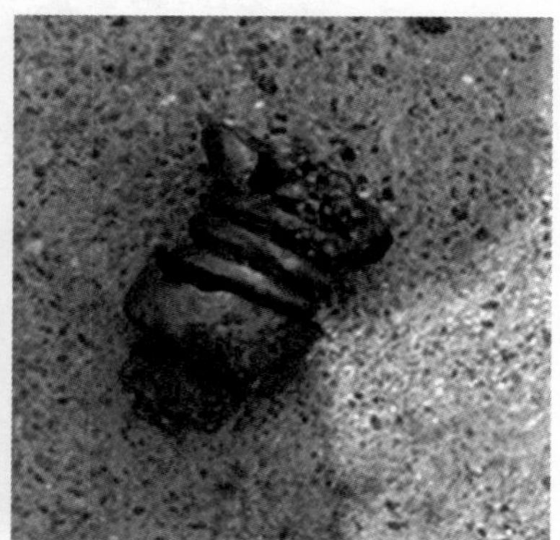

图 2-61　压簧结构的接线端子融断

（2）具体措施。

额定电压为 40.5、12kV 的隔离开关不应选用双柱垂直开启式（立开式）隔离开关，应选用双柱水平旋转式隔离开关。

2. 提升导电臂密封性能

（1）现状及需求。

单柱单臂垂直伸缩式及双柱单臂水平伸缩式隔离开关是目前广泛采用的隔离开关形式之一，部分厂家采用非全密封结构上导电臂、转动触指盘结构中间连接等不合理设计。运行经验表明，其动触头橡胶防雨罩易老化开裂，上导电臂极易进水、积灰、结冰，导致部件锈蚀，传动部件卡涩拒动；转动触指盘容易渗水，造成部件锈蚀，导体接触部件电阻增大引起发热。

需通过对上述不合理设计进行改进，采取完善的结构形式，以减少卡涩、发热缺陷及拒动故障的发生。采用全密封结构上导电臂，能有效防止导电臂积水、积尘、结冰，避免锈蚀、积尘、结冰等导致的卡涩、拒动等缺陷；采用软导电带中间连接，导电接触面固定，可有效减少发热缺陷。通过优化上导电臂和中间导电连接结构设计，能极大地减少相关缺陷，减少检修维护工作量。

（2）具体措施。

1）避免选用非全密封导电臂结构隔离开关，应选用全密封结构导电臂的隔离开关，如图2-62所示；避免采用异形结构的密封设计，应采用O形或圆形密封结构，如图2-63所示。

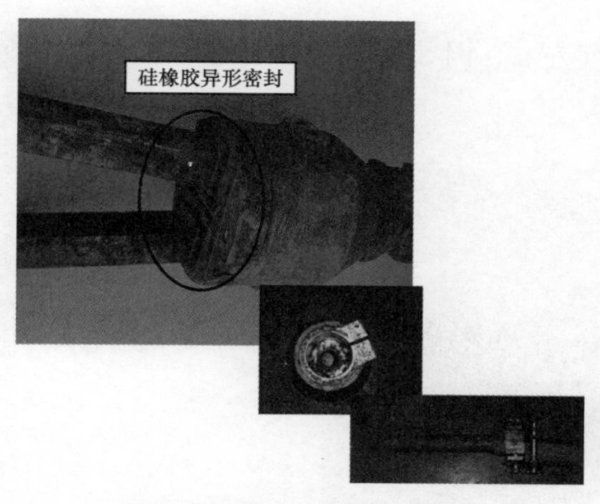

图2-62 非全密封导电臂内部件锈蚀

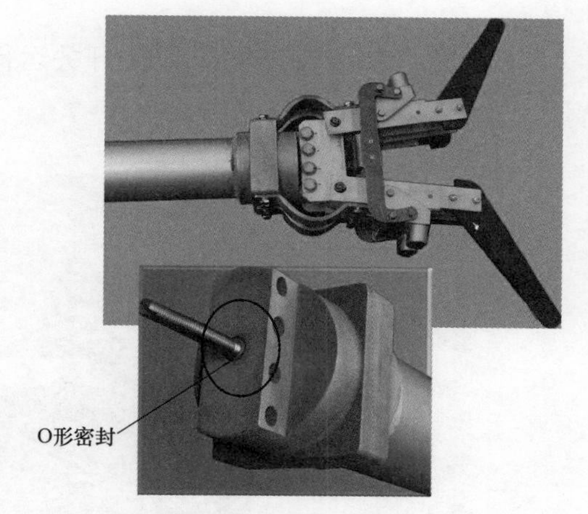

图2-63 全密封导电臂防水可靠

2）上下导电臂之间的中间接头、导电臂与导电底座之间不应采用转动触指盘结构，应采用导电软连接结构，如图2-64所示。

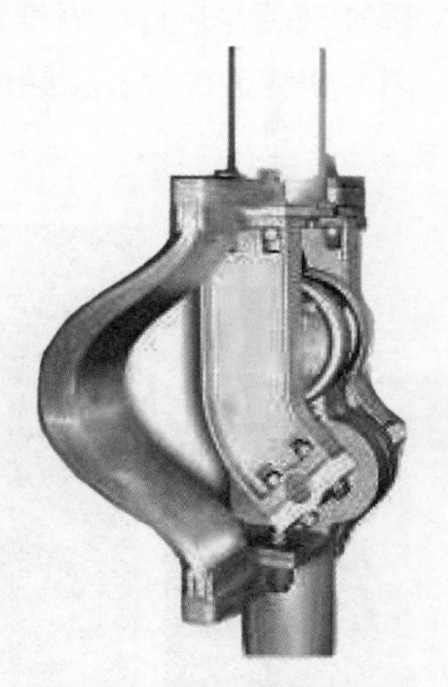

图2-64 导电软连接结构

3. 提升传动部件性能

（1）现状及需求。

由于行业技术标准执行不到位、部分厂家粗制滥造等原因，在传动部件结构设计、材质选用及加工处理时，未考虑满足隔离开关长期户外运行的要求，造成传动部件易发生锈蚀、磨损、断裂等问题，导致传动部件机械强度降低、隔离开关分合闸不到位甚至卡涩拒动，大大增加了成本和检修维护工作量，对供电可靠性也影响极大。相关案例见案例 1 ~ 案例 3。

为降低隔离开关传动部件缺陷率，一方面要从设计、制造、材料选型等方面控制，确保传动部件防腐、防老化性能优良；另一方面要加大到货验收力度，提早发现传动部件隐患。

案例 1：220kV 某变电站隔离开关运行 10 年左右，因导电臂内无有效疏水措施，导致臂内积水严重，如图 2-65 所示。

图 2-65　导电臂内积水严重

案例 2：220kV 某变电站 10kV 隔离开关在运行中隔离开关接线端子连接部位断裂。经检查，断裂处采用压簧螺栓结构，因弹簧疲劳失效，接触面电阻增大而发热，缺陷不断劣化，最终导致熔断，如图 2-66 所示。

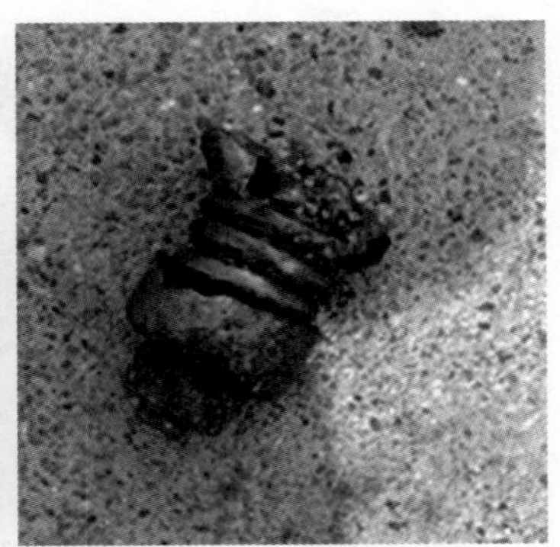

图 2-66　压簧结构的接线端子融断

案例 3：220kV 某变电站内在运的大量 110kV 双柱 V 形旋转式隔离开关，长时间运行后频发红外缺陷。经分析，采用内拉式结构的隔离开关触指，因内拉弹簧并联于导流回路中，会造成分流，加速弹簧的老化、疲劳，长时间运行后拉力下降导致动静触头间因压紧力不够而造成红外发热，如图 2-67 所示。

图 2-67　内拉式结构触指烧损，触指弹簧锈蚀

（2）具体措施。

1）单柱单臂垂直伸缩式及双柱水平伸缩式隔离开关导电底座不应采用伞齿轮及双拉杆传动，应采用拐臂拉杆结构，如图 2-68 所示。

2）单柱双臂垂直伸缩式（剪刀式）隔离开关采用密封传动箱结构，无法观测到拐臂合闸过死点情况的，应在便于观察的位置设置过死点的指示装置，如图 2-69 所示。

图 2-68　拐臂拉杆结构

图 2-69　过死点指示

3）双柱水平（V 形）旋转式隔离开关传动底座不应采用伞齿轮结构，应采用全密封轴承座加拉杆传动结构，如图 2-70 所示。

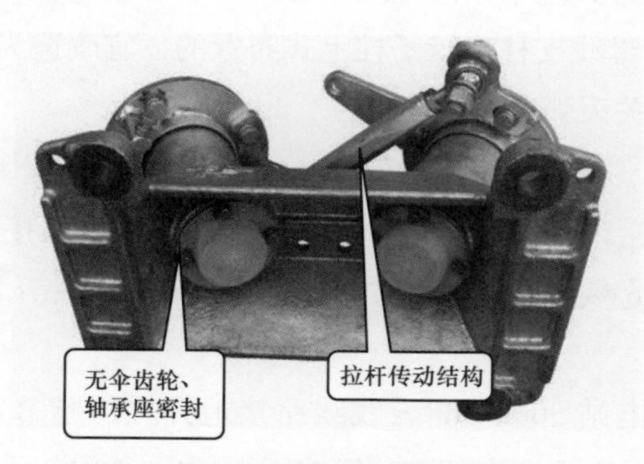

图 2-70　全密封轴承加拉杆传动结构

4）双柱水平（V 形）旋转式隔离开关转动绝缘子底座轴承应采用全密封结构。

5）双柱水平（V 形）旋转式隔离开关的接线端子严禁采用压簧螺栓结构。

6）双柱水平（V 形）旋转式隔离开关触指严禁采用内拉式结构，应采用外压式或自力式触指，触指部位设置防雨罩。

4. 优化母线接地开关布置形式

（1）现状及需求。

母线接地开关有两种布置形式，分别为母线支柱绝缘子柱上式布置和落地式布置。220kV 电压等级采用母线支撑绝缘子上布置的，存在传动部件过长、检修维护不便等问题，极易发生卡涩拒动，甚至因操作力过大导致支撑绝缘子倾斜、断裂等。

需在设计、安装阶段优化母线接地开关布置形式，在运维阶段提出改造要求，提升母线接地开关的可靠性。

案例：220kV 万溶江变电站 220kV 母线发生倾斜，如图 2-71 所示，其原因为采用柱上布置的 220kV 母线接地开关支柱绝缘子基座螺钉断裂。

图 2-71　母线接地开关支柱绝缘子倾斜

（2）具体措施。

1）220kV 的母线接地开关应采用落地式布置。

2）220kV 接地开关为母线支柱绝缘子柱上式布置的，宜改造为落地式布置。

5. 提升超 B 类接地开关灭弧可靠性

（1）现状及需求。

目前，系统中超 B 类接地开关装用量少，各制造厂对该类型接地开关灭弧单元的设计形式、标准不一，性能、质量参差不齐。需对标准进行明确和统一，保证超 B 类接地开关灭弧单元的可靠性。

案例：500kV 云田变电站 500kV 韶云线线路接地开关为超 B 类接地开关，但其 SF_6 灭弧单元无 SF_6 压力指示，无法检测内部 SF_6 气体压力情况，可能因气体泄漏后灭弧失败而导致灭弧单元炸裂，如图 2-72 所示。

图 2-72　SF_6 灭弧单元无 SF_6 压力指示

（2）具体措施。

1）采用 SF_6 断路器作为灭弧装置的超 B 类接地开关，SF_6 灭弧室应配置 SF_6 压力指示表。

2）采用真空灭弧装置的超 B 类接地开关，应按照真空断路器的要求检测灭弧室的真空度。

2.4　隔离开关智能化关键技术

2.4.1　操作力矩在线监测技术

（1）现状及需求。

隔离开关在户外长期运行后，机械传动部件的积污、腐蚀、变形易造成操作阻力的增加，导致分合闸卡涩甚至拒动。通过对传动部件操作力矩进行动态量化监控及趋势分析，可提前发现操作阻力增大、传动部件卡涩等异常问题，便于尽早对缺陷进行掌控和处置。

（2）技术路线。

目前已有厂家研制出离线检测操作力矩仪，该装置可在检修状态下手动测量隔离开关操作力，但无法实现在线监测。对于操作力矩在线监测技术，目前有两种实现方式，一种是对机构箱输出轴的力矩进行监控，另一种是对电机的电流进行监控。

1）机构箱输出轴扭矩在线监测技术。运行状态下对隔离开关主轴扭矩的自动测量，因隔离开关任何部位发生机械卡涩，其主轴扭矩必然会增加；将扭矩传感器固定在主轴上，只要有分合闸操作其扭矩的数据就被记录及处理；同样，与同台历史数据比较可以自动判断机械卡涩的程度及发展趋势，从而可以极早消除故障隐患，如图 2–73 和图 2–74 所示。

图 2–73　扭矩测量装置

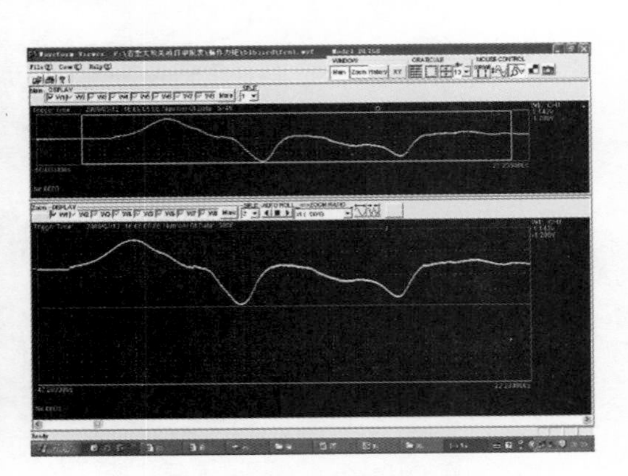

图 2–74　扭矩测量系统界面

其难点为传感器嵌入传动连杆会随传动连杆一起运动，其电源及信号线来回摆动，容易损坏，采用无线信号模块则电源需要经常更换，无线模块也容易损坏。不同类型隔离开关判据不一样。

a. 能实时测量隔离开关主轴扭转力矩，且扭转力矩传感器的安装不断开原有轴系，不破坏原有运动特性。

b. 在后台电脑分析软件中能绘制扭转力矩—转角的关系曲线，与历史曲线比较，分析扭转力矩变化的趋势，给出相应的维修指导意见。

2）电机电流在线监测技术。对电机电流进行监测，隔离开关任何部位发生机械卡涩，电机转轴扭矩必然会增加，而电机转轴扭矩直接与电机电流有关，故可以通过检测电机电流实现对操作力矩的监测，电机电流测量装置如图 2–75 所示，电机电流系统界面如图 2–76 所示。

图 2–75　电机电流测量装置

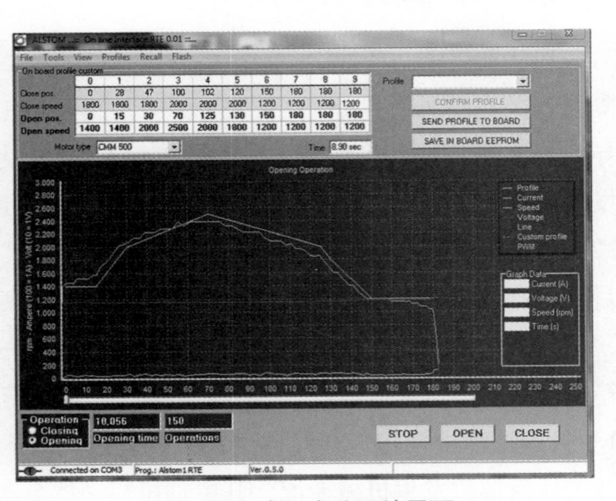

图 2–76　电机电流系统界面

其难点为电机电流与操作力矩的折算方法需进一步实践论证，其准确度尚难以保证。

2.4.2 “双确认”技术

（1）现状及需求。

随着电网快速发展，变电设备规模急剧增加，运检工作量大幅提升，安全形势越发严峻。变电站传统倒闸操作采用人工方式，操作前需经接令、写票、审核、模拟等环节，操作时间长且重复性工作多，操作强度大而效率低，操作人员安全得不到有效保障。

运维人员配置日趋不足，倒闸操作劳动强度及安全压力日趋增大，采用顺序控制（简称顺控）技术进行倒闸操作是缓解设备规模增长与人员配置不足矛盾的有效手段。

顺控操作依托变电站自动化系统，根据预先设置的程序逻辑，有序下发控制指令，通过被控设备的状态信息，自主判断每步操作是否执行到位，实现站内设备运行方式的自动转换。安规第 5.3.3.6 提出，变电设备操作到位的依据为“两个非同样原理或非同源指示发生对应变化”（简称双确认），因此，实现变电设备顺控操作的关键点及难点在于如何可靠、快速地实现变电设备状态的双确认。

调研情况表明，不同厂家、不同电压等级设备，在型号、结构等方面均存在不同，且目前各设备厂家对双确认的实现方式及技术路线也均有不同，为双确认的实施及推广应用带来诸多不便，因此针对双确认存在的问题，十分有必要开展对不同设备类型双确认判据的相关技术研究，减少工作人员现场状态核实的工作量，避免误操作风险，保障操作人员人身安全，提高操作便利性，为破解顺控瓶颈、深化顺控应用提供新的思路，进一步推动运检方式自动化、智能化转型。

（2）技术路线。

调研结果表明，隔离开关双确认技术路线一共有五个研究方向。其中基于压力传感技术的判别方法是主流方向，但对于无外压弹簧的隔离开关，存在技术瓶颈；近期有相关研究人员提出一种基于姿态传感器技术的判别方法，存在一定的优势，但其存在功耗较大，起始时刻不易判断等问题；基于图像智能识别技术的判别方法，因科技的快速进步、摄（照）像机成本的大幅降低，有可能成为一种有效的高性价比判别方法；在隔离开关底座安装辅助接点或压力传感器的方法，部分厂家已在现场试点应用；基于光学判别方法的相关研究较少。各实现方案的原理及优缺点分析如下：

1）基于压力传感器技术的隔离开关双确认位置判别方法。

实现原理：压力传感技术是在隔离开关动触头与静触杆接触点或者接触点附近位置（一般为触指弹簧）安装压力传感器，通过测量压力变化及大小，可判断出隔离开关的开合状态以及异常状态。在底座限位装置或基座位置安装压力传感器，通过测量压力变化及大小，判断隔离开关分合闸及异常状态，如图 2–77 和图 2–78 所示。可输出模拟量信号到隔离开关就地模块。

适用范围：适用于 GW4、GW5、GW7、GW22、GW23 等型号且触头采用外压式弹簧

结构的隔离开关。压力传感器不适用无外压弹簧结构的触头。

主要优点：可测量夹紧力、触头温升，可与设备一体化设计。

主要缺点：仅适用于外压式弹簧结构隔离开关，维护不方便，传感器安装在导电部位，其在长期运行过程中受高压电场的影响还需进一步研究。

2）基于姿态传感器技术的隔离开关双确认位置判别方法。

实现原理：通过姿态传感器监测传感器本体所处部件的"姿态"（即位置角度情况），通过一定的算法，计算出传感器的旋转角度和变化情况，从而判断隔离开关是否分合闸到位，如图 2-79 所示。可输出模拟量信号到隔离开关就地模块。

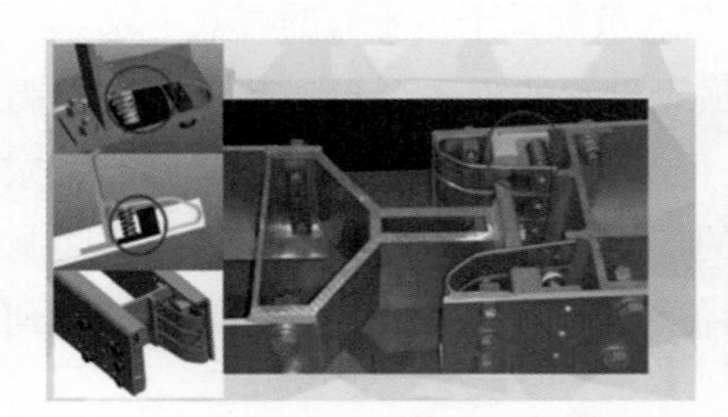
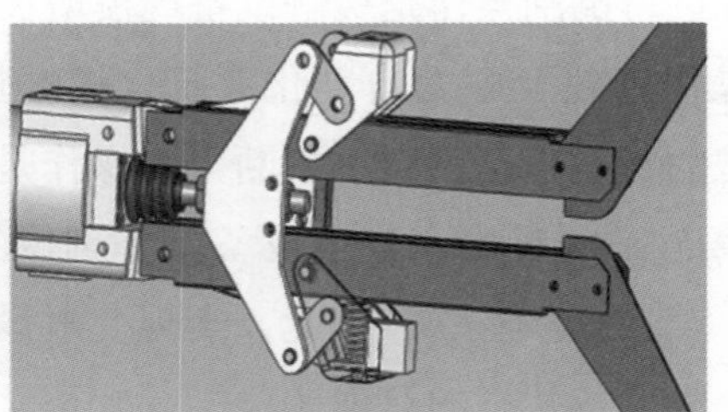

图 2-77　基于压力传感器技术的隔离开关双确认位置判别方法（合闸）

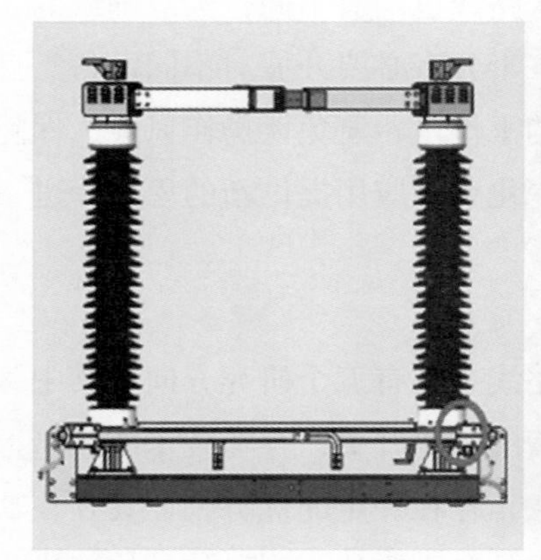

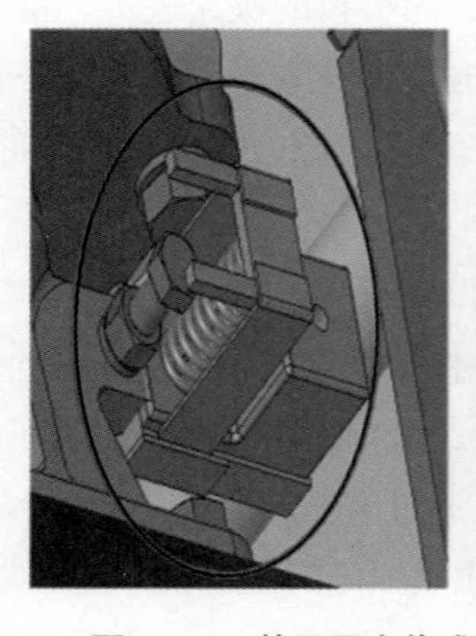
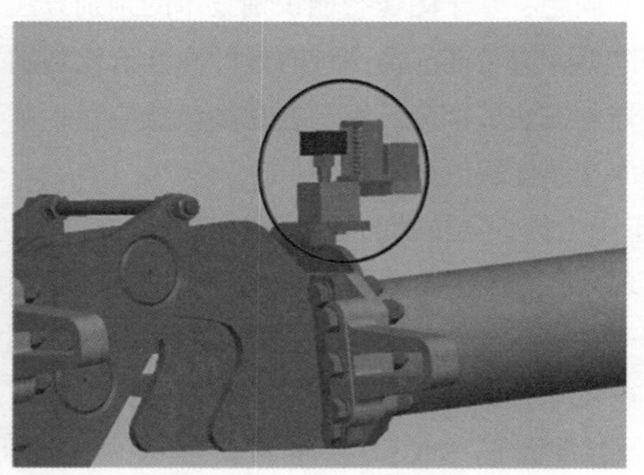

图 2-78　基于压力传感器技术的隔离开关双确认位置判别方法（分闸）

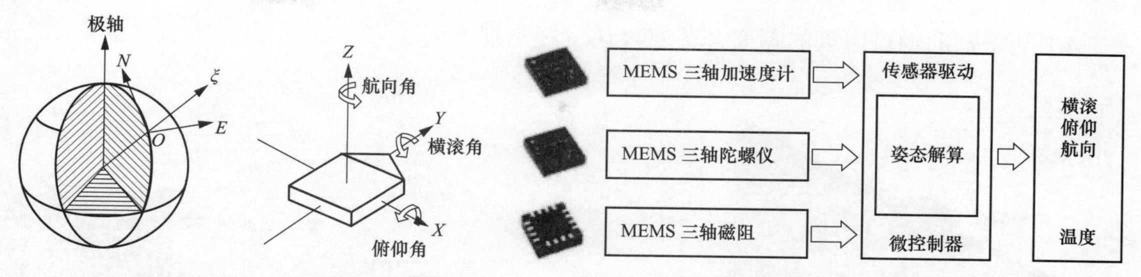

（a）姿态传感器技术的隔离开关“双位置”判别方法示意图　（b）姿态传感器技术的隔离开关“双确认”位置判别方法原理图

图 2–79　基于姿态传感器技术的隔离开关双确认位置判别方法

适用范围：几乎适用于各种型式的隔离开关，传感器安装示意如图 2–80 所示。

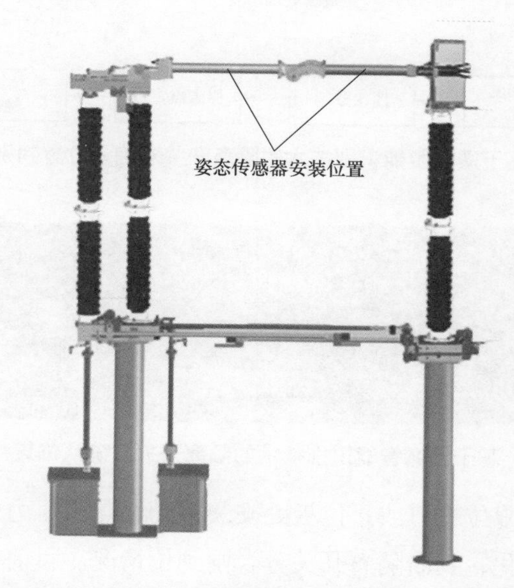

图 2–80　基于姿态传感器技术的隔离开关双确认位置判别传感器安装示意图

主要优点：可监测动触臂运动轨迹和位置，几乎适用于所有隔离开关。

主要缺点：技术处于起步阶段，姿态传感器功耗较大，起始时刻不易判定，传感器安装在导电部位，其长期运行过程中受高压电场影响还需进一步研究。

3）基于图像智能识别技术的隔离开关双确认位置判别方法。

实现原理：在隔离开关刀闸关键部件设置标志点，通过视频测量的方法，确定标志点世界坐标，从而判断隔离开关是否分合闸到位，如图 2–81 和图 2–82 所示。

适用范围：基本适用于所有形式的隔离开关，一个视频探头可监测多组隔离开关分合闸位置。

主要优点：不改变原有设备结构，安装维护便捷，成本较低，适用范围较广。

主要缺点：与设备非一体化设计，图像易被遮蔽干扰，镜头防尘防污技术需要进一步提升。

4）基于辅助触点原理的隔离开关双确认位置判别方法。

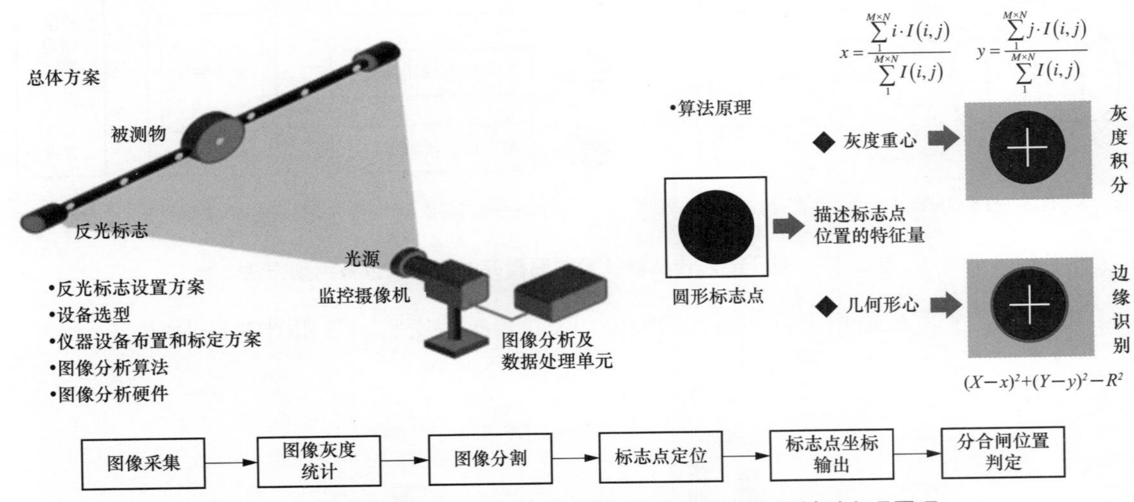

图 2-81　基于图像智能识别技术的隔离开关双确认位置判别实现原理

图 2-82　基于图像智能识别技术的隔离开关双确认位置判别应用

实现原理：在分合闸限位螺钉或止位板处安装辅助触点或压力传感器，通过辅助触点的通断或压力传感器信号变化，判断隔离开关分合闸到位情况。目前辅助触点的主要实现途径有涡流式接近开关、行程开关、压力开关、微动开关等。信号传输方式有线传输、有源传输方式，可输出模拟量信号到隔离开关就地模块，如图 2-83 所示。

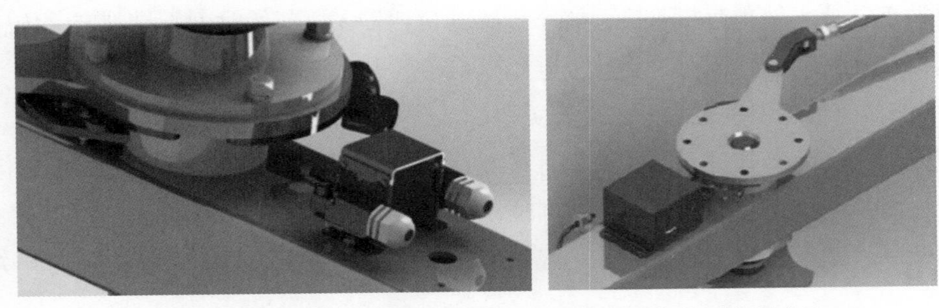

图 2-83　基于辅助触点原理的隔离开关“双确认”位置判别方法

适用范围：仅适用于旋转绝缘子作为支柱绝缘子，且旋转范围在 360° 以内的隔离开关。

主要优点：结构原理简单，实现容易，辅助触点或压力传感器安装在地电位，无需对导

电部分进行改动，无需考虑高电场对触点及传感器的影响。

主要缺点：由于辅助触点或压力传感器安装在隔离开关底座部位，当隔离开关绝缘子或导电部分存在缺陷时，不能准确反映出隔离开关的实际位置；采用微动开关时，微动开关对环境较为敏感，容易受到塑料、风沙、雨水等的影响。

5）基于光学感应原理的隔离开关双确认位置判别方法。

实现原理：通过两组光发射接收装置发射并接收到隔离开关在合闸或分闸到位时，由偏振反射体反射回的光束，对比判断电路的输出端与隔离开关辅助触点连接，判断出隔离开关是否分合到位，如图 2–84 所示。该技术受现场环境影响较大，可靠性较低，应用范围较小，不建议采用。

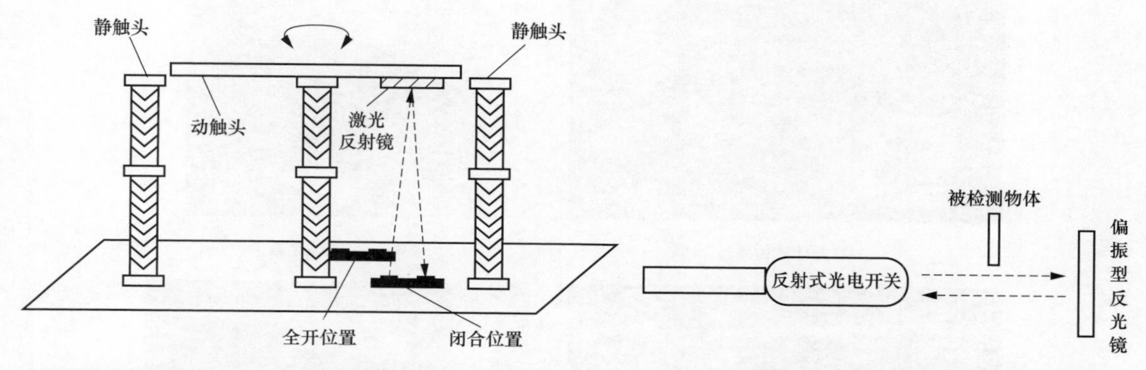

(a) 基于光学感应原理的隔离开关“双确认”位置判别方法示意图　(b) 基于光学感应原理的隔离开关“双确认”位置判别方法原理图

图 2–84　基于光学感应原理的隔离开关“双确认”位置判别方法

适用范围：仅适用于水平旋转式隔离开关，应用范围较小。

主要优点：不改变原有设备结构。

主要缺点：与设备非一体化设计，仅适用于水平旋转式隔离开关，成本较高。

2.4.3　触头无线测温技术

（1）现状及需求。

隔离开关主回路触头、电连接部位发热和温升问题频发，目前主要采用人工周期性测温方式，存在工作量大，实时性差，受测温环境影响大等问题。

研究触头无线测温技术，实时监测主触头的温度，通过开放的通信方式以及专业的运维后台管理系统，可及时发现隔离开关触头红外缺陷。

（2）技术路线。

目前对隔离开关触头、触指测温的方式有接触式触头测温系统和非接触式测温系统两种方案。无源无线温度传感器和光纤温度传感器为接触式测温系统，红外线温度传感器为非接触式测温系统。

1）接触式测温系统。接触式测温系统是在隔离开关触头处植入测温传感器，选用等电位无线式或者光纤测温，实时监测隔离开关触头温度，并通过和环境温度的对比，实时了解触头温升情况，测温装置把每个点的温度值通过无线方式或者通过光纤发射到接收装置，再把信号传输给在线检测 IED，实现隔离开关设备的可视化监测，其测温可靠性较高、稳定性较好，但设备成本较高。对于供电问题，交流线路可以用 TA 取电，一次电流为 10A 时启动工作。触头测温系统安装示意图如图 2-85 所示。

2）非接触式测温系统。非接触式测温系统是在隔离开关上或者其他位置安装红外线温度传感器，对触头触指温度进行监测，如图 2-86 所示。

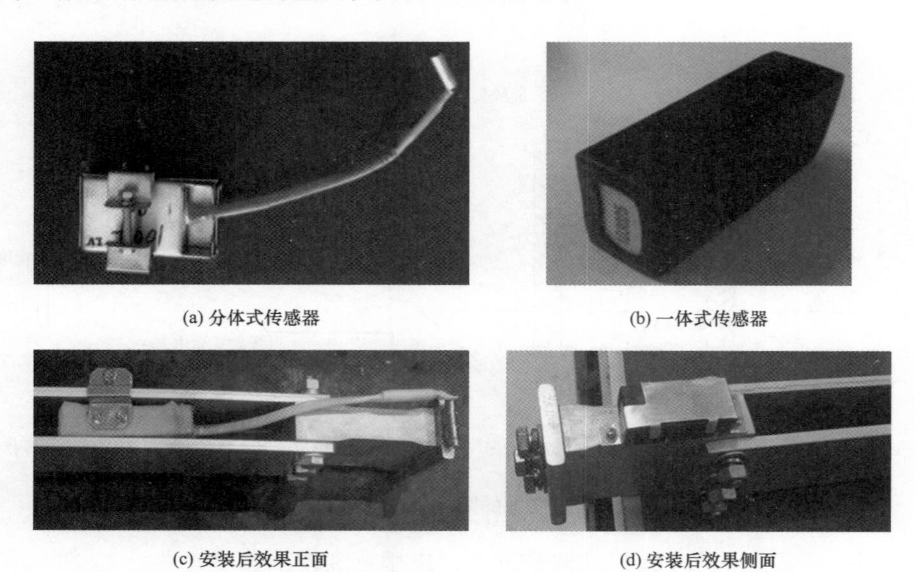

(a) 分体式传感器　(b) 一体式传感器

(c) 安装后效果正面　(d) 安装后效果侧面

图 2-85　触头测温系统安装示意图

图 2-86　非接触式测温系统

上述两种无线测温新技术主要难点为无线测温装置位于高压带电位置，不易检修，系统可靠性及抗干扰能力尚需进一步研究。

2.5　隔离开关对比选型建议

2.5.1　垂直开启式隔离开关设备对比及选型建议

1. 优缺点比较

（1）性能对比。各类垂直开启式隔离开关性能对比如表 2–9 所示。

表 2–9　　各类垂直开启式隔离开关性能对比

性能＼设备		GW6 型	GW16 型	GW22 型	GW35 型
环境温度适应性		–40 ~ +40℃	–40 ~ +40℃	–40 ~ +40℃	–40 ~ +40℃
海拔高度适应性		不大于 2000m，可修正至 3000m 及以上	不大于 2000m，可修正至 3000m 及以上	不大于 2000m，可修正至 3000m 及以上	不大于 2000m，可修正至 3000m 及以上
抗风能力		风压不超过 600Pa	风压不超过 600Pa	风压不超过 700Pa	风压不超过 700Pa
抗冰能力		20mm，导电臂底座传动部件密封，导电臂轻便，破冰能力强于 GW16	10mm，传动部件易进水，但有破冰钩，有一定破冰能力	10mm，导电臂笨重，破冰能力与 GW16 相当	20mm，操作力大，破冰能力强于 GW16
抗震能力		9 度	8 度	9 度	9 度
电压等级		110~1000kV	110~500kV	110~1000kV	330~1000kV
最大通流能力	500kV	5000A	4000A	4000A	6300A
	220kV	5000A	5000A	5000A	—
	110kV	4000A	4000A	4000A	—
单极质量	500kV	约 1380kg	约 1365kg	约 1365kg	约 1425kg
	220kV	约 670kg	约 660kg	约 660kg	—
	110kV	约 310kg	约 350kg	约 350kg	—
结构复杂性		采用剪刀式结构，传动简单，结构比 GW16 简单	导电臂内部传动部件繁多，传动原理复杂，整体结构复杂	导电臂内部及动触头传动部件繁多，结构复杂性与 GW16 相当	静触头采用梅花触指，导电臂内部传动部件繁多，结构比 GW16 复杂
动静触头接触型式		导电臂钳夹式	动触指钳夹式	动触指钳夹式	梅花触指插入式
夹紧方式		导电臂形变	操作杆夹紧弹簧	外压式弹簧	梅花触指弹簧
静触头防护措施		无	无	无	钟罩式防护罩

续表

性能＼设备	GW6 型	GW16 型	GW22 型	GW35 型
触头自洁能力	无	无	无	静触头插入式设计，有触头自洁能力
导电臂密封性能	全密封且导电臂内无传动件	硅橡胶防雨罩，非全密封	油封式全密封	全密封
防风沙能力	静触头无防护罩，导电臂全密封，防风沙能力强	静触头无防护罩，导电臂非全密封，风沙容易进入，防风沙能力较差	静触头无防护罩，导电臂全密封，防风沙能力强	静触头有防护罩，导电臂全密封，防风沙能力强
软硬母线适应性	均适用	均适用	均适用	仅适用于硬母线

（2）安全性对比。各类垂直开启式隔离开关安全性对比如表 2-10 所示。

表 2-10　各类垂直开启式隔离开关安全性对比

安全性＼设备	GW6	GW16	GW22	GW35
倒闸操作风险	重心居于中心，双臂结构操作平稳	单臂结构存在重心偏移，操作时绝缘子易晃动	单臂结构存在重心偏移，带防脱扣装置的易因脱扣装置故障导致操作分闸失败	单臂结构存在重心偏移，触头插入过程对母线有一定的冲击
防鸟筑巢能力	（1）密封的导电传动底座结构的，防鸟筑巢能力最强。 （2）敞开式导电传动底座结构，防鸟筑巢能力与 GW16 相当	导电传动底座有较大空间，防鸟筑巢能力差	导电传动底座有较大空间，防鸟筑巢能力与 GW16 相当	静触头有防护罩，导电传动底座有较大空间，防鸟筑巢能力与 GW16 相当
自动脱落分闸风险	传动部件有过死点设计，但导电传动底座采用密封结构时，过死点指示无法观测到，自动脱落分闸风险较大	传动部件有过死点设计，自动脱落分闸风险较低	传动部件和导电臂均有过死点设计，自动脱落分闸风险最低	传动部件有过死点设计，自动脱落分闸风险较低

（3）可靠性对比。各类垂直开启式隔离开关可靠性对比如表 2-11 所示。

表 2-11　各类垂直开启式隔离开关可靠性对比

可靠性 \ 设备	GW6	GW16	GW22	GW35
产品故障率	故障率较低，故障主要为钳夹位置发热	故障率最高，故障主要为导电臂钳夹位置积灰、进水、结冰导致的部件锈蚀、卡涩、拒动、钳夹位置发热等	故障率比 GW6 高，比 GW16 低，故障主要为钳夹位置发热	故障率最低，动静触头采用梅花触指插入式接触，缺陷极少
故障恢复时间	10h 左右	与 GW6 相当	与 GW6 相当	比 GW6 稍高
主要缺陷	拐臂未过死点时更易导致自动分闸钳夹位置发热	（1）导电臂因密封不良造成的积灰、进水、结冰，导致的部件锈蚀、卡涩拒动、导体发热等。（2）钳夹位置发热	（1）带防脱扣装置者易因装置故障造成分闸失败。（2）钳夹位置发热	缺陷极少
制造工艺和质量控制难度（工厂）	剪刀式结构传动部件少，原理简单，制造工艺和质量控制简单	导电臂内部传动部件繁多，原理复杂，结构精细，制造工艺和质量控制复杂	导电臂内部及静触头传动部件繁多，动作原理复杂，制造工艺和质量控制与 GW16 相当	静触头采用梅花触指，导电臂内部传动部件繁多，制造工艺和质量控制最复杂
外部环境因素变化的影响	钳夹范围大，受母线变化、基础沉降和覆冰等外部环境因素变化的影响小	钳夹范围较小，受母线变化、基础沉降和覆冰等外部环境因素变化影响大	钳夹范围较小，受母线变化、基础沉降和覆冰等外部环境因素变化影响大	触头插入深度范围较大，具有导向功能，受母线变化、基础沉降和覆冰等外部环境因素变化的影响较小

（4）便利性对比。各类垂直开启式隔离开关便利性对比如表 2-12 所示。

表 2-12　各类垂直开启式隔离开关便利性对比

便利性 \ 设备	GW6	GW16	GW22	GW35
安装调试便利性（以 500kV 隔离开关为例）	人数：6 人 时间：3 天	人数：6 人 时间：4 天	人数：6 人 时间：4 天	人数：6 人 时间：4 天
运维便利性	结构简单，缺陷较少，运维巡视需重点关注的项目少	缺陷较多，运维巡视需重点关注的项目比 GW6 多	缺陷较少，与 GW6 相当	缺陷少，与 GW6 相当

续表

便利性＼设备	GW6	GW16	GW22	GW35
检修便利性	工作量较少，本体易损件较少，大修周期长，传动原理简单	工作量较大，触指防雨罩、上导电臂底部波纹管等易损件逢停必换，大修周期短，上导电臂需解体检修，触指夹紧力度难以判断，传动原理复杂导致调试难度大	工作量较少，本体易损件较少，大修周期长，传动原理简单，触指传动部件外置方便检修，触指夹紧情况容易判断	工作量最少，本体无易损件，大修周期长，传动原理简单，插入式结构设计，导电臂无需解体检修
零部件通用性	同类型产品较少，零部件通用性比 GW16 低	产品早期应用较多，同类型产品零部件通用性高	目前产品应用较少，零部件通用性比 GW16 低	产品目前主要为高电压等级应用，零部件通用性较低

（5）一次性建设成本。各类垂直开启式隔离开关一次性建设成本对比如表 2–13 所示。

表 2–13　各类垂直开启式隔离开关一次性建设成本对比

成本＼设备	GW6	GW16	GW22	GW35
采购成本（220kV）	约 7.1 万元	约 6.2 万元	约 6.5 万元	—
占地面积（220kV）	约 $49m^2$	约 $49m^2$	约 $49m^2$	—
采购成本（500kV）	约 16 万元	约 15.5 万元	约 15.5 万元	约 20 万元
占地面积（500kV）	约 $208m^2$	约 $208m^2$	约 $208m^2$	约 208 m^2
安装及调试投入	人数：6 人 时间：3 天	人数：6 人 时间：4 天	人数：6 人 时间：4 天	人数：6 人 时间：4 天

（6）后期成本。各类垂直开启式隔离开关后期成本对比如表 2–14 所示。

表 2–14　各类垂直开启式隔离开关后期成本对比

成本＼设备	GW6	GW16	GW22	GW35
运维成本	结构简单，缺陷较少，运维巡视工时投入低	缺陷较多，运维巡视工时投入比 GW6 多	缺陷较少，与 GW6 相当	缺陷少，与 GW6 相当

续表

成本＼设备	GW6	GW16	GW22	GW35
检修成本	工作量较少，本体易损件较少，大修周期长，且改造少，常规检修成本较低，约为造价的 3%	工作量较大，触指防雨罩、上导电臂底部波纹管等易损件逢停必换，大修周期短，上导电臂需解体检修，故障率高，传动原理复杂导致调试难度大。大修成本接近设备造价的 50%	工作量较少，本体易损件较少，大修周期长，传动原理简单，触指传动部件外置方便检修，改造较少，常规检修成本较低，约为造价的 2.5%	工作量最少，本体无易损件，大修周期长，传动原理简单，插入式结构设计，导电臂无需解体检修，常规检修成本最低，约为造价的 2%

2. 优缺点总结及选型建议

（1）GW6 型隔离开关。

优点：结构简单，分合闸稳定性好，钳夹范围广，破冰能力强，故障率低。

缺点：对于密封结构的导电系统传动底座，无法直接观察传动拐臂过死点，需外置联动限位件间接指示。

选型建议：220~500kV 优先使用，特别是东北地区、有冻雨灾害地区以及母线采用软导线结构的，推荐使用全封闭传动箱体的 GW6 型隔离开关。

（2）GW16 型隔离开关。

优点：零部件通用性强。

缺点：导电臂因密封不良造成的积灰、进水、结冰，导致的传动部件锈蚀、卡涩拒动，故障率较高。

选型建议：逐步用 GW22、GW6 型隔离开关进行更换替代。

（3）GW22 型隔离开关。

优点：上导电臂为全密封结构，防水防尘性能好，故障率低。

缺点：若带防脱扣装置可能因脱扣装置故障导致分闸操作失败。

选型建议：220~500kV 优先使用。

（4）GW35 型隔离开关。

优点：通流能力强，可用于大电流场合，动静触头具有自静洁功能，环境适应能力强。

缺点：操作过程冲击力大，仅适用于硬母线环境，且造价较高。

选型建议：500kV 及以上电压等级优先选用，适用于母线为硬母线安装方式。

2.5.2 水平开启式隔离开关设备对比及选型建议

1. 优缺点比较

（1）性能对比。各类水平开启式隔离开关性能对比如表 2-15 所示。

表 2-15 各类水平开启式隔离开关性能对比

设备＼性能		GW1	GW4	GW5	GW7	GW17	GW23	GW36
环境温度适应性		−45 ~ +40℃	−50 ~ +50℃	−50 ~ +50℃	−50 ~ +50℃	−40 ~ +40℃	−50 ~ +50℃	−40 ~ +40℃
海拔适应性		不大于 1000m，可修正至 3000m	不大于 2000m，可修正至 3000m 及以上	不大于 2000m，可修正至 3000m 及以上	不大于 2000m，可修正至 3000m 及以上	不大于 2000m，可修正至 3000m 及以上	不大于 2000m，可修正至 3000m 及以上	不大于 2000m，可修正至 3000m 及以上
抗风能力		风压不超过 600Pa	风压不超过 700Pa	风压不超过 600Pa	风压不超过 700Pa	风压不超过 600Pa	风压不超过 700Pa	风压不超过 700Pa
抗冰能力		5mm，结冰时触头臂易出现卡涩，破冰能力低于 GW4	10mm，采用水平旋转式结构，操作力较小，破冰能力弱	10mm，采用水平旋转式结构，但伞齿轮易卡涩，破冰能力低于 GW4	10mm，采用导电臂水平旋转侧入式，作用力臂较长，破冰能力低于 GW17	10mm，传动部件易进水，但有破冰钩，有一定破冰能力	10mm，导电臂笨重，破冰能力与 GW16 相当	10mm，操作力大，破冰能力强于 GW16
抗震能力		8 度	9 度	8 度	9 度	8 度	9 度	9 度
最大通流能力	500kV	—	—	—	4000A	5000A	5000A	5000A
	220kV	—	4000A	—	5000A	5000A	5000A	—
	110kV	—	4000A	3150A	4000A	4000A	4000A	—
	10kV	3150A	—	—	—	—	—	—
电压等级		10~35kV	35~252kV	35~126kV	72.5~1000kV	110~500kV	72.5~1000kV	330~1000kV
单极质量	500kV	—	—	—	约 2500 kg	约 1970kg	约 2200 kg	约 2200 kg
	220kV	—	约 800 kg	—	约 1000 kg	约 1000kg	约 900 kg	—
	110kV	—	约 300 kg	约 300 kg	约 400 kg	约 370kg	约 400 kg	—
	10kV	约 100 kg	—	—	—	—	—	—

续表

设备＼性能	GW1	GW4	GW5	GW7	GW17	GW23	GW36
结构复杂性	垂直开启式结构，传动简单，部件少，结构比GW4简单	水平旋转式结构，部件少，结构简单	V型水平旋转式结构，部件少，采用伞齿轮传动，结构比GW4复杂	导电臂内无传动件，动作简单，结构比GW17简单	导电臂内部传动部件繁多，传动原理复杂，整体结构复杂	导电臂内部及动触头传动部件多，结构复杂性与GW17相同	静触头采用梅花触指，导电臂内部传动部件繁多，结构比GW17复杂
防风沙性能	触头臂零部件外露，防风沙性能低于GW4	静触头有防护罩，绝缘子转动机构密封良好，防风沙性能优于GW17	静触头有防护罩，但伞齿轮结构防护不足，防风沙性能低于GW4相同	导电臂零部件全密封，静触头有防护罩，防风沙性能优于GW17	动触头钳夹式无防护罩，防风沙性能差	动触头钳夹式无防护罩，但导电臂全密封，防风沙性能优于GW17	静触头有钟罩防护，且导电臂密封，防风沙性能最好
动静触头接触型式	触头插入、触指夹紧式	触头插入、触指夹紧式	触头插入、触指夹紧式	触头翻转、触指夹紧式	动触指钳夹式	（1）动触指钳夹式。（2）触头插入、触指夹紧式	梅花触指插入式
触头自洁能力	触头插入式，具有一定的自洁能力	触头插入式，且触头罩有一定防护作用，自洁能力较强	触头插入式，且触头罩有一定防护作用，自洁能力较强	触头插入式，且触头罩有一定防护作用，自洁能力较强	无	（1）动触指钳夹式无自洁能力。（2）触头插入、触指夹紧式自洁能力较强	触头插入式，且触头罩有较强防护作用，自洁能力很强
导电臂密封性能	导电臂传动部件无密封	导电臂无密封，内无传动部件	导电臂无密封，内无传动部件	全密封且导电臂内无传动件	硅橡胶防雨罩密封	油密封全密封	全密封
夹紧方式	外压式弹簧	外压式弹簧	外压式弹簧	外压式弹簧	操作杆夹紧弹簧	外压式弹簧	梅花触指弹簧

续表

设备＼性能	GW1	GW4	GW5	GW7	GW17	GW23	GW36
静触头防护措施	无	方形防护罩	方形防护罩	方形防护罩	无	（1）动触指钳夹式无防护罩。（2）触头插入式结构，具有方形防护罩	钟罩式防护罩

（2）安全性对比。各类水平开启式隔离开关安全性对比如表 2-16 所示。

表 2-16　各类水平开启式隔离开关安全性对比

安全性＼设备	GW1	GW4	GW5	GW7	GW17	GW23	GW36
倒闸操作风险	操作力较大，易导致绝缘子断裂，操作风险较	双臂结构，重心偏移小，合闸时对支柱有较小冲击	双臂结构，重心偏移小，合闸时对支柱有较小冲击	导电臂重心承受于中间支柱，采用翻转插入式设计，操作风险最低	单臂结构存在很大重心偏移，支柱绝缘子承受抗弯强度大	单臂结构存在很大重心偏移，支柱绝缘子承受抗弯强度大，且插入式结构对静触头支柱有一定的冲击	单臂结构存在很大重心偏移，触头插入过程对静触头支柱有一定的冲击
防鸟筑巢能力	设备本体及基座无空间筑巢，防鸟筑巢能力强	基础底座及导电臂有空间筑巢，防鸟筑巢能力低于GW1	基础底座、导电臂及伞齿巢箱有空间筑巢，防鸟筑巢能力低于GW4	基础底座有空间筑巢，防鸟筑巢能力强于GW36	基础底座及导电系统底座有空间筑巢，防鸟筑巢能力与GW36相当	基础底座及导电系统底座有空间筑巢，防鸟筑巢能力优于GW36相当	静触头防护罩、基础底座及导电系统底座有空间筑巢，防鸟筑巢能力差
自动脱落分闸风险	垂直开启式结构，绝缘子易断裂，有一定自动分闸风险	有拐臂过死点设计，自动分闸风险低	有拐臂过死点设计，自动分闸风险低	有拐臂过死点及导电臂翻转自锁设计，自动分闸风险很低	有小连杆过死点设计，自动脱落分闸风险较低	传动部件和导电臂均有过死点设计，自动脱落分闸风险很低	有小连杆过死点设计，自动脱落分闸风险较低

（3）可靠性对比。各类水平开启式隔离开关可靠性对比如表 2–17 所示。

表 2–17　　各类水平开启式隔离开关可靠性对比

可靠性＼设备	GW1	GW4	GW5	GW7	GW17	GW23	GW36
故障概率	触头臂易出现卡涩，触头触指发热，绝缘子极易操作断裂，故障率比 GW4 高	动静触头位，置发热，故障率较低	动静触头位置发热率高，内拉式触指弹簧老化，伞齿轮易操作卡涩，触头触指合闸时易出现倾斜、反弹现象，故障率比 GW4 高	采用触头翻转插入结构，故障率与 GW36 相当	导电臂因密封不良造成的积灰、进水、结冰，导致的部件锈蚀、卡涩拒动、钳夹位置发热等，故障率较高	钳夹位置发热，故障率比 GW36 高	动静触头采用梅花触指插入式接触，缺陷极少，故障率最低
故障恢复时间	比 GW5 低	比 GW5 低	7h	10h	与 GW7 相当	与 GW7 相当	比 GW7 稍高
主要缺陷	（1）合闸冲击力大，易导致绝缘子断裂。 （2）触头触指发热。 （3）触头臂内部件易出现卡涩	分合不到位，触头触指发热，内拉式触指弹簧老化	（1）操作时伞齿轮易卡涩。 （2）触头触指合闸时易出现倾斜、反弹现象，分合不到位。 （3）触头触指发热。 （4）内拉式触指弹簧老化	合闸时提前翻转接触不好	（1）导电臂因密封不良造成积灰、进水、结冰，导致部件锈蚀、卡涩拒动、导体发热等。 （2）钳夹位置发热	钳夹位置发热	缺陷极少
制造工艺和质量控制难度（工厂）	垂直开启式结构部件少，制造工艺和质量控制难度比 GW4 低	水平旋转式结构，传动简单，制造工艺和质量控制难度较低	V 型水平旋转式结构，采用伞齿轮传动，制造工艺和质量控制难度比 GW4 高	导电臂有翻转自锁设计，动作精细，制造工艺和质量控制与 GW17 相当	导电臂内部传动部件很多，原理复杂，制造工艺和质量控制复杂	静触头及导电臂内部传动部件繁多，动作原理复杂，制造工艺和质量控制与 GW17 相当	静触头采用梅花触指，导电臂内部传动部件较多，制造工艺和质量控制最复杂

续表

可靠性 \ 设备	GW1	GW4	GW5	GW7	GW17	GW23	GW36
外部环境因素变化的影响	受母线弧垂、基础沉降和覆冰影响小	受母线弧垂影响大，受基础沉降、覆冰影响小	受母线弧垂影响大，受基础沉降、覆冰影响小	受母线弧垂、基础沉降和覆冰影响小	受母线弧垂影响小，受基础沉降、覆冰影响极大	受母线弧垂影响小，受基础沉降、覆冰影响大	受母线弧垂覆冰影响小，受基础沉降影响大

（4）便利性对比。各类水平开启式隔离开关便利性对比如表 2–18 所示。

表 2–18　　各类水平开启式隔离开关便利性对比

便利性 \ 设备	GW1	GW4	GW5	GW7	GW17	GW23	GW36
运维便利性	操作时绝缘子易断裂，卡涩、发热等缺陷较多，运维需重点关注的项目较GW4多	结构简单，缺陷较少，运维需重点关注的项目较少	操作时伞齿轮易卡涩，红外等缺陷较多，运维需重点关注项目较GW4多	合闸操作时导电臂易提前翻转，运维需重点关注的项目少	操作易卡涩，分合不到位，缺陷较多，运维需重点关注的项目比GW7多	合闸时需观察死点情况，运维需重点关注的项目与GW7相当	缺陷较少，运维需重点关注的项目与GW7相当
检修便利性	工作量最少，本体易损件极少，大修周期长	工作量较多，主要需处理发热缺陷，老产品触指弹簧需更换等工作	工作量较GW4多，主要需处理发热，老产品触指弹簧更换，伞齿轮卡涩处理等	工作量较少，易损件很少，大修周期长，缺陷少，结构方便检修	工作量最大，触指防雨罩、上导电臂底部波纹管等易损件逢停必换；大修周期短，上导电臂需解体检修，传动原理复杂导致调试难度大	工作量与GW7相当，本体易损件较少，大修周期长，触指传动部件外置方便检修	工作量与GW7相当，大修周期长，本体无易损件，导电臂无需解体检修
零部件通用性	同类型产品较少，零部件通用性低	产品应用较多，同类型产品零部件通用性高	目前产品应用较少，零部件通用性比GW4低	目前产品应用不多，零部件通用性比GW16低	产品早期应用较多，同类型产品零部件通用性高	目前产品应用较少，零部件通用性比GW16低	产品目前主要为高电压等级应用，零部件通用性较低

（5）一次性建设成本。各类水平开启式隔离开关一次性建设成本对比如表 2–19 所示。

表 2–19　　各类水平开启式隔离开关一次性建设成本对比

设备＼成本	GW1	GW4	GW5	GW7	GW17	GW23	GW36
采购成本（10kV）	1.5 万	—	—	—	—	—	—
占地面积（10kV）	0.9 m^2	—	—	—	—	—	—
采购成本（110kV）	—	1.96 万元	1.91 万元	4.3 万元	5 万元	4.3 万元	—
占地面积（110kV）	—	8 m^2	9 m^2	14 m^2	11 m^2	11 m^2	—
采购成本（220kV）	—	6.9 万元	—	8.1 万元	7.8 万元	8.4 万元	—
占地面积（220kV）	—	36 m^2	—	34 m^2	30 m^2	30 m^2	—
采购成本（500kV）	—	—	—	23 万元	20 万元	21 万元	23 万元
占地面积（500kV）	—	—	—	225 m^2	120 m^2	120 m^2	130 m^2
安装及调试投入	人数：3 人 时间：0.5 天 电压等级：10kV	人数：3 人 时间：1 天 电压等级：110kV	人数：3 人 时间：1 天 电压等级：110kV	人数：6 人 时间：3 天 电压等级：500kV	人数：6 人 时间：4 天 电压等级：500kV	人数：6 人 时间：4 天 电压等级：500kV	人数：6 人 时间：4 天 电压等级：500kV

（6）后期成本。各类水平开启式隔离开关后期成本对比如表 2–20 所示。

表 2–20　　各类水平开启式隔离开关后期成本对比

成本＼设备	GW1	GW4	GW5	GW7	GW17	GW23	GW36
运维成本	操作卡涩，绝缘子易断裂，缺陷较多，运维巡视工时投入高于 GW4	主要关注红外缺陷，运维巡视工时投入少	操作卡涩，易导致分合不到位，红外缺陷较多，运维巡视工时投入高于 GW4	缺陷较少，运维巡视工时投入低	操作易卡涩，分合不到位，缺陷较多，运维巡视工时投入比 GW7 多	主要关注红外缺陷，运维巡视工时投入与 GW7 相当	易吸引鸟类筑巢，设备缺陷较少，运维巡视工时投入与 GW7 相当

续表

成本 \ 设备	GW1	GW4	GW5	GW7	GW17	GW23	GW36
检修成本	工作量较大，绝缘子极易断裂，机械卡涩改造量少，常规检修成本约为造价的5%	大修周期长，主要需处理发热，老产品触指弹簧需更换等工作，常规检修成本低，约为造价的2.5%	工作量较大，主要需处理发热，更换老产品触指弹簧等工作；老产品改造多，常规检修成本高，约为造价的6%	工作量较少，本体易损件较少，大修周期长，改造较少，常规检修成本约为造价的3%	工作量很大，触指防雨罩、上导电臂底部波纹管等易损件逢停必换，大修周期短，上导电臂需解体检修，本体调试难度大，大修成本接近设备造价的50%	工作量较少，本体易损件较少，大修周期长，改造少，触指传动部件外置方便检修，常规检修成本约为造价的2.5%	工作量最少，本体无易损件，大修周期长，导电臂无需解体检修，检修成本较低，常规约为造价的2%

2. 优缺点总结及选型建议

（1）GW1 型隔离开关。

优点：安装方式灵活；向上打开占用相间空间小；可做成三相一体。

缺点：操作冲击力大导致绝缘子易断裂，导电臂传动零件裸露造成操作卡涩，不能应用于高电压等级。

选型建议：逐步用 GW4 型隔离开关进行更换替代。

（2）GW4 型隔离开关。

优点：结构简单，故障率低，成本低；不占用上方空间；可侧装。

缺点：导电悬臂结构，力学性能较差；相间占用空间较大。

选型建议：252kV 及以下电压等级下优先使用。

（3）GW5 型隔离开关。

优点：结构简单，成本低；底座较小；布置方式灵活，可侧装。

缺点：原伞齿轮结构易卡滞；触头触指啮合过程倾斜，易反弹；主隔离开关分闸对地绝缘余量小，高海拔修正困难。

选型建议：逐步用 GW4 型隔离开关进行更换替代。

（4）GW7 型隔离开关。

优点：动作精巧、静触头冲击小，转动部件可密封于箱体内部，抗恶劣环境能力强，通

流能力强。

缺点：使用绝缘子数量多，成本较高；调试不当易发生动触头提前翻转，导致无法合闸；占地面积较大。

选型建议：252kV 及以上产品优先使用。

（5）GW17 型隔离开关。

优点：零部件通用性强。

缺点：导电臂因密封不良造成积灰、进水、结冰，导致传动部件锈蚀、卡涩拒动，故障率较高。

选型建议：逐步用 GW23、GW7 型隔离开关更换替代。

（6）GW23 型隔离开关。

优点：上导电臂为全密封结构，防水防尘性能好，故障率低。

缺点：造价较高，抗风沙和抗冰能力较弱。

选型建议：对于不考虑上部空间的高电压工程，220~550kV 优先使用。

（7）GW36 型隔离开关。

优点：通流能力强，可用于大电流场合，动静触头具有自洁功能，环境适应能力强。

缺点：操作过程冲击力大，造价较高。

选型建议：500kV 及以上电压等级优先选用。

第 3 章　组合电器智能化提升关键技术

3.1　组合电器主要结构型式

3.1.1　全封闭组合电器

全封闭组合电器简称为 GIS 设备，是将断路器、隔离开关、接地开关、电流互感器、电压互感器、避雷器以及母线等功能单元全部封闭在金属壳体内，以 SF_6 气体作为绝缘介质的一种电气设备。

按结构形式 GIS 可分为三相共箱型和三相分箱型，其中 110kV 及以下设备大多采用三相共箱型；而 220kV 及以上设备大多采用三相分箱；还有部分设备为主母线三相共箱、分支母线三相分箱，不同结构形式的 GIS 结构示意如图 3-1~ 图 3-3 所示。

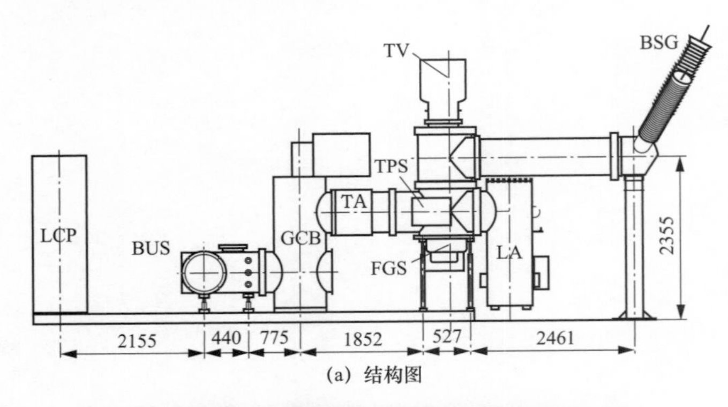

(a) 结构图

(b) 实物图

图 3-1　GIS 三相共箱结构

GCB—断路器；LCP—控制柜；TPS—三工位隔离接地开关；FGS—快速接地开关；
BUS—主母线；LA—避雷器；TV—电压互感器；TA—电流互感器；BSG—套管

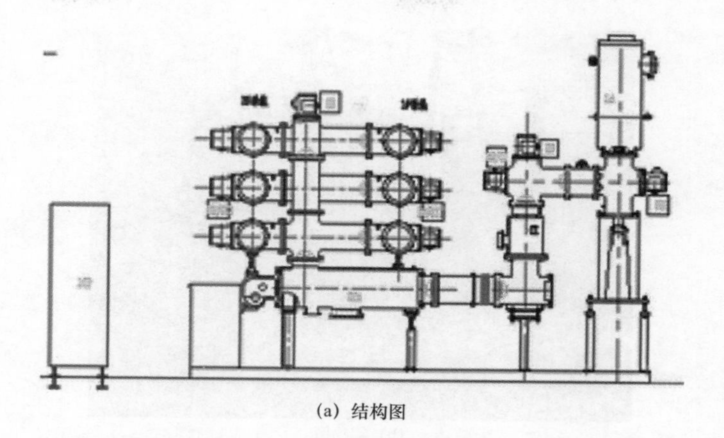

（a）结构图

（b）实物图

图 3–2　GIS 三相分箱结构

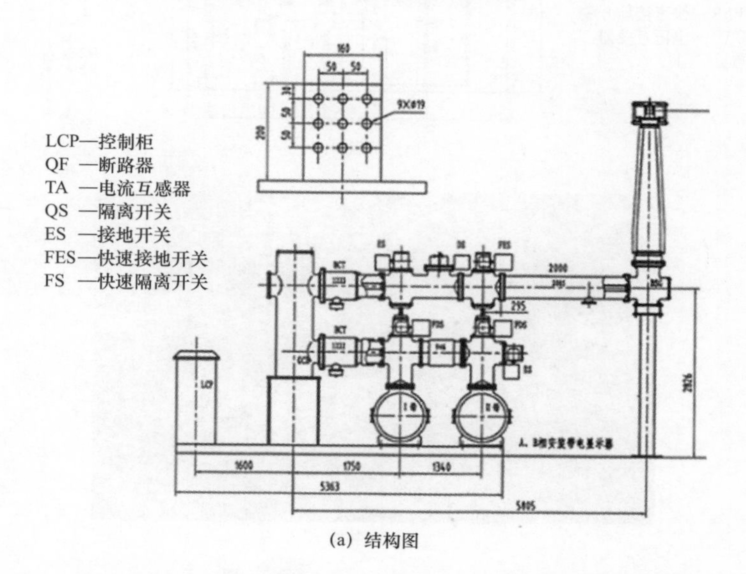

（a）结构图

图 3–3　主母线三相共箱、分支母线三相分箱结构（一）

(b) 实物图

图 3-3　主母线三相共箱、分支母线三相分箱结构（二）

3.1.2 半封闭组合电器

半封闭组合电器简称为 HGIS 设备，设备结构与 GIS 基本相同，是将除母线外的断路器、隔离开关、接地开关、快速接地开关、电流互感器等功能单元封闭于金属壳内，以 SF_6 气体为绝缘介质的一种电气设备，如图 3-4 所示，主要用于为 220kV 及以上设备。

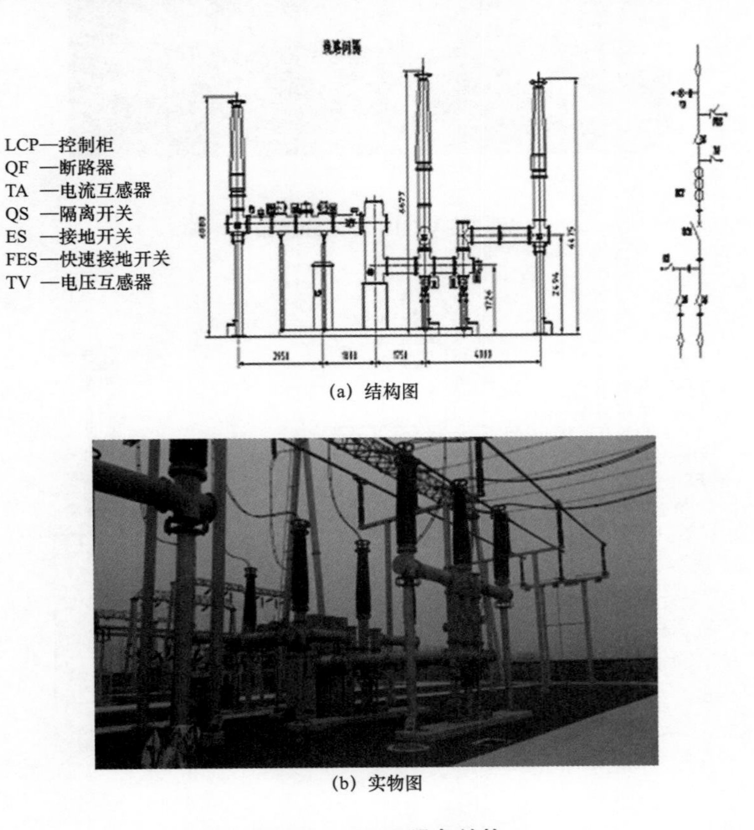

(a) 结构图

(b) 实物图

图 3-4　HGIS 设备结构

与 GIS 相比，HGIS 的最大特点在于母线采用常规导线，而 GIS 母线缺陷率较高，且消缺停电范围大。另外，HGIS 布置方式灵活，按照断路器可分为 3+0、1+2、1+1+1 等多种组合方式，适合现场 AIS 改造工程应用。HGIS 不同布置方式示意图如图 3-5~ 图 3-7 所示。

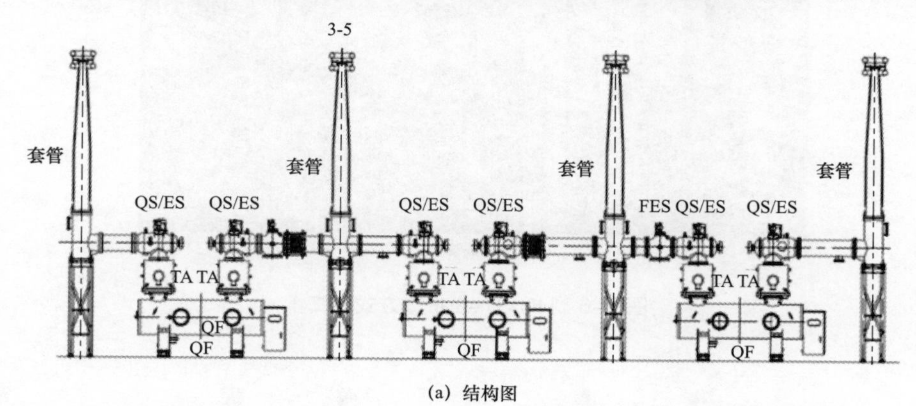

（a）结构图

（b）实物图

图 3–5 HGIS3+0 布置方式

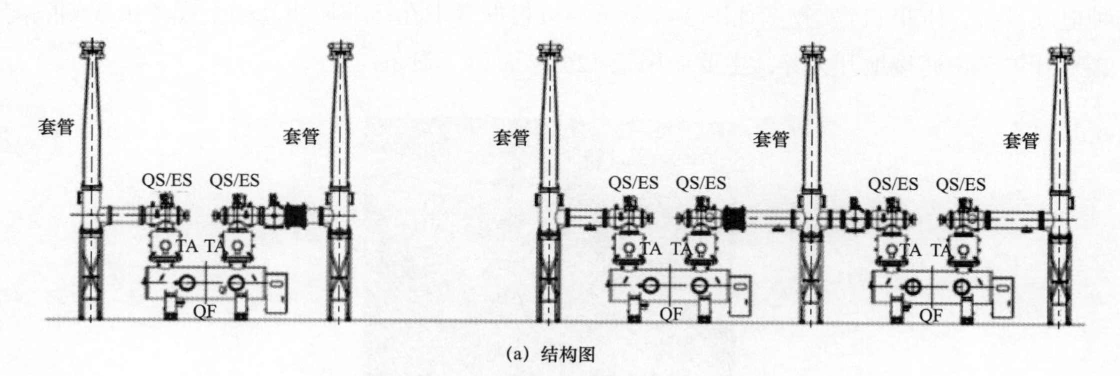

（a）结构图

图 3–6 HGIS1+2 布置方式（一）

(b) 实物图

图 3-6　HGIS1+2 布置方式（二）

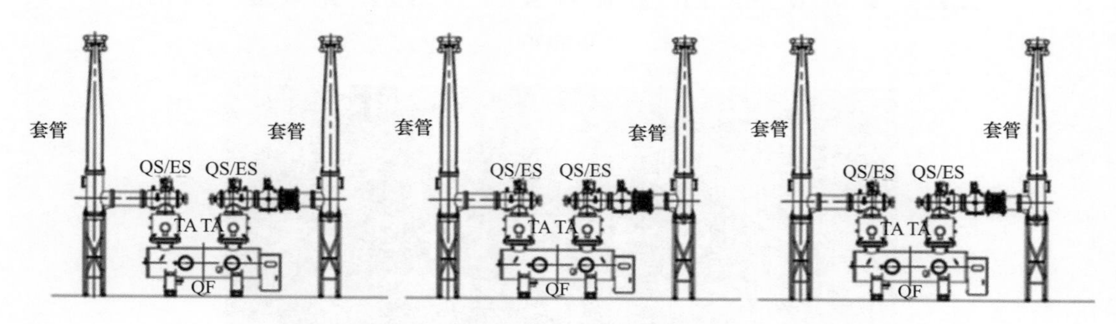

图 3-7　HGIS1+1+1 布置方式

3.1.3　半封闭式组合电器（罐式）

半封闭式组合电器（罐式）简称为 HGIS(T)，采用紧凑化设计、罐式结构，是将断路器、隔离 / 接地开关、电流互感器等功能单元封闭于金属壳内，以 SF_6 气体为绝缘介质的一种电气设备，HGIS(T) 实物图如图 3-8 所示，可根据需求在标准模块基础上配置出线侧隔离 / 接地开关、快速接地开关等，主要应用于 126kV 及以下设备。

图 3-8　HGIS(T) 设备实物图

3.2　组合电器主要问题分析

3.2.1　全封闭组合电器主要问题分析

1. 按类型分析

对电力行业全封闭组合电器问题统计分析，共提出主要问题 14 大类，85 小类，对其分类如表 3–1 所示，主要问题占比（按问题类型）如图 3–9 所示。

表 3–1　全封闭式组合电器问题分类

问题分类	占比（%）	问题细分	占比（%）
结构设计不合理	23.69	表计选型、质量不符合要求	3.01
		GIS 避雷器及电压互感器未设置独立隔离开关或隔离断口，检修时需母线陪停	2.63
		特高频检测问题	2.63
		小型化设备检修空间不足	2.63
		巡视检修无平台	2.63
		局部放电传感器性能差异大	1.50
		室内 GIS 未配置行车	1.50
		双母线结构 GIS 母线隔离开关共用一个气室，检修时需母线陪停	1.50
		充气口不统一	1.13
		无线路侧隔离开关	1.13
		独立气室未设置独立表计	0.75
		密度继电器与开关本体之间无可关闭阀门	0.75
		GIS 部分断路器仅配置单侧接地刀闸或未配置接地开关	0.38
		操动机构设计选型不符合要求	0.38
		设备现场安装环境不满足要求	0.38
		设备选型应考虑重要回路的可靠性	0.38
		线路侧未安装带电显示器	0.38
汇控柜、机构箱防护能力不足	12.42	密封不良	5.64
		温湿度控制不理想	1.88
		二次元件外壳未采用阻燃材料	1.50

续表

问题分类	占比（%）	问题细分	占比（%）
汇控柜、机构箱防护能力不足	12.42	断路器振动引起柜内二次节点抖动	0.75
		柜门门锁存在隐患	0.75
		电源设计不合理	0.38
		端子排交、直流共用端子	0.38
		端子排质量不符合要求	0.38
		二次电缆护套进水受潮	0.38
		柜内布线不合理	0.38
放电闪络	11.70	壳体内表面刷漆工艺不满足要求	2.26
		壳体内未清理干净	2.26
		吸附剂罩破损、断裂	2.26
		绝缘件劣化	0.75
		盆式绝缘子水平布置	0.75
		SF_6 气体质量问题	0.38
		导体接触不良	0.38
		环境监测问题	0.38
		绝缘子开裂	0.38
		雷击造成内部放电	0.38
		气室内部屏蔽罩松动	0.38
		气室未装吸附剂	0.38
		套管污损	0.38
		内部放电	0.38
漏气	11.28	GIS 设备壳体材质不合格或制造时工艺不到位	6.39
		部分设备法兰盘密封、防水工艺不到位	4.14
		基础沉降	0.75
操动机构不可靠	10.94	“五防”功能问题	1.50
		储能弹簧长期运行后出现弹簧疲劳	1.13
		机械特性无法在线监测	1.13
		断路器传动机构存在问题	0.75

续表

问题分类	占比（%）	问题细分	占比（%）
操动机构不可靠	10.94	分合闸指示问题	0.75
		气动机构问题	0.75
		整流模块故障	0.75
		操作电源问题	0.38
		操作回路串接联锁节点	0.38
		传动连杆调整后未做标记	0.38
		存在自保持现象	0.38
		电机控制回路存在隐患	0.38
		动、静触头对中不良	0.38
		断路器防慢分装置拉杆弯曲变形	0.38
		防慢分装置失灵问题突出	0.38
		润滑脂涂抹不够	0.38
		液压机构存在问题	0.38
		直动密封胶垫（丁氰橡胶）材料中混入了三元乙丙胶	0.38
导体电接触不可靠	9.04	紧固不到位	4.51
		受力不均匀	1.50
		插接部位接触不良，导电能力下降	1.13
		隔离开关拐臂与内部本体行程对应关系不明确	0.38
		导流排接触不良	0.38
		二次回路元器件质量问题	0.38
		其他	0.38
		在线检测装置问题	0.38
绝缘件性能问题	6.01	绝缘子开裂	3.38
		绝缘件劣化	1.50
		绝缘拉杆断裂	1.13
金属部件腐蚀严重	4.51	部件材质、防腐涂层、以及防雨设计难以满足户外运行要求	3.38
		操动机构拐臂外露	1.13

续表

问题分类	占比（%）	问题细分	占比（%）
二次接口防水问题	3.01	二次接线端子无防水措施	1.88
		航空插头密封不良	0.75
		雌雄对接点虚接	0.38
形变补偿	2.63	伸缩节系数、选型、安装不当	2.63
安装环境不佳	1.51	设备现场安装环境不满足要求	1.13
		环境监测问题	0.38
防爆膜	1.50	防爆膜安装方向及质量问题突出	1.50
其他	1.01	人员技能需提升	0.63
		设计选型不合理	0.38
外壳接地问题	0.75	外壳接地问题	0.75

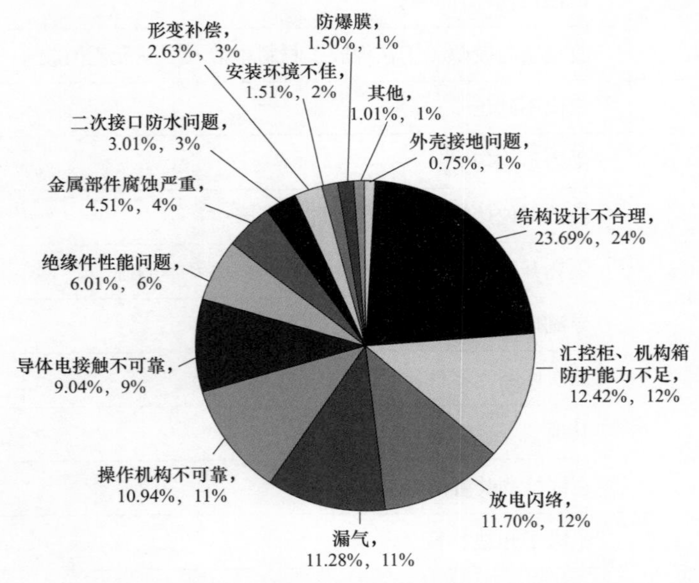

图 3-9　全封闭组合电器主要问题占比（按问题类型）

2. 按电压等级分析

按电压等级统计，1100kV 设备问题占 3.38%；800kV 设备问题占 0.38%；550kV 设备问题占 6.39%；363kV 设备问题占 1.5%；252kV 设备问题占 31.95%；126kV 设备问题占 56.39%，全封闭组合电器主要问题占比（按电压等级）如图 3-10 所示。

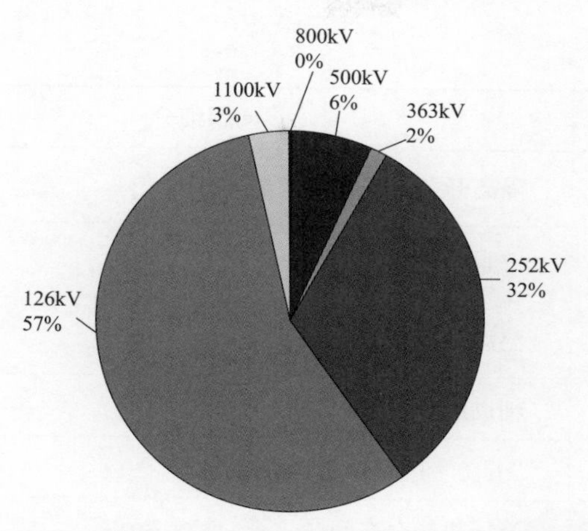

图 3–10　全封闭组合电器主要问题占比（按电压等级）

3.2.2　半封闭组合电器主要问题分析

1. 按类型分析

对电力行业半封闭组合电器问题统计分析，共提出主要问题 11 大类，26 小类，对其分类如表 3–2 所示，主要问题占比（按问题类型）如图 3–11 所示。

表 3–2　半封闭组合电器问题分类

问题分类	占比（%）	问题细分	数量（%）
结构设计不合理	26.67	无线路侧隔离开关	10.00
		充气接口不统一	3.33
		带电检测存在屏蔽干扰	3.33
		隔离开关封闭在内部，检修需母线陪停	3.33
		独立气室未设置独立表计	3.33
		断路器仅配置单侧接地开关或未配置接地开关	3.33
二次接口防水性能不佳	13.33	二次接线端子无防水措施	6.67
		航空插头密封不良	3.33
		机构箱下盖积水	3.33
放电闪络	13.33	盆式绝缘子水平布置	6.67
		壳体内未清理干净	3.33
		空气开关配置不合理造成隔离开关分合不到位	3.33

续表

问题分类	占比（%）	问题细分	数量（%）
户外汇控柜、机构箱防潮、防高温、防火等性能不足	10.00	隔离开关共用操作电源	3.33
		密封不良	3.33
		温湿度控制不理想	3.33
操动机构不可靠	10.00	辅助触点烧损	3.33
		“五防”闭锁装置存在隐患	3.33
		液压机构存在问题	3.33
防爆膜安装方向及质量问题突出	6.67	防爆膜安装方向及质量问题突出	3.33
		防爆膜受力不均	3.33
漏气	6.67	部分设备法兰盘密封、防水工艺不到位	3.33
		法兰密封圈老化	3.33
导体电接触不可靠	3.33	隔离开关拐臂与内部本体行程对应关系不明确	3.33
户外金属部件腐蚀严重	3.33	部件材质、防腐涂层以及防雨设计难以满足户外运行要求	3.33
绝缘件性能不满足要求	3.33	绝缘子开裂	3.33
伸缩节	3.33	伸缩节系数、选型、安装不当	3.33

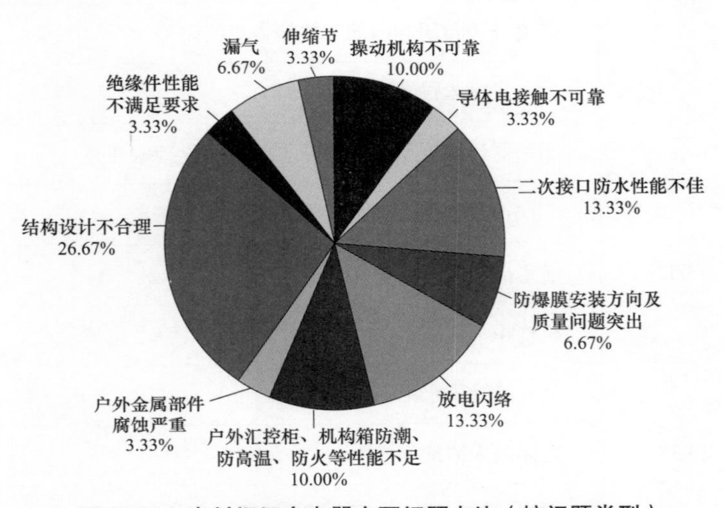

图 3-11　半封闭组合电器主要问题占比（按问题类型）

2. 按电压等级分析

按电压等级统计，550kV设备问题占43%；363kV设备问题占3%；252kV设备问题占27%；126kV设备问题占27%，主要问题占比（按电压等级）如图3-12所示。

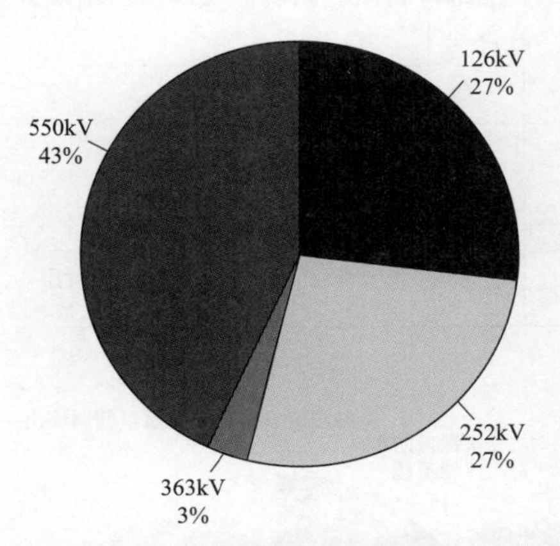

图3-12　半封闭组合电器主要问题占比（按电压等级）

3.2.3　半封闭组合电器（罐式）主要问题分析

1. 按类型分析

对电力行业半封闭组合电器（罐式）问题统计分析，共提出主要问题7大类，16小类，对其分类如表3-3所示，主要问题占比（按问题类型）如图3-13所示。

表3-3　半封闭组合电器（罐式）问题分类

问题分类	占比（%）	问题细分	占比（%）
结构设计不合理	39.29	隔离开关封闭在内部，开关检修需母线陪停	10.71
		分合闸指示不清楚	7.14
		设备安全距离不够	7.14
		无线路侧隔离开关	7.14
		跌落式隔离开关存在安全隐患	3.57
		独立气室未设置独立表计	3.57
户外金属部件腐蚀严重	17.86	部件材质、防腐涂层以及防雨设计难以满足户外运行要求	17.86
导体电接触不可靠	14.29	隔离开关错位	3.57
		隔离开关导通能力下降	3.57
		导体电流能力不足	3.57
		紧固不到位	3.57
操动机构不可靠	10.71	机构元器件损坏	10.71

续表

问题分类	占比（%）	问题细分	占比（%）
放电闪络	7.14	部件材质、防腐涂层以及防雨设计难以满足户外运行要求	3.57
		气室未装吸附剂	3.57
二次接口防水性能不佳	7.14	航空插头密封不良	7.14
防爆膜安装方向及质量问题突出	3.57	防爆膜安装方向及质量问题突出	3.57

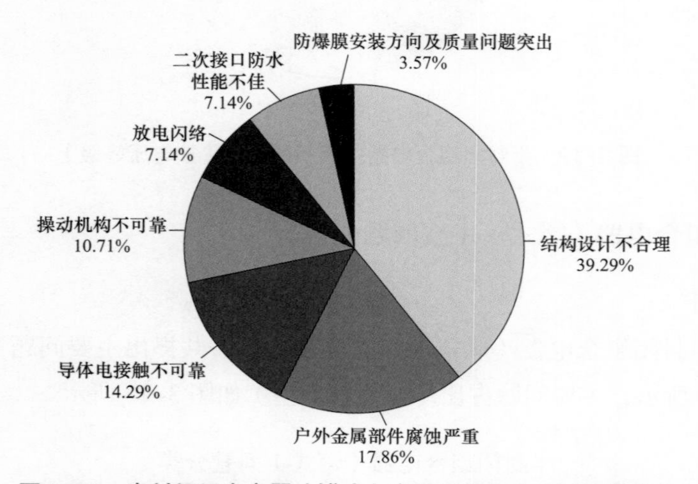

图 3-13 半封闭组合电器（罐式）主要问题占比（按问题类型）

2. 按电压等级分析

按电压等级统计，252kV 设备问题占 7%；126kV 设备问题占 93%，主要问题占比（按电压等级）如图 3-14 所示。

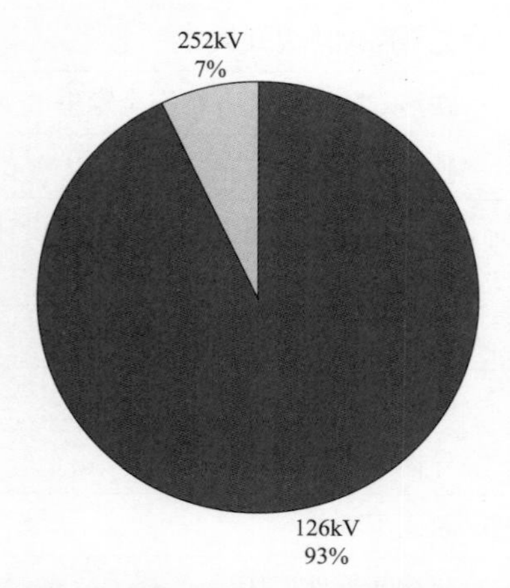

图 3-14 半封闭组合电器（罐式）主要问题占比（按电压等级）

3.3 组合电器可靠性提升措施

3.3.1 组合电器可靠性提升措施通用部分

1. 提升绝缘件可靠性

（1）现状及需求。

绝大部分厂家组合电器设备中的绝缘件非原厂生产，保存不当使其直接暴露在环境空气中，极易受潮；绝缘件购入后未按要求开展性能检测而直接使用，造成设备投运后绝缘件闪络事故频发。相关案例见案例1~案例2。需明确绝缘件保存环境及性能检测相关要求，加大组合电器制造厂绝缘件试验及监督检查力度。

案例1：330kV某变电站GIS现场调试时，隔离开关气室绝缘拉杆放电炸裂，严重变形，如图3-15所示，经查事故原因为安装前绝缘拉杆受潮所致。

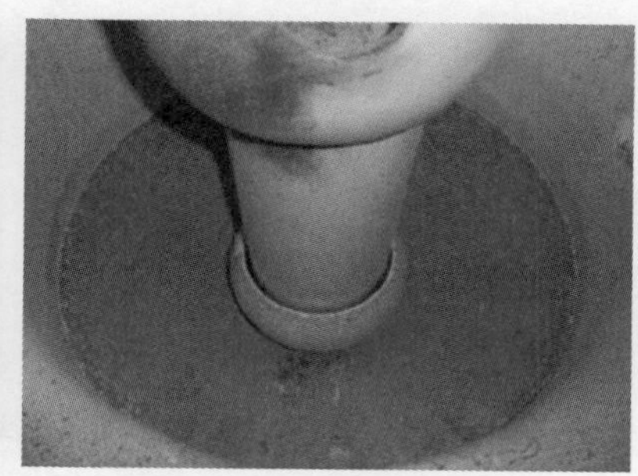

图3-15 放电隔离开关气室绝缘拉杆及盆式绝缘子

案例2：220kV某变电站绝缘子X光探伤发现内部存在明显裂纹、气泡，如图3-16所示。

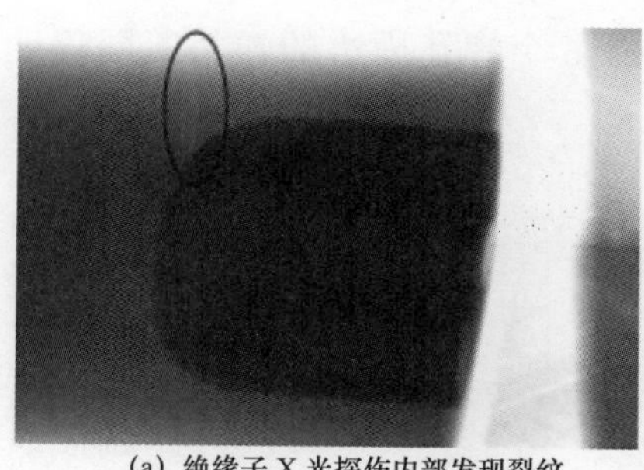

(a) 绝缘子X光探伤内部发现裂纹

(b) 盆式绝缘子内部出现贯穿性气泡

图3-16 X光探伤结果

（2）具体措施。

1）所有盆式绝缘子、绝缘拉杆、支撑绝缘子等绝缘件应在恒温恒湿环境中密封保存，并在安装前进行干燥。组合电器应微正压充气运输。

2）组合电器设备制造厂应对绝缘件逐支开展X光探伤和局部放电检测，盆式绝缘子还应进行水压试验，所有试验均应提供试验报告，严禁使用外协厂试验报告替代。

3）所有绝缘件应在 80% 工频耐压下进行局部放电检测，局部放电值不应大于 3pC。

2. 提升设备内部防闪络能力

（1）现状及需求。

部分厂家生产的带有运动部件的气室内盆式绝缘子采用水平布置方式，易引发沿面闪络，造成放电事故，需规范设计。相关案例见案例 1。

案例 1：500kV 某变电站 500kV GIS 现场交流耐压试验中，连续发生 10 起隔离开关动触头侧水平布置的盆式绝缘子凹面沿面闪络，表面闪落情况如图 3–17 所示。

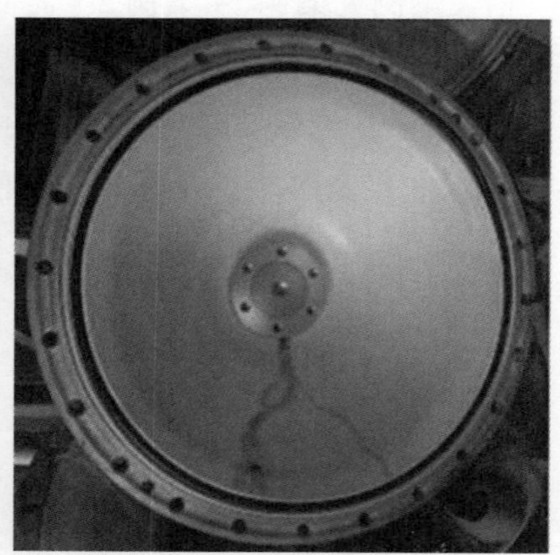

图 3–17　水平布置盆式绝缘子表面闪落情况

部分厂家组合电器吸附剂罩为塑料材质，且因机械强度不足、紧固方法不当或吸附剂填充过多等原因造成吸附剂罩破损、断裂问题突出，应提高吸附剂罩材质选择及装配要求。相关案例见案例 2。

案例 2：220kV 某变电站电缆仓吸附剂塑料罩 6 个螺孔周边的塑料不同程度开裂，如图 3–18 和图 3–19 所示。

图 3–18　吸附剂罩老化开裂

图 3–19　吸附剂罩设置不合理、吸附剂掉落

部分厂家设备出厂仅做工频耐压试验，不进行雷电冲击试验，而工频耐压试验不能完全暴露设备内部绝缘缺陷，需增加雷电冲击耐压试验项目。

部分厂家组合电器设备壳体内表面漆面附着力不佳，在投入运行后会出现漆皮脱落，从而引起设备内部放电故障，影响设备安全稳定运行，需进行附着力检查，确保绝缘漆不会脱落。相关案例见案例 3。

案例 3：110kV 某变电站 GIS 132 断路器母线气室筒体内部绝缘漆开裂鼓起 10mm 左右，如图 3-20 所示，经查为该处绝缘漆表面附着力不够。

图 3–20　绝缘漆脱落

（2）具体措施。

1）盆式绝缘子不宜水平布置，尽量避免盆式绝缘子水平布置，尤其是避免凹面朝上，处于断路器、隔离开关 / 接地开关等具有插接式运动磨损部件的气室下部，避免触头动作产生金属屑造成组合电器放电。

2）吸附剂罩的材质应选用不锈钢或其他高强度材料；吸附剂应装于专用袋中，规范绑扎；吸附剂罩应与罐体安装紧固，边角应光滑无毛刺，安装位置应避免异物掉落；所有单独气室（包括 TV 气室）必须加装吸附剂，吸附剂的成分和用量应严格按技术条件规定选用。

3）110kV 及以上组合电器出厂前应通过正、负极性各 3 次额定雷电冲击电压耐受试验［其波前时间不大于 9286（ISO2409）执行，不低于 1 级］。

4）在监造时应对壳体内壁漆膜附着力进行抽检。壳体内壁漆膜寿命应与设备本体寿命一致。

3. 提升导体电接触可靠性

（1）现状及需求。

部分厂家组合电器导电回路插接部位镀层材料、厚度及紧固工艺不满足要求，导致回路电阻增大、触头发热甚至烧熔、闪络，需明确相关工艺及试验要求。相关案例见案例 1。

案例 1：某 500kV 变电站 GIS 母线筒内发现金属粉末，触头和触指磨损严重、触头表面粗糙不平有大量毛刺、触头镀银面掉落且触指磨损面不均匀等问题突出，如图 3–21~ 图 3–23 所示。

图 3–21　触头、触指表面磨损严重，镀银层脱落

图 3–22　导体表面不光滑，有毛刺

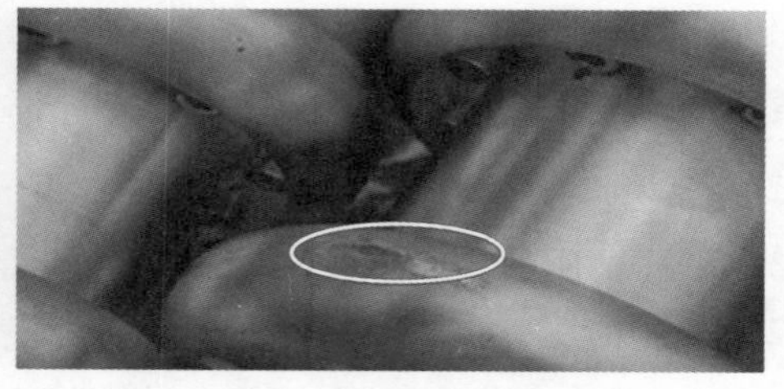

图 3–23　触指座屏蔽罩表面不光滑

部分厂家设备转动传动方式分箱隔离开关在 A、C 相未配置分合闸指示装置，拐臂与内部本体行程对应关系不明确，需增加位置指示。

部分厂家 HGIS（T）设备母线隔离开关切母线转移电流能力不足。相关案例见案例 2。

案例 2：220kV 某变电站 HGIS（T）设备母线隔离开关切母线转移电流能力不足，在倒母线操作时导致母线隔离开关动静触头烧损，如图 3–24 所示。

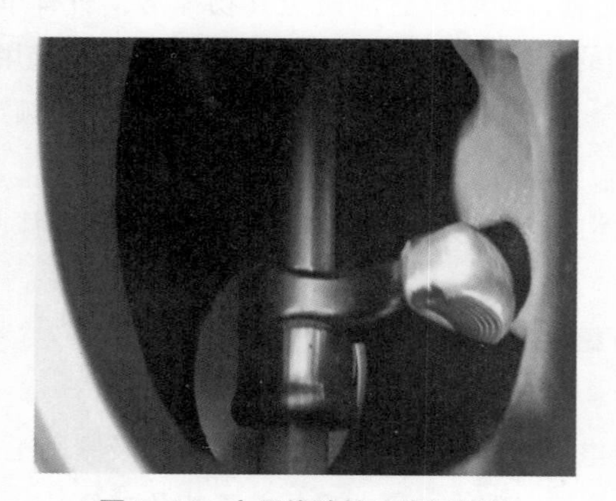

图 3–24　| 母线动触头烧损情况

部分厂家设备安装工艺不标准，未对螺栓紧固流程、安装力矩做出明确规定，使得盆式绝缘子受力不均匀，设备在投运后经常发生部件松动、绝缘子开裂闪络等事故，需进一步明确紧固件安装工艺及检查复核要求。相关案例见案例 3 至案例 5。

案例 3：500kV 某变电站 GIS 隔离开关气室严重漏气，原因为现场安装工艺不当，导致盆式绝缘子受力不均匀，加之盆式绝缘子开孔设计承受应力能力差，导致盆式绝缘子开裂、漏气，图 3–25 所示为盆式绝缘子开裂情况。

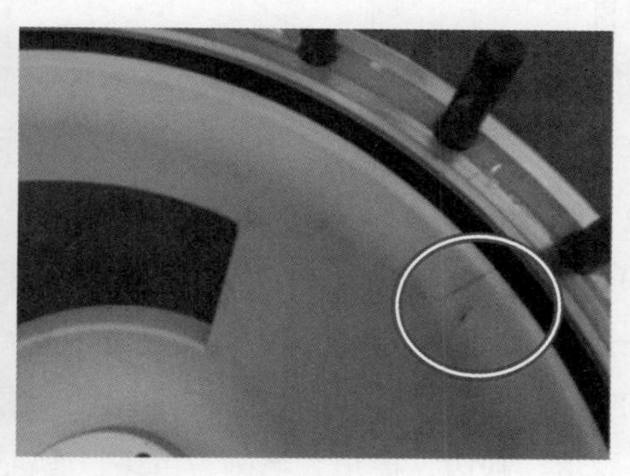

图 3–25　盆式绝缘子开裂情况

案例 4：220kV 某变电站在进行例行试验时发现某间隔 B 相主回路电阻超标，原因为 GIS 在出厂安装时工艺控制不严，导致导电杆安装紧固不良，且在出厂试验、交接试验中把关不严，未能及时发现问题，导致设备运行后主回路电阻超标，松动位置如图 3–26 所示。

图 3–26　导电杆安装螺栓紧固不到位，接触处松动

案例 5：220kV 某变电站 L 形导体安装不对中，引发触头座、绝缘子受额外应力，导致内部闪络故障，如图 3–27 所示。

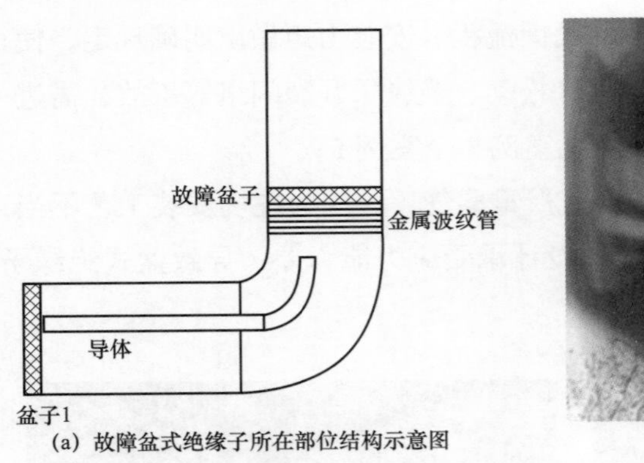

(a) 故障盆式绝缘子所在部位结构示意图

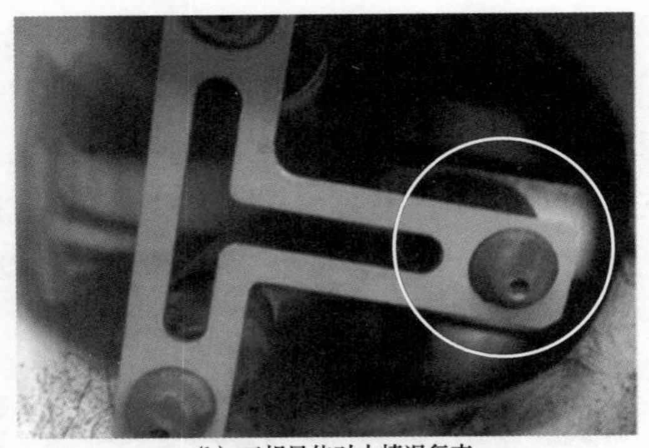
(b) 三相导体对中情况复查

图 3-27　对中不良引起的内部闪络

（2）具体措施。

1）对相间连杆采用转动传动方式设计的三相机械联动隔离开关，应在 A、C 两相同时安装分合闸指示器。制造厂在出厂报告中应给出输出轴旋转角度与内部触头行程对应关系。

2）导电回路的所有接触部位应镀银，镀层应结晶细致、平滑、均匀、连续；表面无裂纹、起泡、脱落、缺边、掉角、毛刺、色斑、腐蚀锈斑和划伤、碰伤等缺陷；动接触部位镀银厚度不应小于 20μm，静接触部位镀银厚度不应小于 8μm，镀银层硬度、附着力等应满足设计要求。

3）母线隔离开关触头应具备优良的耐电弧烧损性和抗熔焊性，避免隔离开关在开合母线转移电流时触头烧蚀。

4）厂家出厂试验时应进行断路器机械特性测试，出厂试验报告应包含原始行程特性曲线、输出轴旋转角度与内部触头行程对应关系；断路器例行试验必须进行行程曲线测试，并与原始曲线进行比对。

5）断路器、隔离开关和接地开关出厂试验时应进行不少于 200 次的机械操作试验，驻厂监造应见证其清洁过程，如发现非正常磨合产生的金属颗粒或直径大于 2mm 的异物，应解体检查，合格后方可进行其他出厂试验。

6）交接试验中的回路电阻测试电流不小于 100A。

7）紧固件在紧固时按拧紧方向紧固螺栓，紧固位置 3 个以上时，螺栓紧固顺序按照图 3-28 所示：定位销装 D 位置对接，装 1-2 螺栓拧紧保证对接面整周无缝隙后，再装 3-4 位置并拧紧，最后再将剩余螺栓按顺时针或逆时针方向全部拧紧。

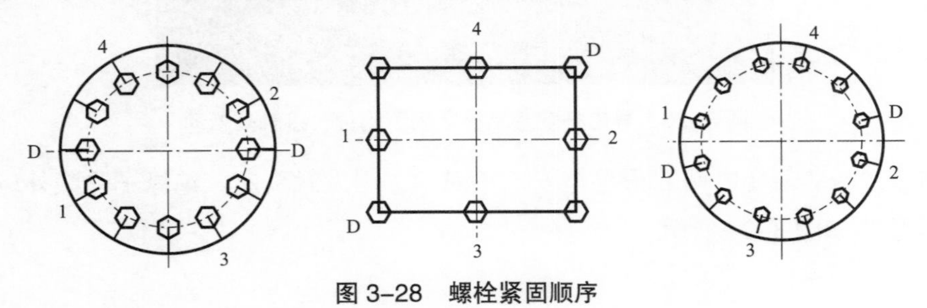

图 3-28　螺栓紧固顺序

8）螺栓紧固力矩按照厂家设计标准执行，力矩紧固后应做好标记。驻厂监造、入厂验收及现场交接时都应对设备内部及外部螺栓紧固力矩进行抽检复核。

9）制造厂应加强安装工艺控制，对于L形等异形导体安装时必须使用工装，确定导体相对位置，防止连接处承受额外应力导致的接触不良、绝缘子受力引发的内部闪络。

4. 提升设备接地可靠性

（1）现状及需求。

部分厂家组合电器设备接地不可靠，产生悬浮电位、连接处发热等问题，严重时甚至危及运维人员人身安全。需规范组合电器设备接地要求。

（2）具体措施。

1）盆式绝缘子在罐体对接处应使用短接排（跨接片），短接排（跨接片）应直接连接在盆式绝缘子两侧罐体凸台上，其截面应满足动热稳定性要求，如图3–29所示；对于带金属法兰的盆式绝缘子，若取消短接排（跨接片），GIS制造厂应提供设计计算说明书及型式试验依据。

2）电压互感器、避雷器、快速接地开关应采用专用接地线直接连接到地网，不应通过外壳和支架接地。

3）组合电器设备宜采用多点接地方式，分相式的组合电器外壳应在两端和中间设三相短接线，其截面应能承受长期通过的最大感应电流和短时耐受电流，并从短接线上引出与接地母线连接，其截面应满足短时耐受电流的要求，如图3–30所示。

图3–29 短接排示意图

图3–30 相间导流排示意图

5. 提升设备壳体密封性

（1）现状及需求。

组合电器设备壳体材质不合格或制造时工艺不到位，对金属焊接及铸造处理工艺不良，使得壳体存在砂眼、壳体厚度不一、受力不均匀，导致设备投入运行后壳体漏气问题突出，需进一步提高壳体制造工艺要求，明确相关试验考核要求。

案例：220kV 某变电站 GIS 设备因焊接工艺控制不良，设备壳体砂眼、裂纹等问题突出，严重影响设备安全稳定运行。

户外组合电器设备法兰盘密封、防水工艺不到位，无法满足户外运行要求，导致法兰槽锈蚀、密封胶圈老化、法兰连接处漏气问题频发，需进一步明确气密性考核相关试验要求。

（2）具体措施。

1）所有壳体在打磨、喷漆等表面处理之前，应进行例行水压试验和气密检测。标准的试验压力应是 k 倍的设计压力，这里的系数 k 随外壳材质不同而取值不同。对于焊接的铝外壳和焊接的钢外壳 k=1.3；对于铸造的铝外壳和铝合金外壳 k=2.0。试验压力至少应维持 1min，试验期间不应出现破裂或永久变形。

2）所有的金属焊缝均应进行 X 射线探伤，对无法实现的部位，可用超声波或荧光着色剂方法探伤。

3）应严格控制法兰对接面现场注胶（脂）工艺，法兰对接面不宜采用涂胶工艺，注胶（脂）前所有螺栓应紧固并完成力矩校核，注胶后胶液应从所有螺栓孔均匀溢出。

4）GIS 设备制造厂应提供所有壳体的水压、气密检测和焊缝探伤试验报告或见证试验结果证明。

6. 提升防爆膜运行可靠性

（1）现状及需求。

部分厂家组合电器断路器、隔离开关、电压互感器、避雷器及电缆气室未设置防爆膜，不能有效释放气室内部放电造成的气体膨胀压力，可能造成气室受损；防爆膜因质量缺陷、疲劳寿命下降、安装工艺问题，常在未达到额定爆破压力前爆破，影响设备正常运行；部分防爆膜喷口朝向巡视通道，存在伤及运行巡视人员风险。相关案例见案例 1~ 案例 2。

需进一步明确加装防爆膜的气室、防爆膜喷口朝向、材质与寿命要求，加强安装工艺控制，防止防爆膜受外力非正常爆破。

案例 1：220kV 某变电站由于防爆膜本身质量缺陷或疲劳寿命下降，导致防爆膜未达到额定爆破压力低气压爆破，爆破情况如图 3–31 所示。

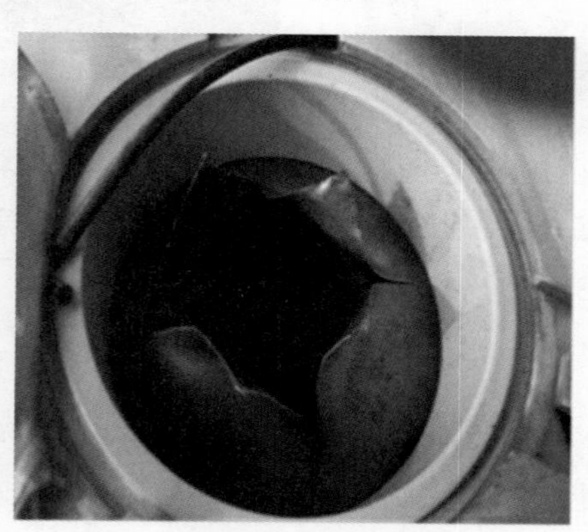

图 3–31　寿命下降导致防爆膜破裂

案例 2：330kV 某变电站 33052 隔离开关 A 相静触头均压罩对罐体放电，SF_6 密度继电器压力指示为零，A 相气室防爆膜破裂。造成爆破片异常破损原因是由于爆破片在制造厂装配过程中装配质量不良，使爆破片曲面部位的尺寸出现偏差造成曲面损伤，导致爆破片在低压状态下破裂，如图 3–32 所示。

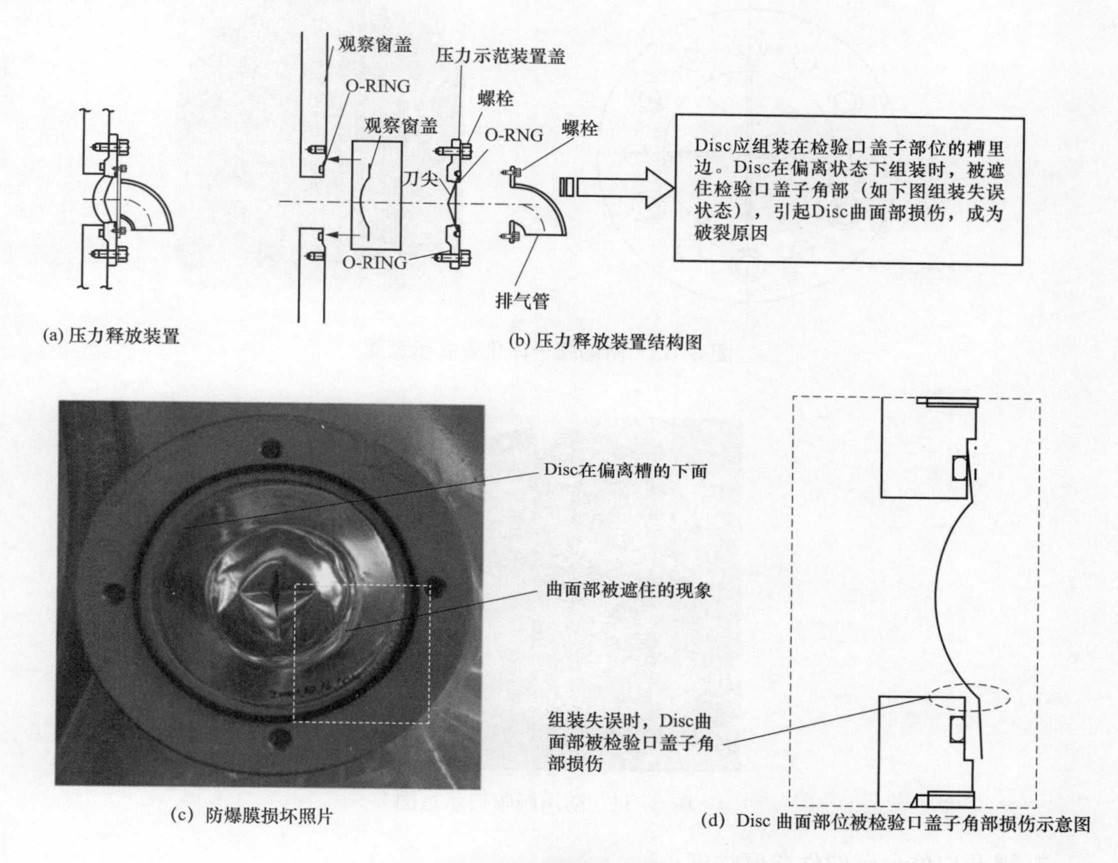

(a) 压力释放装置　　(b) 压力释放装置结构图

(c) 防爆膜损坏照片　　(d) Disc 曲面部位被检验口盖子角部损伤示意图

图 3–32　防爆膜损坏

（2）具体措施。

1）厂家应提供防爆计算说明书，断路器、隔离开关、电压互感器、避雷器及电缆气室必须安装防爆膜。

2）防爆膜应采用不锈钢或镍合金材质，寿命应与设备本体寿命一致。

3）防爆膜应采用与法兰一体化安装设计，如图 3–33 所示，不应现场单独安装。

4）防爆膜喷口不能朝向巡视通道，必须加装喷口弯管，如图 3–34 所示，以免伤及运行巡视人员。

5）安装前应检查并确认防爆膜是否受外力损伤，防爆膜泄压挡板的结构和方向应避免运行中积水、结冰、误碰。

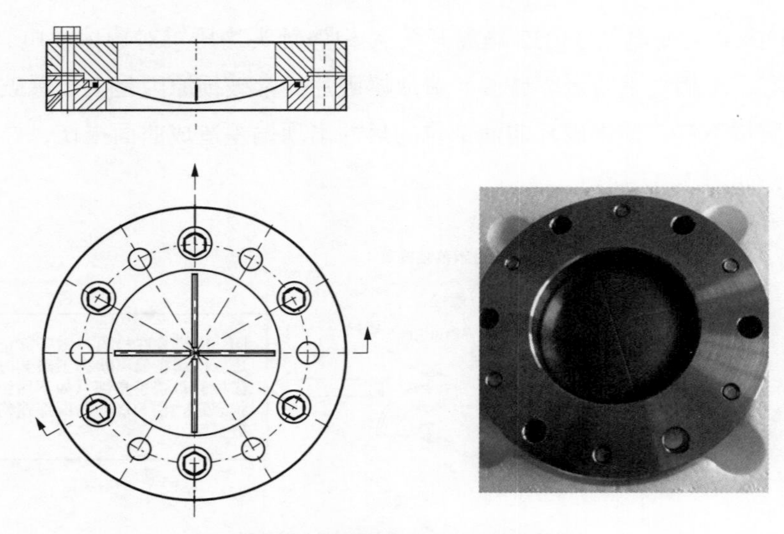

图 3-33　防爆膜一体化安装示意图

图 3-34　防爆膜喷口示意图

7. 提升户外金属部件防腐性能

（1）现状及需求。

绝大多数厂家 GIS 的金属部件材质、防腐涂层、防雨设计难以满足户外运行要求，GIS 设备普遍存在壳体、汇控柜以及部分传动部件锈蚀现象，造成本体漏气、机构受潮、元件受损、操动机构拒动、误动等故障频发，日常运维检修工作量不减反增，完全不能达到理论上所谓的免维护或少维护要求。部分厂家 HGIS（T）设备的金属部件材质难以满足户外运行要求，HGIS（T）设备普遍存在隔离开关连杆、拐臂、万向节锈蚀现象，导致机构卡涩、拒动。相关案例见案例 1~ 案例 5。

需进一步明确部件材料选择，涂层工艺及防雨设计要求，提升户外金属部件防腐性能，明确腐蚀性能的具体试验要求。

案例 1：220kV 某变电站户外布置 GIS 设备运行 6 年腐蚀严重，220kV 某变电站户内 GIS 设备运行 6 年，设备状态良好，如图 3-35 所示。

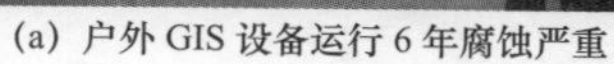

(a) 户外 GIS 设备运行 6 年腐蚀严重

(b) 户内 GIS 设备运行 6 年状态良好

图 3–35　户外、户内布置方式锈蚀情况对比图

案例 2：220kV 某变电站，使用普通碳钢汇控柜外壳，锈蚀严重，使用不锈钢材质汇控柜外壳基本无锈蚀，如图 3–36 所示。

(a) 使用普通碳钢底部锈蚀

(b) 使用不锈钢无锈蚀

图 3–36　不同材质汇控柜锈蚀对比

案例 3：220kV 某变电站接地开关拐臂外露、防腐性能差、大面积锈蚀，如图 3–37 所示。经查，腐蚀原因为厂家材质、防水设计不满足户外运行条件。

图 3–37　接地开关拐臂外露、锈蚀严重

案例 4：110kV 某变电站多次发生 HGIS（T）隔离开关连杆、拐臂、万向节锈蚀问题，造成电机烧毁、分合闸不到位故障，如图 3-38 所示。

(a) 机构至本体主传动连杆两侧万向节示意图

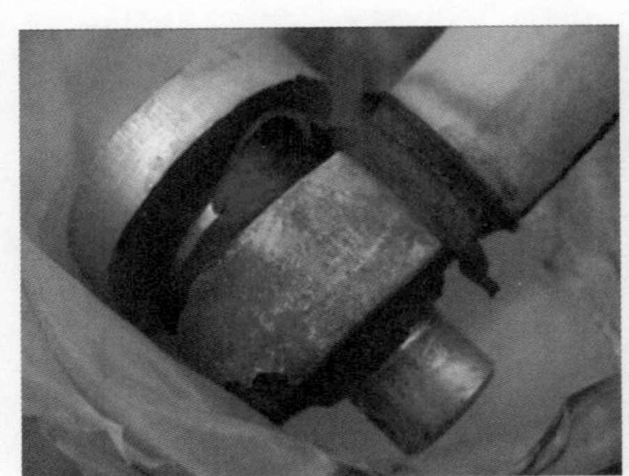

(b) 万向节锈蚀卡涩

(c) 连杆拐臂、拐背球头锈蚀

图 3-38　HGIS(T) 设备锈蚀严重

案例 5：220kV 某变电站室外运行 5 年，胶槽内积水，螺栓锈蚀、密封圈老化问题严重，如图 3-39 和图 3-40 所示。经查锈蚀原因为厂家设计水平、元件材质、安装工艺等因素不满足室外长期运行要求。

图 3–39　户外 GIS 螺栓锈蚀图

图 3–40　带防水垫圈螺栓

（2）具体措施。

1）GIS 设备壳体应使用不锈钢或铝合金，且应涂防腐涂层，防腐涂层厚度不应小于 120μm。

2）汇控柜、端子箱、机构箱壳体及线槽应使用 304L 不锈钢或铝合金，不锈钢钢板厚度不小于 2mm，尺寸允许偏差满足 GB/T 708—2019《冷轧钢板和钢带的尺寸、外形、重量及允许偏差》的 B 级精度要求。

3）外露的金属连杆及拐臂应使用不锈钢、铝合金或热镀锌件，热镀锌层最小厚度不应低于 70μm，外露的传动连接部位应加装防雨罩。

4）螺栓应使用不锈钢或镀件，镀层厚度参考 GB/T 13912—2020《金属覆盖层钢铁制件热浸镀锌层技术要求及试验方法》执行，如表 3–4 所示，螺孔应采用防水垫圈或涂胶（脂）等有效的防水措施。

表 3–4　经离心处理的镀层厚度最小值

制件及其厚度（mm）		镀层局部厚度（μm）	镀层平均厚度（μm）
螺纹件	直径不小于 20	45	55
	6 不大于直径小于 20	35	45
	直径小于 6	20	25
其他制件（包括铸铁件）	厚度不小于 3	45	55
	厚度小于 3	35	45

注：1. 本表为一般的要求，紧固件和具体产品标准可以有不同要求（见 GB/T 13912—2020 4.1.2g）。
2. 采用爆锌代替离心处理或同时采用爆锌和离心处理的镀锌制件（见 GB/T 13912—2020 附录 C.4）。

5）制造厂应提供所有外露金属件的耐盐雾、漆膜附着力试验报告。耐盐雾试验应满足DL/T 1425—2015要求，腐蚀等级为C1、C2、C3时，中性盐雾试验应不小于720h；腐蚀等级为C4、C5时，中性耐盐雾试验应不小于1000h；漆膜附着力试验参考GB/T 9286—1998（ISO2409）执行，不低于1级。

8. 提升操动机构可靠性

（1）现状及需求。

弹簧机构内弹簧受材质、加工工艺等因素影响，弹性输出变化大，易产生误动、拒动情况，需加强弹簧机构特性试验要求。相关案例见案例1。

案例1：500kV某变电站由于合闸弹簧材质不良，弹簧自身性能发生变化，使得断路器在合闸操作时，出现合闸不到位情况，如图3-41和图3-42所示。

(a) C相合闸位置传动拉杆位置

(b) 正常相传动拉杆位置

图3-41　合闸是否到位对比图

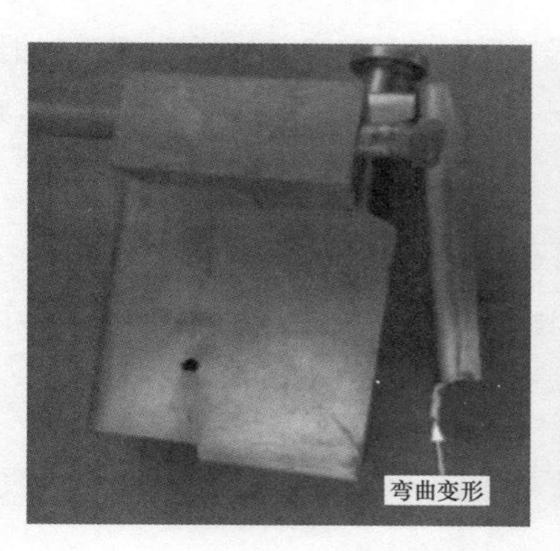

图3-42　防慢分装置导向杆发生变形

断路器防慢分装置由于材质以及润滑脂涂抹工艺不满足要求，机构操作时拉杆和导杆承受巨大的摩擦力，导致拉杆弯曲变形，防慢分装置失灵问题突出，无法保持合闸状态，需提

高防慢分装置可靠性。

气动操动机构在操作时操作功较大，在运行中容易对附近盆式绝缘子等设备产生冲击，导致绝缘子事故。由于气动操动机构本身的缺陷，需在后期逐渐更换淘汰气动操动机构。相关案例见案例2。

案例2：110kV某变电站发生断路器损毁事故，经查该断路器为气动操动机构，在操作时其操作功较大，会对其附近盆式绝缘子造成损伤，长期作用会使得盆式绝缘子产生裂纹进而引发事故，断路器烧毁解体照片如图3-43所示。

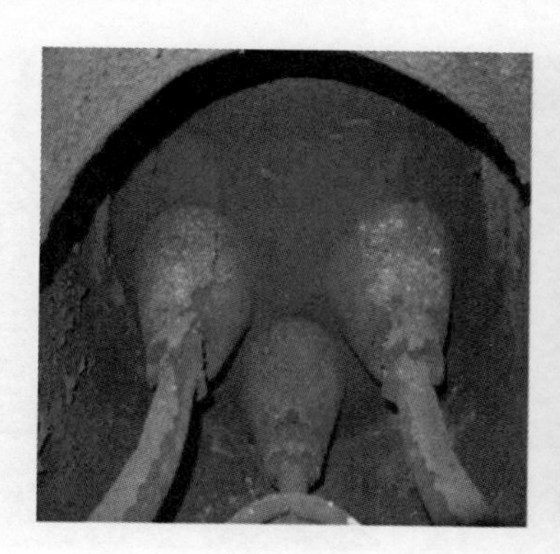

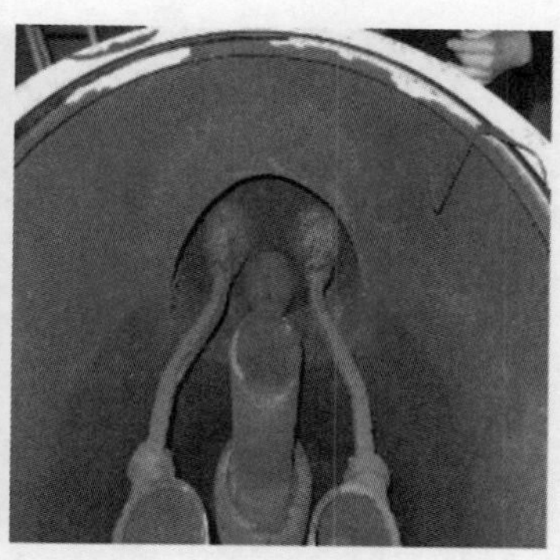

图3-43　断路器烧毁

（2）具体措施。

1）操动机构分合闸弹簧的技术指标应符合GB/T 23934—2015的要求，其表面宜为磷化电泳工艺防腐处理，涂层厚度不应小于90μm，附着力不小于5MPa；拐臂、连杆、传动轴、凸轮材质应为镀锌钢、不锈钢或铝合金，表面不应有划痕、锈蚀、变形等缺陷。

2）液压机构应综合考虑状态评价及制造厂要求开展大修，更换密封件、清洗油箱，更换或过滤液压油。

3）机构各转动部分应涂以适用于当地气候条件的二硫化钼锂基润滑脂，按照制造厂要求定期开展机构检查保养，防止机构卡涩。

4）全面淘汰气动机构产品。

5）隔离开关（接地开关）在电机回路失电时，控制回路不应自保持。

9. 提升汇控柜、机构箱防护能力

（1）现状及需求。

机构箱、汇控柜防护能力不足、密封不严，柜（箱）内元件未采用阻燃材料、驱潮加热装置配置不当等问题易造成箱内元件受潮、二次元器件老化加速、绝缘降低、接点腐蚀等，严重时造成二次回路短接或断开，导致断路器误动或拒动，引发电网事故。

需要制造厂改进机构箱（汇控柜）防雨、防潮、防高温、防寒、防风沙以及防火等设计，加强材质选择及制造工艺控制。

（2）具体措施。

1）户内机构箱的防护等级不低于 IP44，户外机构箱（汇控柜）的防护等级不低于 IP55 的要求。

2）所有汇控柜、操动机构箱门高超过 600mm 的门锁应采用新型三点式门锁（具有锁栓、上下插杆机构和上下曲柄滑块机构）。

3）汇控柜门、操动机构箱门应采用向外弯边或上翘设计的导流设计；箱门的上下边沿应有下弯沿进行导流；顶部应设计成倾角，防止雨水堆积，如图 3–44 所示。

图 3–44　机构箱防雨设计

4）台风地区及西部风沙大地区呼吸孔应采用迷宫式设计，如图 3–45 所示。箱柜密封条应采用 Ω 气囊式密封条，如图 3–46 所示。

图 3–45　迷宫式 M 形呼吸

图 3–46　Ω 气囊式密封条

5）观察窗的密封圈应为抗紫外性能良好的耐候性橡胶密封圈，如图 3–47 所示，如三元乙丙橡胶，且应使用整段式密封圈，中间不得有接缝。

6）顶盖和箱底内部结构应采用双层结构。

7）为缩小柜（箱）体内部的温差，减少低柜（箱）体内部凝露，应在箱体内壁、顶盖、箱门或其夹层整体加装阻燃泡沫材料进行隔热保温，覆盖面积不小于总面积的 90%，如图 3–48 所示。

图 3-47　观察窗整段式密封圈（不接缝）

图 3-48　柜门及柜顶加装阻燃泡沫材料

8）制造厂家应根据机构箱、汇控柜的容积计算出加热板功率及安装位置，并提供计算依据。

9）机构箱内应有完善的驱潮防潮装置，应采用多个低功率（≤ 50W/ 只）加热器分布布置。加热器连续工作寿命至少达到 100 000h，可触及加热器表面温升不超过 30K。供应商应提供分布式加热器布置位置和数量的仿真计算报告，在相对湿度 75%、降温 6K/h 时，箱内不应出现凝露。

10）加热器电源和操作电源应分别独立设置，以保证切断操作电源后加热器仍能工作；加热器的安装位置与其他二次元器件（含电缆）的净空距离应不小于 50mm。

11）设备出厂时应抽检淋雨试验，试验方法参照 GB/T 2423.38—2008 执行，试验时监造人员必须旁站监督，并在监造报告中提供设备淋雨试验和试验后设备情况的照片。

12）所有二次元件外壳应采用取得 3C 认证的 V0 级阻燃材质，防止元件自身发热引发火灾。

13）应综合考虑状态评价及制造厂要求，更换二次元器件、密封件等易损元件，建议 8~10 年更换一次。

14）机构箱、汇控柜应采用铜材质的二次端子排。多股软线应采用搪锡铜鼻子压接。

15）端子排的各端子间应有能耐 600V 的绝缘隔离层，跳闸和合闸回路、直流（+）电源和跳闸回路不能接在相邻端子上；每个端子应有标记牌，为与出线电缆连接，应装备 $4mm^2$ 或更大的、带有绝缘套的压接式的端子接头。一个端子只允许一根接线。

10. 提升户外二次接口防水性能

（1）现状及需求。

部分 GIS 设备机构箱航空插头未加装防雨罩，高挂低用等问题突出，且插头处密封不良，容易进水导致二次元件受潮、锈蚀、直流接地甚至误动、拒动，需提高密封性及安装要求。

案例：110kV 某变电站二次电缆护套设计不合理，积水严重，如图 3–49 所示。

图 3–49　二次护套设计不合理

部分电流互感器接线端子箱倾斜布置，密封缝隙向上，盖板锁紧装置不牢固，容易造成端子箱进水，存在极大安全隐患，需优化安装方式。

（2）具体措施。

1）户外 GIS 的航空插头的防护等级不应低于 IP68。

2）户外 GIS 的航空插头插接部位、密度传感器及互感器的二次进线盒应加装防雨罩，防雨罩应覆盖本体及接头处，防止进水受潮，电流互感器二次接线盒、密度传感器、航插防雨罩加装效果对比分别如图 3–50~ 图 3–52 所示。

(a) 加装防雨罩

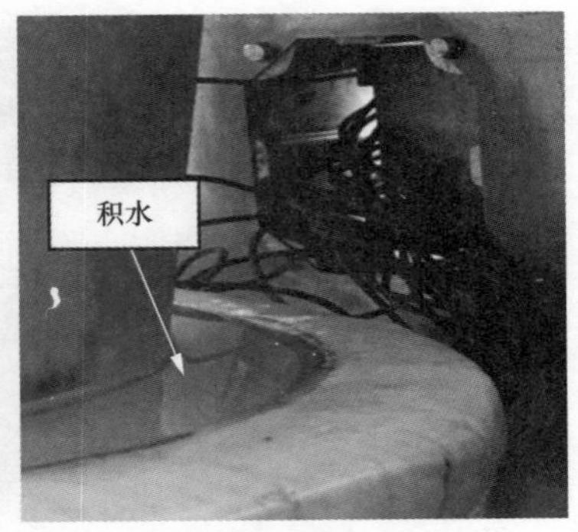

(b) 没有防雨罩积水

图 3–50　电流互感器二次接线盒防雨罩加装效果对比

图 3-51　密度传感器防雨罩效果

图 3-52　航插防雨罩效果

3）航空插头不允许“高挂低用”。

4）二次电缆护套应采用不锈钢金属软管，并具备完备的通风、透气、不积水措施。护套与设备连接部分的接头应采取有效的密封措施。

5）互感器接线盒底部应设置带有防尘措施的出水孔，户外 GIS 设备电流互感器二次绕组应内置。

6）二次电缆槽盒下端应预制排水孔，避免槽盒内积水；为避免潮气沿槽盒垂直通道自然上升，应在电缆槽盒的顶端（槽盒与机构箱、端子箱）或在上端两侧预制 5~6 个 Φ1mm 的通风孔，形成烟囱效应以便潮气从高层部分渗出，如图 3-53 所示。

11. 提升设备现场安装环境控制水平

（1）现状及需求。

组合电器设备在安装过程中对空气清洁度及湿度等环境因素都有较高的要求，但设备现场安装过程中往往为了赶工期，土建和安装交叉进行，安装环境完全不能满足组合电器装配工艺要求，导致组合电器设备异物闪络故障率占比最高。相关案例见案例 1~ 案例 2。

图 3-53　二次电缆槽盒预制排水口示意

需进一步加强安装环境控制，保证安装质量，明确安装环境具体要求。

案例 1：某特高压变电站，500kV GIS 内部异物引发多起设备内部放电事故，如图 3-54 所示。

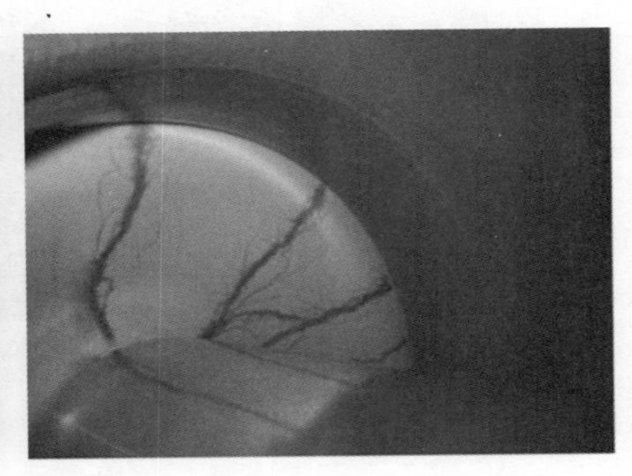

图 3-54 内部异物引发放电事故

案例 2：某 500kV 变电站在进行操作合 1 号主变压器 50211 隔离开关时，500 kV Ⅰ母线差动动作，隔离开关气室内有灰尘杂质，导致发生放电故障，如图 3-55 所示。

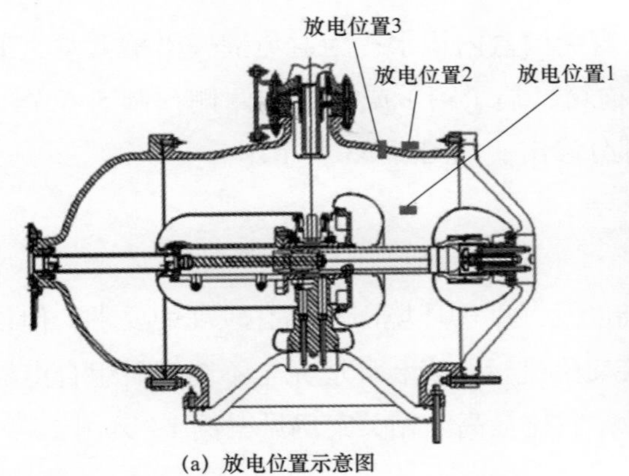

(a) 放电位置示意图

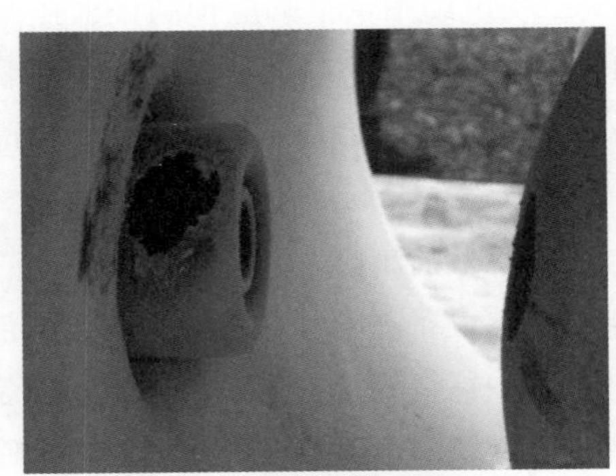

(b) 设备现场照片

图 3-55 隔离开关单元放电位置示意图

（2）具体措施。

1）户外安装的 GIS 设备应由厂家提供防尘室进行现场安装，防尘室包括 GIS 室、防尘棚、移动装配车间等，如图 3-56 所示。

2）GIS 设备厂家应编制 GIS 安装作业指导书、负责提供防尘室和环境监测设备、专用仪器设备。

3）防尘室内温度应在 -10~40℃之间，空气相对湿度小于 80%，洁净度在百万级以上。

4）GIS 的孔、盖等打开时，必须使用防尘罩进行封盖。安装现场环境不满足以上要求或相邻部分正在进行土建施工等情况下应停止安装。

图 3-56　移动装配车间

12. 提升设备检修试验便捷性

（1）现状及需求。

1）GIS 隔离开关与母线共气室，电压互感器、避雷器及电缆仓隔离开关配置不当，充气接头标准不一、户内布置未配置行车等情况。相关案例见案例 1~ 案例 6。

案例 1：220kV 某变电站电压互感器、避雷器无隔离开关或隔离断口，如图 3-57 所示，耐压试验需将电压互感器、避雷器拆除。

案例 2：500kV 某变电站母线与隔离开关共气室，隔离开关故障时停电范围大，如图 3-58 所示。

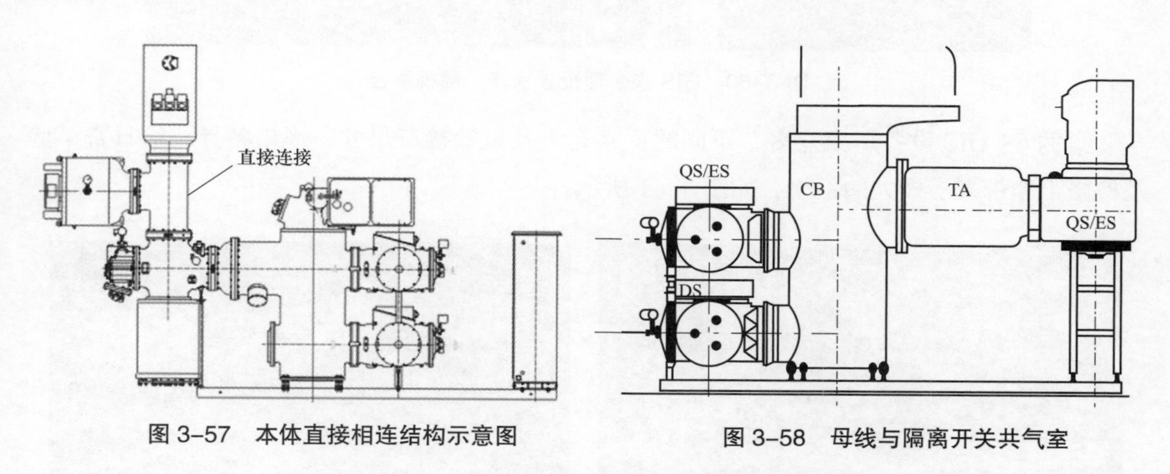

图 3-57　本体直接相连结构示意图　　图 3-58　母线与隔离开关共气室

案例 3：110kV 某变电站由于 520 断路器未配置双侧接地开关，在线路未停电情况下，520 断路器无法开展回路电阻、机械特性测试等例行试验项目。

案例 4：目前绝大部分 GIS 设备室未配置检修用行车，如图 3-59 所示，而且部分 GIS 设备安装在二楼位置，也无法使用汽车吊等方式，GIS 设备解体检修极为不便，且存在极大的安全与质量风险。

图 3-59 室内无检修用行车组合电器解体检修困难

案例 5：220kV 某变电站 GIS 设备未合理配置检修、巡视平台，运维检修极为不便，如图 3-60 所示。

图 3-60 GIS 未合理配置检修、巡视平台

案例 6：GIS 设备厂家众多，不同的厂家充气及试验接口尺寸、规格各异，给日常试验及检修工作带来了极大的不便，如图 3-61 所示。

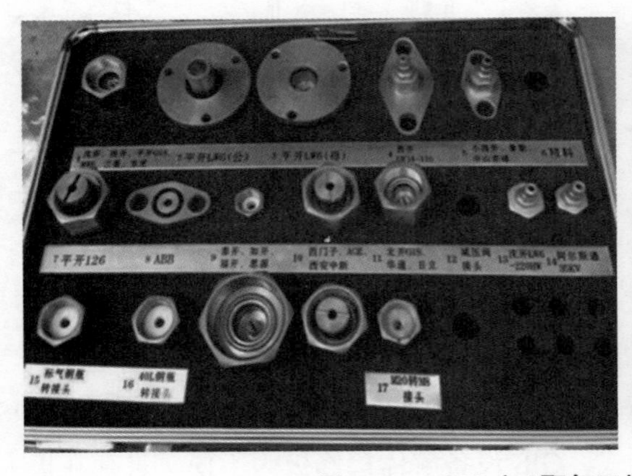

图 3-61 GIS 充 / 取气口规格各异，充气嘴种类多样

2）GIS 各个间隔之间间隙过窄，相间预留空间不足一人宽，隔离开关机构箱安装密集，操作空间有限，无法正常开展检修，如图 3-62 所示。

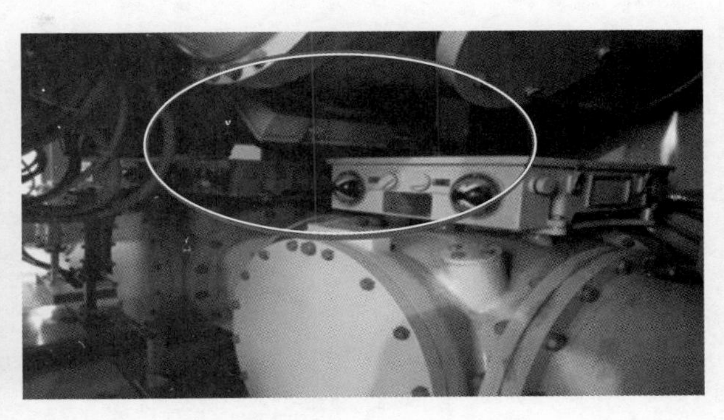

图 3-62　布局不合理、不便检修

3）HGIS（T）设备断路器及两侧隔离开关均封闭在 SF_6 绝缘罐体内，且进出线套管间距离近，停电检修需母线及线路陪停，供电可靠性差。部分 HGIS（T）设备未配置独立表计，且充气接口不统一。相关案例见案例 7~ 案例 8。

案例 7：110kV 某变电站 HGIS（T）设备为三相分箱结构，电缆仓为独立气室，但三相电缆仓均未配置密度继电器，设备运行中无法监测电缆仓内 SF_6 气体压力，如图 3-63 所示。

案例 8：220kV 某变电站采用新一代智能变电站典型设计，220kV 侧及 66kV 侧均无线路隔离开关，变电站一次接线图如图 3-64 所示，如间隔断路器或电流互感器检修、故障处理时，需整线停电，多座变电站失去双电源供电，可靠性降低，单电源变电站将被迫陪停，造成负荷损失。

图 3-63　HGIS（T）设备电缆仓未配置密度继电器

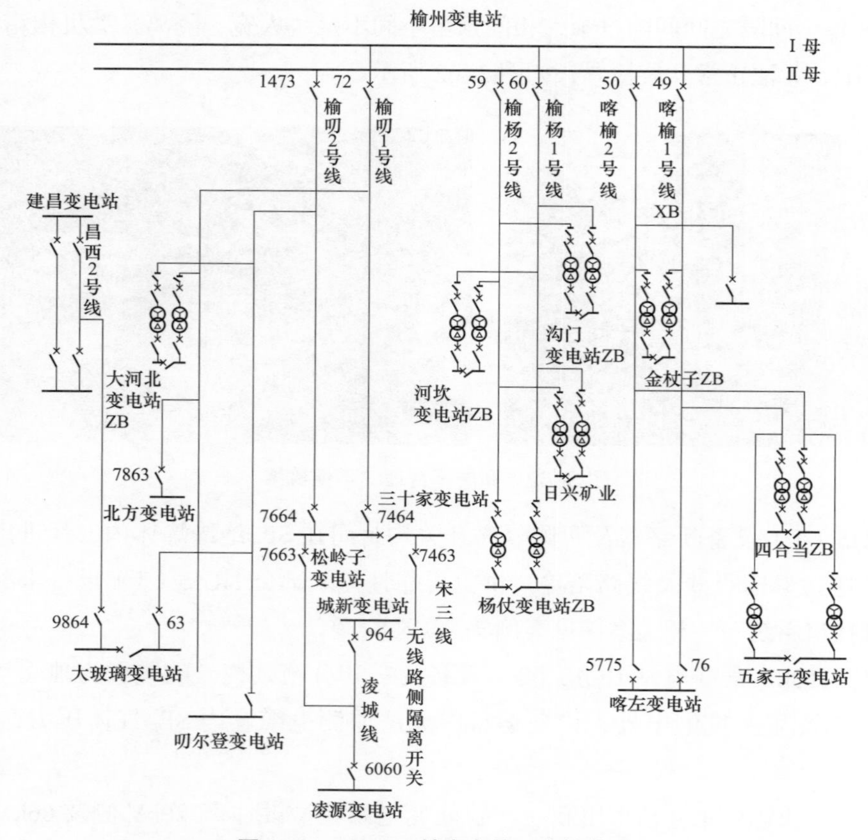

图 3-64 220kV 某变电站一次接线图

以上问题造成设备检修、试验陪停范围过大，解体风险过高，检修时间过长，运检效率过低，急需进一步明确相关要求。

（2）具体措施。

1）出线间隔应配置出线隔离开关；GIS 的内置电压互感器和避雷器应设置独立隔离开关，如图 3-65 所示；架空出线的线路电压互感器及避雷器应采用外置结构；电缆仓应设置检修专用手动操作隔离断口。推荐采用三倍频交流耐压试验检验电压互感器绝缘水平，耐压值为 80% 出厂耐压值。

2）母线隔离开关应设置独立气室。

3）为便于主回路开展回路电阻测试，GIS 断路器两侧应配置接地开关，接地开关三相应分别绝缘引出接地。

4）每一个独立气体隔室应装有单独的气体密度继电器、压力表，分箱结构的断路器每相应设计成独立气室并安装独立的密度继电器。每一个独立的母线气室均应装设独立的密度继电器，不允许多个母线气室或不同相母线气室通过管路连通共用一个密度继电器。

5）户内布置的 GIS 应同步配套设置行车，行车的荷载应满足最大运输单元吊装要求。为便于 GIS 安装、巡视和检修，应根据用户需求配置检修平台和巡视便桥。

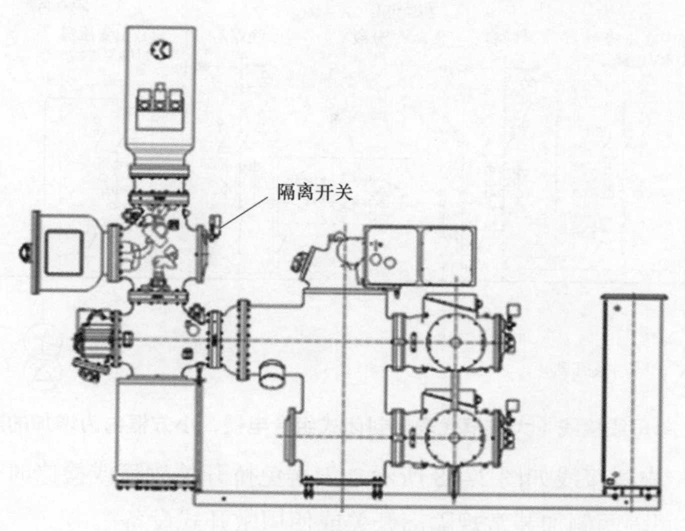

图 3-65　隔离开关结构示意图

6）密度传感器与设备本体之间的连接方式应满足不拆卸校验的要求，建议选用通用公制 SF_6 充 / 取气接口。

7）HGIS 出线间隔应配置出线隔离开关。

8）应完善不同电网接线方式下 HGIS（T）设备的选用配置要求。

a. 双母线接线方式。双母线接线方式如图 3-66 所示，HGIS（T）的母线隔离开关气室应与断路器气室独立，采用两个隔离开关气室和一个断路器气室结构，避免任一气室故障造成两条母线同时跳闸。

为避免设备更换时双母线同停影响对外供电，设备安装位置应避免处于两条母线中间，分段间隔上方不应有母线和架构以便于吊车吊装。

两组母线 A、C 相间距离不应小于 4m，避免更换或检修时双母线同时停电。

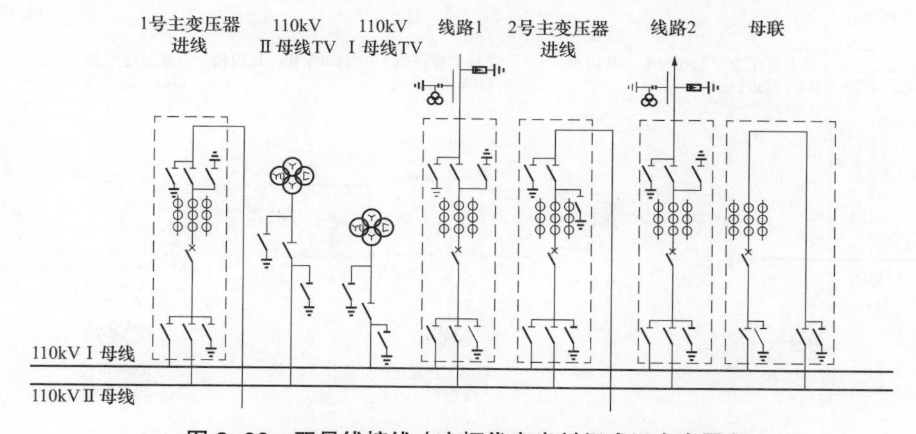

图 3-66　双母线接线（方框代表半封闭式组合电器）

b. 单母线分段接线。单母线分段接线如图 3-67 所示，为避免分段间隔故障或检修时导致双段母线同时停电，建议分段间隔两侧加装常规隔离开关或使用敞开式设备。

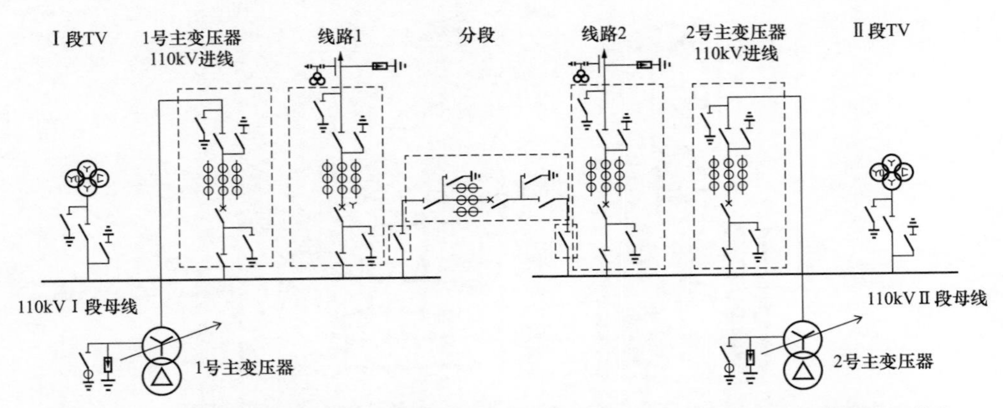

图 3-67　单母线接线（大方框代表半封闭式组合电器，小方框内为增加的隔离开关）

c．内桥接线。内桥接线如图 3-68 所示，为避免桥开关故障或检修时导致双段母线同时停电，建议桥开关间隔两侧加装常规隔离开关或使用敞开式设备。

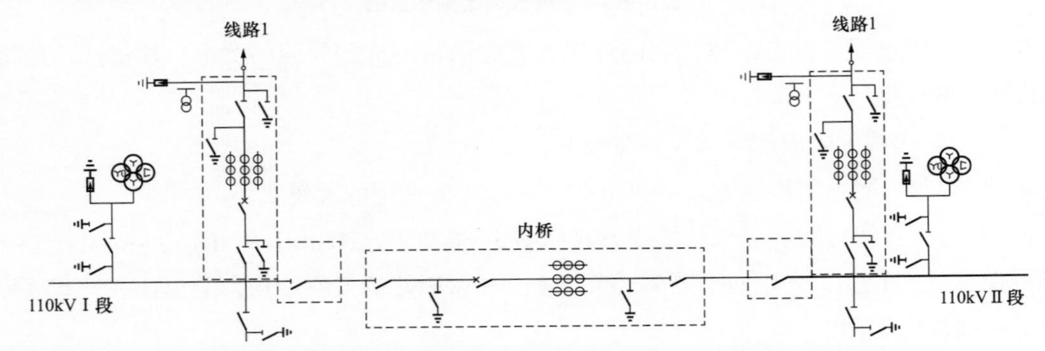

图 3-68　内桥接线（长方形框代表半封闭式组合电器，正方形框内为增加的隔离开关）

d．扩大内桥接线。扩大内桥接线如图 3-69 所示，每个桥开关间隔应增加一组常规隔离开关，避免检修时两条母线同时停电。

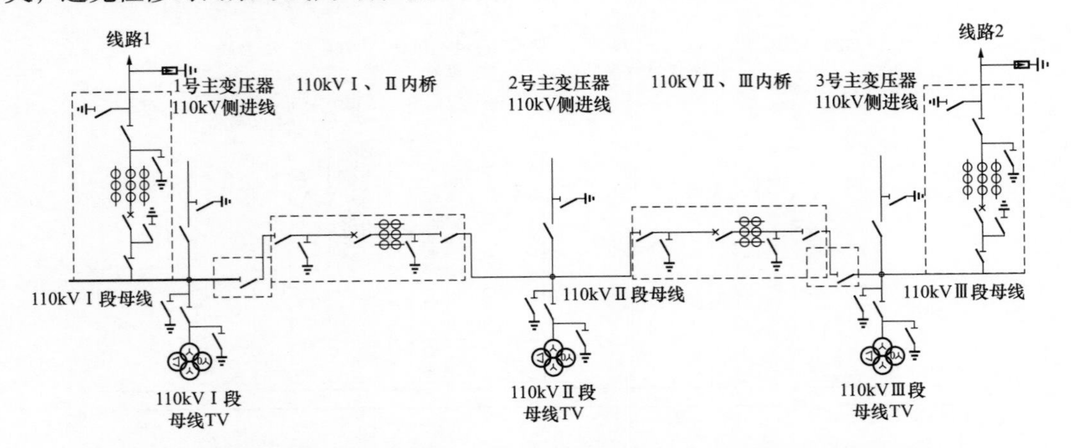

图 3-69　扩大内桥接线（大方框：半封闭式组合电器，小方框内：增加的隔离开关）

e．线路变压器组。线路变压器组接线方式如图 3-70 所示，方式简单，检修灵活，可直接使用。

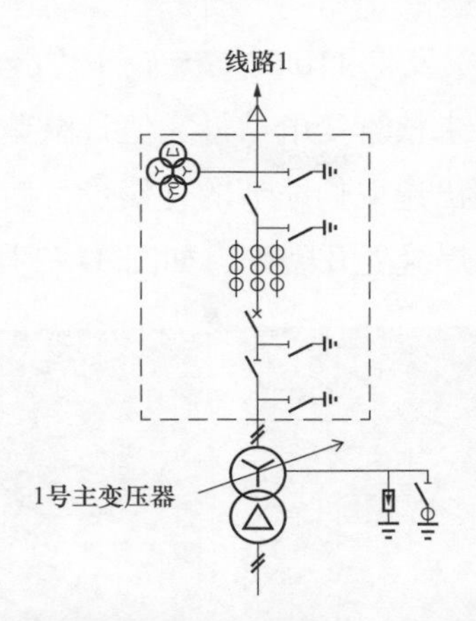

图 3-70 线路变压器组接线（方框：半封闭式组合电器）

3.3.2 组合电器可靠性提升措施专用部分

1. 提升 GIS 和 HGIS 设备温度补偿能力

（1）现状及需求。

大部分厂家 GIS 伸缩节设计、选型不当，安装工艺不满足要求等问题突出，使得伸缩节不能发挥应有温度补偿作用，造成 GIS 支撑断裂、漏气等故障。因 HGIS 不含母线气室，其伸缩节均为安装型，安装工艺不当易造成伸缩节漏气等故障缺陷。相关案例见案例 1~ 案例 2。

需明确伸缩节的设计、选型、材质及工艺要求，加大对伸缩节选取依据（设备伸缩量与伸缩节补偿量对应关系）的监督检查力度，进一步明确厂内相关试验要求及安装工艺要求。

案例 1：220kV 某变电站 GIS 设备支架及工字钢存在严重变形。经查变形原因为 GIS 主母线气室连接伸缩节为普通安装型伸缩节，伸缩节无法完全补偿因安装孔距超差和热胀冷缩作用等产生的伸长位移，母线筒明显向两端头延展，延展力使两端头的母线筒支撑柱倾斜，并通过母线隔离开关间接作用在断路器间隔的支撑工字钢上，导致两端头的工字钢各自向外明显倾斜，如图 3-71 所示。

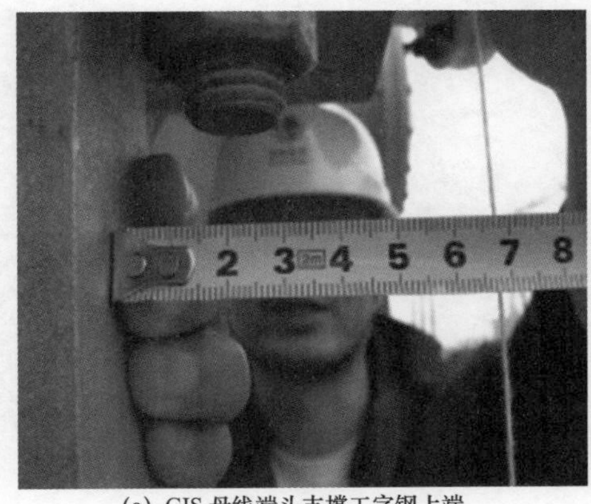

(a) GIS 母线端头支撑工字钢上端

(b) 支撑工字钢下端

图 3-71 工字钢倾斜变形

案例 2：220kV 某变电站多次发生 110kV GIS 底座焊缝开裂、波纹管与壳体焊缝处开裂等缺陷。原因是厂家在设计时，未核算变电站最大值日温差或年温差下壳体的变形量，在温度变化较大时，壳体的变形量超出选取伸缩节的补偿量，使得底座、壳体长期受力，最终导致底座焊缝开裂、波纹管与壳体焊缝处开裂等，如图 3-72 所示。

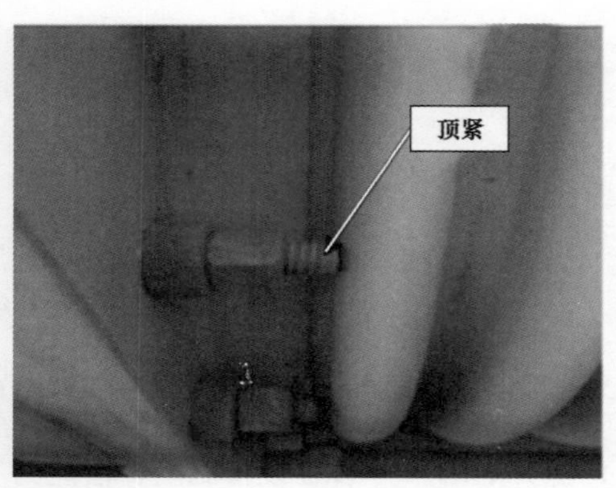

图 3-72　伸缩节变形

（2）具体措施。

1）规范 GIS 伸缩节设计选型，制造商应根据伸缩节在 GIS 设备中的作用，选择不同型式的伸缩节（普通安装型、压力平衡型和横向补偿型），并给出伸缩节的补偿量，在设备招标技术规范书中明确。

2）制造厂应根据设计提出的变电站日温差或年温差最大值计算出壳体的变形量，重点关注长母线及 L 型分支母线对接位置；并综合考虑伸缩节的补偿量，确定伸缩节选型及设置数量，提供 GIS 设备伸缩量计算说明书及现场安装作业指导书。

3）设备安装时，伸缩节的调整应充分考虑当前环境温度与运行最高、最低温度的差异，制造厂应给出伸缩节可补偿范围，并在现场做好明显的标识，如图 3-73 所示，防止设备投入运行后，伸缩节调节超出补偿范围。

图 3-73　带位置指示伸缩节

4）伸缩节波纹管的材料应选用标号不小于 304 的不锈钢，对于大气腐蚀达到 C4 级、

C5 级应分别选用 316 和 316L 不锈钢。

5）伸缩节两侧法兰端面平面度公差不大于 0.2mm，密封平面的平面度公差不大于 0.1mm，伸缩节两侧法兰端面对于波纹管本体轴线的垂直度公差不大于 0.5mm。

6）对伸缩节中的直焊缝应进行 100% 的 X 射线探伤，环向焊缝进行 100% 着色检查，缺陷等级应不低于 JB/T 4730.5 规定的 I 级。

7）伸缩节制造厂家在伸缩节制造完成后，应进行例行水压试验，试验压力为 1.5 倍的设计压力，到达规定试验压力后保持压力不少于 10min，伸缩节不得有渗漏、损坏、失稳等异常现象；试验压力下的波距相对零压力下波距的最大波距变化率应不大于 15%。

2. 提升 GIS 设备全寿命周期效益

（1）现状及需求。

根据对设备厂家调研结果，GIS 设计初衷均为户内布置，但是在规划建设阶段过于压缩前期一次性建设成本，绝大部分 GIS 设备采用户外布置方式。长期运行经验表明，GIS 设备制造、安装工艺水平无法满足户外运行要求，户外 GIS 设备缺陷率远远高于户内 GIS 设备，后续运维检修费用远大于前期房屋建设成本。需从全寿命周期效益最优、成本最低的角度出发，适当提高前期建设投资标准。

案例：220kV 某变电站户外布置 GIS 设备腐蚀严重，如图 3-74 所示。

(a) 壳体锈蚀　(b) 盖板腐蚀　(c) 支架腐蚀　(d) 刀闸机构锈蚀

图 3-74　户外布置 GIS 进水、受潮、锈蚀严重（一）

(e) 伸缩节螺栓腐蚀

(f) 导电连接处腐蚀

(g) 汇控柜箱体腐蚀

(h) 二次电缆穿管腐蚀

(i) 后传动部件锈蚀

(j) 机构箱齿轮锈蚀

(k) TA 端子箱密封不严进水

图 3-74 户外布置 GIS 进水、受潮、锈蚀严重（二）

（2）具体措施。

1）220kV 及以下电压等级 GIS 站，应全面采用户内布置方式。330kV 及以上电压等级 GIS 站，尽可能采用户内布置方式。如 GIS 站确需户外布置的，应采用半封闭组合电器（HGIS）。

2）对于 110kV 及以下 GIS 站可采用预制舱技术。预制舱采用模块化设计、工厂化加工、装配式安装，一次、二次厂内预制、现场即插即用，可大幅缩短现场安装工期，有效降低现场安装风险，预制舱如图 3-75 所示。

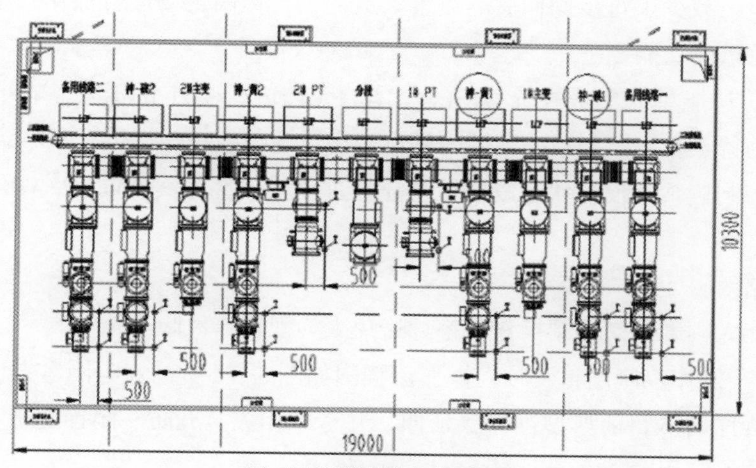

(a) 110kV 预制舱单母分段布置

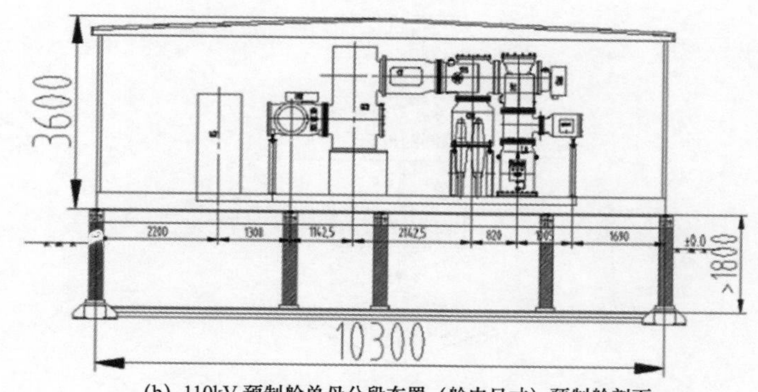

(b) 110kV 预制舱单母分段布置（舱内尺寸）预制舱剖面

(c) GIS 预制舱舱内实景

图 3-75　预制舱

3.4 组合电器智能化发展重点

通过对运检单位、制造厂家、科研机构调研，共提出智能化发展重点 10 项。

3.4.1 推进组合电器顺控技术

（1）现状及需求。

顺控技术是在典型操作票基础上，通过后台程序化操作完成设备运行方式的调整，避免人为误操作风险，减少了每步操作后的运维人员复核，提高现场运行操作效率，是新一代智能变电站智能化重要功能之一。

组合电器各功能单元集成在充满 SF_6 气体的壳体内，受外界环境影响小，其全电动操作、连锁可靠的特点及厂家制造一致性的优点，为实现顺控操作提供了基本条件。

复杂操作控制逻辑、设备状态复核策略还需进一步研究，实现调控一体化操作，大幅提高运检效率。

（2）技术路线。

顺控操作能大幅度提高倒闸操作效率、避免人为误操作风险。

1）完善复杂操作控制逻辑，顺控操作流程图如图 3–76 所示。电网运方情况复杂，各种工况下的控制程序需从目前典型操作票延伸，并考虑相关“五防”闭锁逻辑关系，完善 GIS 各种操作组合的控制程序。

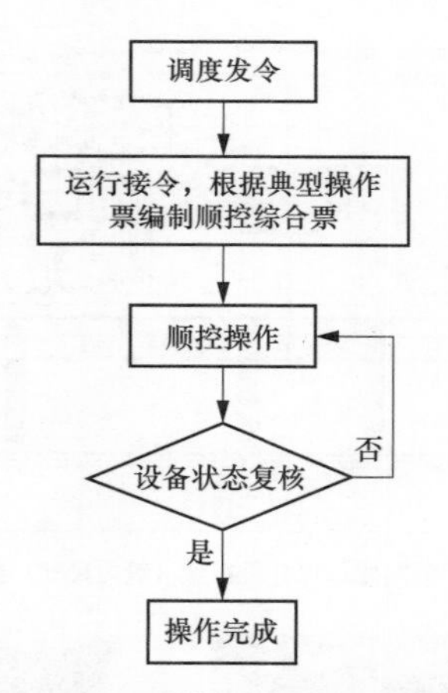

图 3–76 顺控操作流程示意图

2）提高设备操作可靠性。组合电器顺控的重点是提高一、二次装置操作可靠性及设备机构稳定性，保证设备操作可靠。

3）完善设备状态复核策略。实施基于多种信息融合的设备状态确认，如位置状态信号、电流信号、电压信号、现场复核（含机器人）等，进而取消运维人员现场核实设备状态步骤。

需完善设备位置确认逻辑，各种信号判定状态的优先级；需完善设备本体位置状态指示，便于机器人巡视确认；需完善设备位置状态复核后的应急处置逻辑（针对操作状态未满足逻辑控制要求）。

4）加强顺控检查。开展顺控检查，主动发现程序控制系统问题，确保设备程序操作可靠。

3.4.2　推进 SF_6 气体压力示数远传表计应用

参照本书 1.4.1 节。

3.4.3　推进金属氧化物避雷器在线监测系统应用

（1）现状及需求。

由于氧化锌避雷器长期承受工频电压、冲击电压及内部受潮等因素的作用而趋于老化，使其绝缘特性遭到破坏，表现为泄漏电流增加，引起热崩溃，致使氧化锌避雷器发生爆炸。

流过氧化锌避雷器的泄漏电流主要有容性电流和阻性电流，其中容性电流占主要成分；而氧化锌避雷器因受潮或老化后，主要是阻性电流起变化（一般表现为泄漏电流增加）。目前避雷器装设的电流表只能测量流过避雷器本体的全电流，不能监测阻性电流的微小变化。如果仅检测全电流，其阻性电流的微小变化将被大得多的容性电流所淹没，检测的灵敏度很低，往往不能发现早期的缺陷和故障。

需通过在线监测手段实时监测避雷器本体中流过的阻性电流分量，提早发现缺陷和故障。

（2）技术路线。

避雷器在线监测系统是通过监测其泄漏全电流和泄漏阻性电流来判断避雷器老化、受潮程度，系统结构示意图如图 3–78 所示。当避雷器运行正常时，其阻性电流很小，一般只占泄漏全电流的 10% 以内。当避雷器发生老化或者受潮后，泄漏电流和阻性电流增大，阻性电流增加明显，当阻性电流值增加两倍以上时，避雷器需要立即更换，进行安全检查。避雷器在线监测系统可以准确分析判断阻性电流分量，提前发现设备出现异常情况，大幅减轻一线员工的工作负担。

在线监测技术成熟，已有成熟的产品在系统应用，技术难点主要在以下几个方面：

1）避雷器在线监测信号主要采用有线传输，避雷器数量多，布线工作量大。

2）GIS 运行中由于三相避雷器的位置靠得较近，相间杂散电容较大，需要通过技术手段降低误差。

3）由于避雷器在线监测装置需要从 TV 二次侧取电压相位信号，对电压相位提取装置的可靠性、安装工艺要求较高，否则会带来安全隐患。

3.4.4 试点 SF_6-N_2 混合气体绝缘封闭母线 GIB 技术应用

（1）现状及需求。

GIB 是采用 SF_6–N_2 混合气体绝缘、外壳与导体同轴布置的高电压、大电流电力传输设备，是变电站母线布置的可选方案。目前主流 GIS 设备制造厂已有混合气体绝缘的 GIB 产品，且相关设备已通过产品鉴定，具备试运行条件。但是 GIB 运行时间普遍较短，缺乏运维检修经验。需积累经验，制定完善相关标准、规范。

（2）技术路线。

采用 SF_6–N_2 混合气体作为绝缘介质的优势在于混合气体沸点较纯净 SF_6 气体高，可有效防止我国极寒环境下气体液化风险；可在一定程度上减少 SF_6 气体使用量，有利于降低 SF_6 气体的温室效应。

混合气体相关技术较成熟，但 SF_6 在混合气体中的含量、混合气体压力值、混合气体的分层、补气以及温升问题还有待进一步研究解决。

3.4.5 试点 GIS 断路器机械特性在线监测技术应用

参照本书 1.4.1 节。

3.4.6 试点数字化采样（电子式互感器）技术应用

（1）现状及需求。

电子式互感器分有源和无源两种形式，与组合电器配套可采用内置和外置两种形式安装。有源电子式互感器一般包括 Rogowski 线圈原理电流互感器和电容分压原理电压互感器，无源电子式互感器包括全光纤电流互感器和光学电压互感器。

智能变电站电子式互感器的问题主要集中在有源电子式互感器抗干扰及高压侧运行维护工作复杂、难度大；无源型电子式电流互感器的问题主要集中在易受温度变化、振动等环境因素影响，准确性受磁场影响大，稳定性差等。

目前需进一步研究有源电子式互感器抗干扰能力，提升无源电子式互感器环境适应性、兼容性和可靠性，探索电子式互感器与一次设备集成应用技术，规范与二次接口接入标准。

（2）技术路线。

1）GIS 用有源型电子式互感器只能采用内置方式，三箱、分箱均有应用方案。有源电子式互感器采用整体（包括罐体、采集器、采样线圈）设计、生产、制造、试验。罐体集成了采集器和采样线圈，采样获得的模拟小信号在很短的距离传输至采集器，具有没有磁饱和优势。两端通过变径法兰和盆式绝缘子能方便地和不同的 GIS 厂家配合，与 GIS 安装接口简单，如图 3–77 所示。

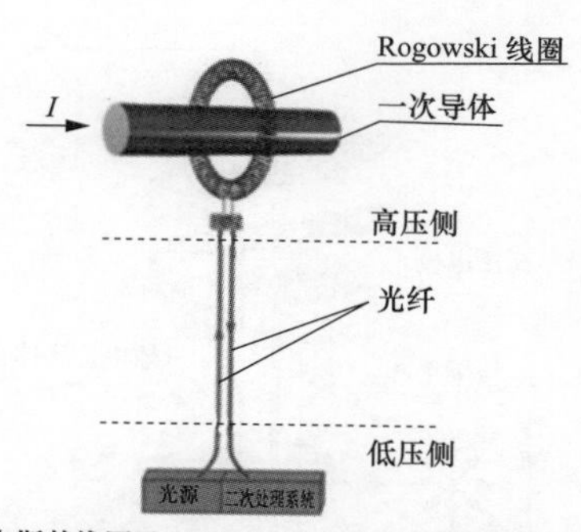

(a) 罗夫斯基线圈及 LPCT 原理电子式电流互感器

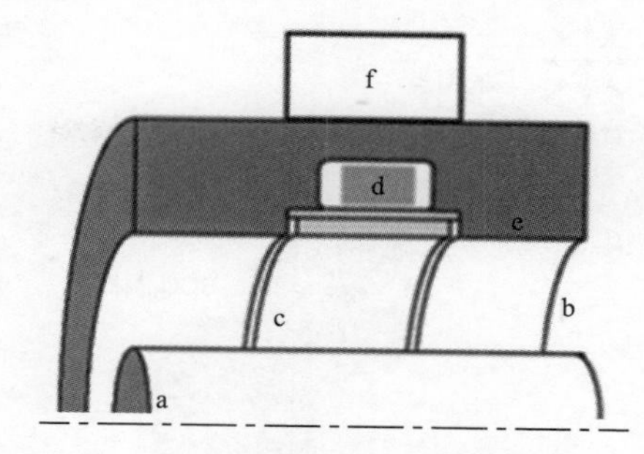

(b) 电容分压原理电子式电压互感器

(c) 有源电子式互感器

(d) 应用现场

图 3-77　有源电子式互感器

a—一次导体；b—SF6 气体；c—电容环；d—线圈；e—接地外壳；f—采集器

2）GIS 用无源型电子式电流互感器内置、外置均可，无源型电子式电压互感器采用独立罐体与 GIS 集成式或采用母线罐体嵌入式，均属内置式，三箱、分箱均有应用方案。无源电子式互感器完全实现了光电隔离，实现了本质安全和强绝缘能力，具有突出的抗电磁干扰性能。主流无源电子式互感器的基本原理如图 3-78 所示。

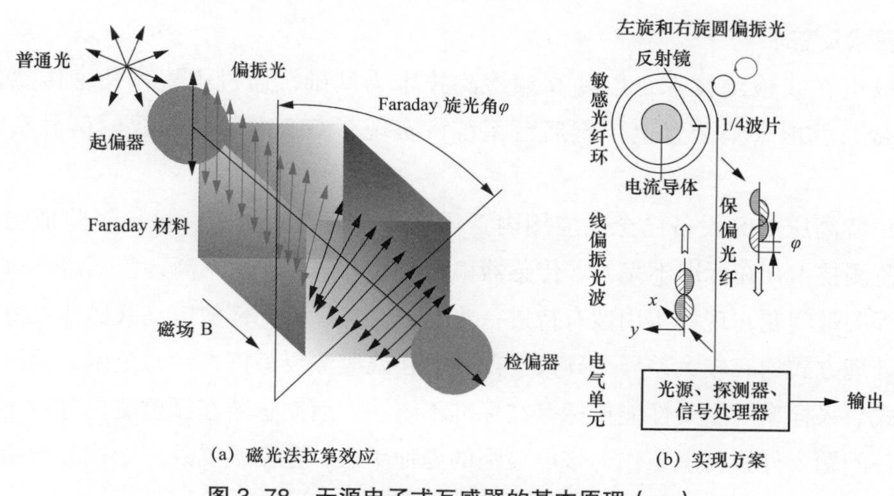

(a) 磁光法拉第效应　　(b) 实现方案

图 3-78　无源电子式互感器的基本原理（一）

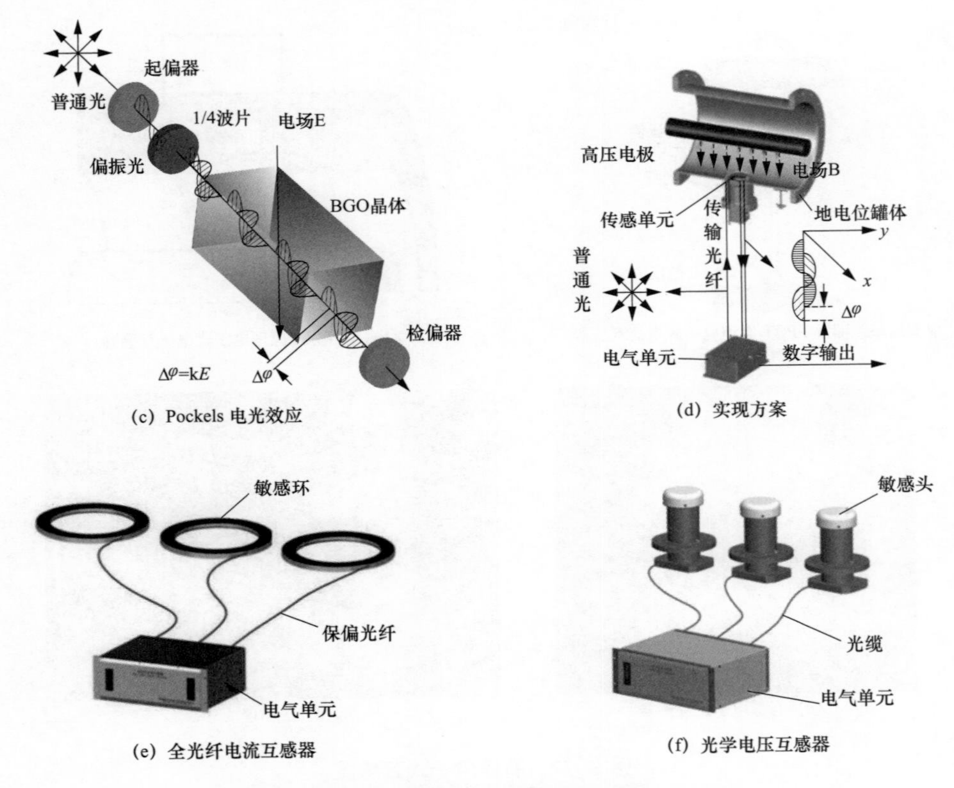

图 3-78 无源电子式互感器的基本原理（二）

3.4.7 研究 SF_6 气体微水在线监测系统应用

参照本书 1.4.1 节。

3.4.8 研究局部放电在线监测技术应用

（1）现状及需求。

局部放电在线检测技术是以特高频检测技术为基础，通过内置、外置传感器采集局部放电信号，就地采集装置上传至后台系统，实现对 GIS 内部局部放电信号实时监测的功能。

目前，特高压 GIS 设备已全面应用内置传感器在线监测系统，运行经验证明现有局部放电在线监测技术存在标准不完善，传感器稳定性差，信号误发率高，传感器寿命与 GIS 本体不一致等关键问题，现场实用性有待进一步验证。各厂家局部放电在线监测系统原理、接口、信号处理方式均有较大差异，导致局部放电在线监测灵敏度、动态范围、频段选择、噪声消除方式、采样率等主要性能指标存在标准不统一。后期选装在线监测信号收集单元面临选型困难等问题。外置传感器作为带电检测的延伸手段，也面临受外界干扰导致检测准确性低下等问题。

因此，需进一步研究在线监测技术标准统一、传感器可靠性及软件分析系统的稳定性，并基于大数据分析研究绝缘异常变化趋势及绝缘缺陷的智能诊断。

（2）技术路线。

在线监测不受设备运行情况和时间的限制，可以连续检测设备绝缘状态，一旦设备出现绝缘缺陷能及时发现并跟踪检测，特别是针对间隙性的局部放电信号进行有效捕捉并对异常信号的发展进行统计分析，检修人员根据缺陷趋势变化及时制订并调整检修策略。

3.4.9 研究 GIS 与二次设备接口标准化应用

（1）现状及需求。

目前智能变电站中，智能设备尚未实现一、二次融合设计的理念。汇控柜通过大量的电缆与一次设备本体连接，电缆的设计、敷设、连接和调试，需要大量的工作量，影响变电站的建设效率、工期和工程质量。同时由于目前电缆回路缺乏标准化，不同厂家、不同工程及同一个工程不同间隔的接线均不相同，严重影响工程设计、设备制造和现场安装调试的效率，对日后工程的维护也是巨大的挑战。此外装置和装置间的信号传递，仍然需要经过虚拟回路的设计、配置和验证等过程，相关工作量仍然巨大，以一个变电站20个间隔为例，需要设计和配置的信号和回路达到近4000个，工作非常庞杂，并且容易出错。

因此二次接口的标准化对降低施工、调试、运维工作强度及难度十分必要。

（2）技术路线。

二次接口标准化主要实现：GIS 设备中断路器 / 隔离开关机构箱对外接口标准化，电缆预置化，即插即用；设计标准化高防护即插即用的合智一体装置（合并单元与智能终端一体化，即远端模块）；设置断路器本体终端，实现断路器二次回路智能化；在合并单元智能终端中推广双数据流冗余处理技术。一、二次设备接口标准化及即插即用提升了设计、施工、试验和运维各个环节的效率，合智一体装置的应用降低了智能设备对运行环境的苛刻要求，双数据冗余处理，印制电路板、密封继电器等技术的应用，使得设备运行可靠性大大提高，减少了断路器拒动的风险。

一次、二次设备相互独立，专业化程度能够得到保障；保护、测控装置的运行环境能够得到良好的控制，运行可靠性高，维护方便；智能一次设备的设计、安装、调试、维护性得到提升。特点如下：

1）采用软连锁，取消跨间隔的电气连锁。

2）GIS 机构的电气接口、原理统一。

3）智能终端、合并单元的原理、结构、接口统一。

4）保护、测控配置在主控室中。

3.4.10 研究伺服电机驱动技术试点应用

参照 1.4.1 节。

3.5 组合电器设备对比及选型建议

3.5.1 组合电器设备对比

以国家电网典型设计方案为基础，按电压等级分别对比各类设备优缺点，其中 110kV 设备按单母分段接线方式考虑，220kV 设备按双母线接线方式考虑，330kV 及以上设备按 3/2 断路器接线方式考虑（330kV 及以上设备以 500kV 电压等级典型设计为例），分析比较户内 / 户外 GIS、HGIS、HGIS（T）、AIS 等设备优缺点，各电压等级典型设计对比表如表 3–5 所示。

表 3–5 各电压等级典型设计对比表

典设 电压等级（kV）	接线方式	设备构成（以典设为例）	备注
110kV	单母分段接线方式	进出线间隔设备组成：1 个母线单元（三相共箱）、1 台断路器、7 组（出线间隔）/6 组（进线间隔）隔离开关（其中出线含 1 组快速接接地开关）、1 台电压互感器（仅出线含）、1 组 TA。母线设备（共 2 回）间隔：1 个母线单元（三相共箱）、3 组隔离开关（其中含 1 组快速接接地开关）、1 台 TV。分段间隔（共 1 回）设备组成：1 台断路器、2 组隔离开关、3 相 TA。常规类设备：进出线间隔配置 3 相常规 TV、3 相常规避雷器	（1）110kV 配电装置的远景规模按照“4 线 3 变”考虑。 （2）避雷器、TV 考虑外置布置
220	双母线接线方式	进出线间隔设备组成：2 个母线单元（三相分箱 / 共箱）、1 台断路器、3 组（出线间隔）/2 组（进线间隔）隔离开关（其中出线含 1 组快速接接地开关）、3 相 TV（仅出线含）、3 相 TA。母联间隔（共 1 回）设备组成：2 个母线单元（三相分箱 / 共箱）、2 组隔离开关、3 相 TA。母线设备（共 2 回）间隔：2 个母线单元（三相分箱 / 共箱）、3 组隔离开关（其中含 1 组快速接地开关）、3 相 TV。常规户外设备及数量：每路进出线配置 3 相常规 TV、3 相常规避雷器	（1）配电装置的远景规模按照“8 线 3 变”考虑。 （2）避雷器、TV 考虑外置布置

续表

典设 电压等级（kV）	接线方式	设备构成（以典设为例）	备注
330 及以上	3/2 接线方式	2 个母线单元（三相分箱）、3 台断路器、16 组隔离开关、6 相母线电压互感器（仅 1 个完整串内含）、18 相电流互感器。常规户外设备及数量：每路进出线配置 3 相常规电压互感器、3 相常规避雷器	（1）以一个完整串为例，GIS 母线电压互感器一般会与 1 个完整串的设备本体一体化布置。 （2）快速接地开关数量视配串情况确定，本对比中暂按常规接地开关考虑；远景按照“8 线 3 变”考虑

1. 优缺点对比

（1）性能对比（110kV）。110kV 户内（外）GIS、HGIS、HGIS（T）及 AIS 性能对比见表 3–6。

表 3–6　　110kV 户内（外）GIS、HGIS、HGIS（T）及 AIS 性能对比表

设备类型 设备性能	GIS		HGIS	HGIS（T）	AIS	综合比较
	户内	户外				
最大额定开断电流 /kA	40	40	40	40	40	各类型设备参数相当
最大额定电流 /A	4000	4000	4000	4000	4000	各类型设备参数相当
设备占地 /m^2	1044	1044	1840	1840	2019.28	GIS 占地面积最小，约是 HGIS 的 57%、AIS 的 52%
SF_6 气体用量 /kg	1393	1393	1160.8	612	64	SF_6 气体用量，GIS 约为 AIS 的 22 倍，HGIS 约为 AIS 的 18 倍
设备充气套管数量 / 个	21	21	48	48	24	GIS 套管使用最少，约是 HGIS 的 43.75%，AIS 的 87.5%
局部放电要求	≤ 5pC	≤ 5pC	≤ 5pC	≤ 5pC	≤ 5pC	各类型设备参数相当
断路器电寿命 / 次	20	20	20	20	20	各类型设备参数相当
断路器机械寿命 / 次	10000	10000	10000	10000	10000	各类型设备参数相当

续表

设备性能 \ 设备类型	GIS		HGIS	HGIS（T）	AIS	综合比较
	户内	户外				
结构形式	断路器分箱、母线共箱	断路器分箱、母线共箱	三相分箱	三相分箱	—	

（2）性能对比（220kV）。220kV 户内（外）GIS、HGIS、HGIS（T）及 AIS 性能对比见表 3-7。

表 3-7　220kV 户内（外）GIS、HGIS、HGIS（T）及 AIS 性能对比表

设备性能 \ 设备类型	GIS		HGIS	HGIS（T）	AIS	综合比较
	户内	户外				
最大额定开断电流 /kA	50	50	50	50	50	各类型设备参数相当
最大额定电流 /A	5000	5000	5000	5000	5000	各类型设备参数相当
设备占地 /m^2	2337.4	2337.4	6299.25	6299.25	10044	GIS 占地面积最小，约是 HGIS 的 37%、AIS 的 23%
SF_6 气体用量 /kg	5180	5180	4080	2967.6	252	SF_6 气体用量，GIS 约为 AIS 的 20 倍，HGIS 约为 AIS 的 16 倍
设备充气套管数量 / 个	33	33	72	72	36	GIS 套管使用最少，约是 HGIS 的 45.83%，AIS 的 91.6%
局部放电要求	≤ 5pC	≤ 5pC	≤ 5pC	≤ 5pC	≤ 5pC	各类型设备参数相当
断路器电寿命 / 次	20	20	20	20	20	各类型设备参数相当
断路器机械寿命 / 次	10000	10000	10000	10000	10000	各类型设备参数相当
结构形式	三相分箱 / 母线三相共相、断路器分箱	三相分箱 / 母线三相共相、断路器分箱	三相分箱	三相分箱	—	

（3）性能对比（330kV 及以上）。330kV 及以上户内（外）GIS、HGIS、HGIS（T）及 AIS 性能对比见表 3–8。

表 3–8　　330kV 及以上户内（外）GIS、HGIS 及 AIS 性能对比表

设备类型 设备性能	GIS		HGIS	AIS	综合比较
	户内	户外			
最大额定开断电流 /kA	63	63	63	63	各类型设备参数相当
最大额定电流 /A	6300	6300	6300	5000	GIS、HGIS 最高额定电流高于 AIS，更适用电网发展需要
设备占地 /m^2	10241	10241	13075	25981	GIS 占地面积最小，约是 HGIS 的 78%、AIS 的 39%
SF_6 气体用量 /kg	65340	65340	49244	3840	SF_6 气体用量，GIS 约为 AIS 的 17 倍，HGIS 约为 AIS 的 13 倍
设备充气套管数量 / 个	33	33	66 ~ 96（按 3 种不同方式）	96	GIS 套管使用最少，约是 HGIS 的 34% ~ 50%、AIS 的 34%
局部放电要求	≤ 5pC	≤ 5pC	≤ 5pC	≤ 5pC	各类型设备参数相当
断路器电寿命 / 次	20	20	20	20	各类型设备参数相当
断路器机械寿命 / 次	10000	10000	10000	10000	各类型设备参数相当
结构形式	三相分箱	三相分箱	三相分箱	三相分箱	330kV 及以上组合电器均为分箱结构

2. 安全性对比

110kV 及以上户内（外）GIS、HGIS、HGIS/T 及 AIS 安全性对比如表 3–9 所示。

表 3-9　110kV 及以上户内（外）GIS、HGIS、HGIS（T）及 AIS 安全性对比表

设备类型 / 安全性	GIS		HGIS			HGIS（T）			AIS			综合比较
	户内	户外	110kV	220kV	500kV	110kV	220kV	500kV	110kV	220kV	500kV	
防外力破坏能力	设备集成度高，防外力破坏能力最强	比户内 GIS 弱	与 GIS 相比，母线裸露在外，防外力破坏能力比 GIS 低			与 HGIS 相近	与 HGIS 相近	—	敞开式设备，间隔内设备裸露在外，防外力破坏能力最差			防外破能力 GIS 高，HGIS 与 HGIS（T）较高，AIS 低
防爆性	有防爆膜，可有效防止爆炸产生的本体受损。仅进线、出线配置套管，非灭弧室防爆性能好	与户内 GIS 相同	有防爆膜，可有效防止爆炸产生的本体受损。防爆性能较好			有防爆膜，可有效防止爆炸产生的本体受损。防爆性能较好		—	有防爆膜，可有效防止爆炸产生的本体受损。防爆性能较好			防爆性 GIS 高，HGIS、HGIS（T）较好，AIS 低
			与 GIS 相比，套管增加 27 支	与 GIS 相比，套管增加 39 支	与 GIS 相比，套管增加 33~63 支	与 GIS 相比，套管增加 27 支	与 GIS 相比，套管增加 39 支	—	与 GIS 相比，套管增加 24 支	与 GIS 相比，套管增加 36 支	与 GIS 相比，套管增加 96 支	
温室效应影响	同等规模的设备 GIS 用气量最多	与户内 GIS 相同	约是 GIS 的 83.3%	约是 GIS 的 78.7%	约是 GIS 的 75.4%	约是 GIS 的 44%	约是 GIS 的 57%	—	约是 GIS 的 4.6%	约是 GIS 的 4.9%	约是 GIS 的 5.9%	温室气体用量 GIS 大，HGIS 次之，HGIS（T）较大，AIS 最少

3. 可靠性对比

110kV 及以上户内（外）GIS、HGIS、HGIS（T）及 AIS 可靠性性对比如表 3-10 所示。

表 3-10 110kV 及以上户内（外）GIS、HGIS、HGIS（T）及 AIS 可靠性对比表

设备类型 / 可靠性	GIS		HGIS	HGIS（T）				AIS	综合比较
	户内	户外		110kV	220kV	500kV			
缺陷率	免维护设备，户内布置缺陷率最低	户外布置锈蚀、漏气率、操作误动拒动缺陷率较高，缺陷率仅低于 AIS	母线、避雷器、电压互感器裸露在外，缺陷率低于户外 GIS，高于户内 GIS	与 HGIS 缺陷率持平	与 HGIS 缺陷率持平	—	敞开式设备，间隔内设备均裸露在外，缺陷率最高	户内 GIS 缺陷率最低，AIS 缺陷率最高，HGIS、HGIS/T 缺陷率较户外 GIS 低	
消缺涉及范围	全封闭结构，设备集成度高，解体检修需相邻间隔降压，母线隔离难度大，停电范围最大，停电时间最长	与户内 GIS 相同	半封闭结构，相比于 GIS，母线、避雷器、电压互感器裸露在外，解体检修需相邻间隔降压，与 GIS 相比母线隔离较简单，停电范围较小，停电时间较短	与 HGIS 相同	与 HGIS 相同	—	敞开式设备，可对故障设备进行隔离，消缺停电范围最小	GIS 消缺涉及范围最大，AIS 最小，HGIS/HGIS（T）适中	

4. 便利性对比

110kV 及以上户内（外）GIS、HGIS、HGIS（T）及 AIS 便利性对比如表 3-11 所示。

表 3-11 110kV 及以上户内（外）GIS、HGIS、HGIS（T）及 AIS 便利性对比表

设备类型 / 便利性	GIS		HGIS	HGIS（T）			AIS	综合比较
	户内	户外		110kV	220kV	500kV		
安装便利性	按功能单元运输，现场组装对接面多，安装工艺要求高，安装环境控制要求高	与户内 GIS 相同	按功能单元运输，现场组装对接面较 GIS 少，安装工艺要求较 GIS 低，安装环境控制要求较 GIS 低	与 HGIS 相近	与 HGIS 相近	—	AIS 设备相对独立，安装最为便捷	安装便利性，GIS 低，AIS 高，HGIS/HGIS（T）适中

续表

便利性 \ 设备类型	GIS		HGIS	HGIS（T）			AIS	综合比较
	户内	户外		110kV	220kV	500kV		
运维便利性	免维护、少维护设备，设备集成度高，具备顺控操作基础，在设备质量提升前提下，运维便利性高	与户内GIS相同	免维护、少维护设备，具备顺控操作基础，与GIS相比，需增加出线电压互感器、避雷器、母线运维工作，运维较便利	与HGIS相近	与HGIS相近	—	AIS设备，间隔内设备数量及种类较多，运维便利性较低	设备质量提升前提下，运维便利性GIS高，AIS低，HGIS/HGIS（T）适中
解体检修便利性	设备集成度高，解体检修需相邻间隔降压，母线隔离难度大，停电范围最大，停电时间最长	与户内GIS相同	设备集成度较高，解体检修需相邻间隔降压，与GIS相比母线隔离较简单，停电范围较小，停电时间较短	与HGIS相近	与HGIS相近	—	与GIS相比，AIS设备相对独立，停电范围最小，停电时间最短	解体检修便利性，GIS低，AIS高，HGIS/HGIS（T）适中
扩建便利性	涉及母线搭接，需原厂原配，扩建搭接复杂，停电时间长，扩建占地面积小	与户内GIS相同	与GIS相比，HGIS集成度较低，现场布置方式灵活，母线裸露在外，扩建较便利，停电时间短，扩建占地面积较大	与HGIS相近	与HGIS相近	—	与GIS相比，AIS配置灵活，母线裸露在外，扩建便利，停电时间短，扩建占地面积最大	扩建便利性GIS低，AIS适中，HGIS/HGIS（T）高

5. 一次性建设成本

一次性建设成本由设备采购成本、安装成本、购地成本、室内布置房屋建设成本。设备采购成本按照国家电网设备限额价，安装成本及室内布置房屋建设成本依据《2013年版电力建设工程定额估价表——电气设备安装工程》《电力建设工程装置性材料综合预算价格（2013年版）》和《电力建设工程装置性材料预算价格（上、下册）（2013年版）》，购地成本以某省购地平均价计算。110kV及以上户内（外）GIS、HGIS、HGIS（T）及AIS一次性建设成本对比如表3-12所示。

表 3-12　户内（外）GIS、HGIS、HGIS（T）及 AIS 一次性投资成本对比表

成本 \ 设备		GIS		HGIS	HGIS（T）	AIS
		户内	户外			
110kV 4线 3变	采购成本 / 万元	549	549	464	464	270
	安装成本 / 万元	22	22	19	19	34
	占地面积 / m^2	1044	1044	1840	1840	2019.28
	占地单价 / 万元 · m^{-2}	0.045	0.045	0.045	0.045	0.045
	土地成本 / 万元	46.98	46.98	82.8	82.8	90.8676
	房屋建设成本 / 万元	187.1	—	—	—	—
	总成本 / 万元	805.08	617.98	565.8	565.8	394.8676
220kV 8线 3变	采购成本 / 万元	2041.5	2041.5	1386	1386	806
	安装成本 / 万元	92.5	92.5	217	217	239
	占地面积 / m^2	2337.4	2337.4	6299.25	6299.25	10044
	占地单价 / 万元 · m^{-2}	0.045	0.045	0.045	0.045	0.045
	土地成本 / 万元	105.183	105.183	283.46625	283.46625	451.98
	房屋建设成本 / 万元	446.3	—	—	—	—
	总成本 / 万元	2685.483	2239.183	1886.46625	1886.46625	1496.98
330kV 及以上 8线3变，以 500kV 为例	采购成本 / 万元	9360	9360	5008		3234
	安装成本 / 万元	399	399	477	477	509
	占地面积 / m^2	10241	10241	13075	13075	25981
	占地单价 / 万元 · m^{-2}	0.045	0.045	0.045	0.045	0.045
	土地成本 / 万元	460.845	460.845	588.375	588.375	1169.145
	房屋建设成本 / 万元	1776.9	—	—	—	—
	总成本 / 万元	11996.745	10219.845	6073.375	6073.375	4912.145

6. 后期成本

110kV 及以上户内（外）GIS、HGIS、HGIS（T）及 AIS 后期成本对比如表 3–13 所示。

表 3–13 户内（外）GIS、HGIS、HGIS（T）及 AIS 后期成本对比表

设备类型 后期成本	GIS		HGIS	HGIS（T）			AIS	综合比较
	户内	户外		110kV	220kV	500kV		
运维成本	运维巡视工作量最小，设备免维护，运维成本最低	户外运行运维巡视工作量较大，设备缺陷率较高，运维成本较 HGIS/HGIS（T）高	与 GIS 相比，需增加出线电压互感器、避雷器、母线，巡视量比户内 GIS 大，运维成本较户内 GIS 高	与 HGIS 相近	与 HGIS 相近	—	与户外 GIS 相比巡视工作量最大，运维消缺成本最高	设备质量提升前提下，运维成本户内 GIS 最低，AIS 最高，HGIS/HGIS（T）适中
常规检修成本	全封闭结构，本体检修以试验为主，工作量少，常规检修成本低	全封闭结构，本体检修以机构解体大修为主，工作量少，常规检修成本低	半封闭结构，与 GIS 相比，增加母线、电压互感器、避雷器等设备检修工作量，常规检修成本较高	与 HGIS 相近	与 HGIS 相近	—	与 GIS 相比，间隔内设备数量及种类较多，需做检修和试验项目，检修成本最高	设备质量提升前提下，常规检修成本 GIS 低，AIS 高，HGIS/HGIS（T）适中
解体大修成本	全封闭设备解体检修成本高	故障率较高，户外设备解体检修成本较户内高	母线外露，避雷器、电压互感器外置，解体范围比 GIS 小，成本是 GIS 的 80% 左右	与 HGIS 相近	与 HGIS 相近	—	间隔内设备外露，解体检修成本 是 GIS 的 20% 左右	解体检修成本户外 GIS 最高，户内 GIS 次之，AIS 最低，HGIS/HGIS（T）适中

3.5.2　优缺点总结及选型建议

本节按照设备类型分别总结户内（外）GIS、HGIS/HGIS（T）、AIS 等设备优缺点，并提出相应电压等级的选型建议。

1.GIS 设备优缺点

（1）GIS 设备优点。GIS 为全封闭组合电器，具备顺控操作基础，220kV 及以上设备主要为三相分箱结构。各功能单元集成在壳体内，处于 SF_6 气体绝缘环境下，设备制造质量一致性好，设备占地面积小；额定电流高于 AIS，适应电网负荷发展需要；断路器灭弧室配置防爆膜，套管位于进出线间隔，整体防爆特性好。

（2）GIS 设备缺点。现场组装搭接面多，安装环境、工艺控制要求高；SF_6 用气量大，一旦泄漏对大气影响大；与 HGIS/HGIS（T）、AIS 相比消缺停电需相邻间隔降压陪停，停电时间长。

（3）GIS 户内、户外布置比较。GIS 户内布置与户外布置相比房屋建设成本增加，但占地成本减少，各电压等级一次性建设成本是户外布置的平均每 6~8 年实施一次大修（大修单间隔检修成本 50 万元，检修工时 40 人 · 日），每 3~5 年需进行整站防腐处理计算（防腐处理成本 20 万元），全寿命周期内增加解体大修成本 300 万元，检修工时 240 人 · 日；防腐处理成本 200 万元。而户内布置 GIS 属于免维护设备，全寿命总成本比户外布置 GIS 节约 160 余万元，如考虑停电时间减少带来的供电可靠性效益，总运行成本节约近 1000 万元。

综上所述，GIS 设备优先户内布置。

2.HGIS/HGIS（T）设备优缺点

（1）HGIS/HGIS（T）设备优点。HGIS/HGIS（T）为半封闭组合电器，具备顺控操作基础，其中断路器、隔离开关、电流互感器单元集成在壳体内，处于 SF_6 气体绝缘环境下，设备制造质量一致性好，设备占地面积较小；额定电流高于 AIS，适应电网负荷发展需要；断路器灭弧室配置防爆膜，断路器两侧进出单元均为套管，整体防爆特性好。

与 GIS 相比，HGIS/HGIS（T）母线外置，消缺停电范围较小（不涉及母线）且停电时间缩短，检修便利性较高；现场安装搭接面少，仅需考虑套管安装环节；布置方式灵活，更适用于户外布置及老站改造。HGIS/HGIS（T）设备户外布置建设成本远低于 GIS 户内布置的建设成本。HGIS/HGIS（T）设备所用 SF_6 较少，占 GIS 用量的 44%~75%，且 HGIS 电压等级越高，优势越明显。

土地购置均价按 0.045 万元 / m^2 为例，110、220kV 及 500kV 同等规模的一次性建设成本户外布置 HGIS/HGIS（T）比户内布置 GIS 分别降低 29.72%、29.75%、49.37%，且电压等级越高，优势越明显。

（2）HGIS/HGIS（T）设备缺点。与 GIS 相比，HGIS/HGIS（T）占地面积较大［HGIS（T）220kV 及以上设备厂家较少］。建议在 220kV 户外布置时选用 HGIS，在 110kV 户外布置时选用 HGIS（T）。

3.AIS 设备优缺点

（1）AIS 设备优点。AIS 为户外敞开式设备，温室气体用量少，采购成本最低，在运量大，消缺停电范围小，停电时间短，运维检修方便。

（2）AIS 设备缺点。与 GIS 相比，AIS（开关类）设备生产厂家多，设备制造质量分散性大；占地面积大、易受外力破坏；灭弧室无防爆膜，SF_6 承压套管数量增加 2~3 倍，防爆性能较差，相邻设备易受波及。

4.AIS 与 HGIS/HGIS（T）比较

与 AIS 相比，HGIS/HGIS（T）更具备智能化应用条件，顺控操作技术应用以现有设备技术为基础，可有效减少设备运维量。以 220kV 双母线停电操作（3~4 条出线）为例，路程以 50km 考虑。AIS 停电操作还需现场进行状态复核，采用常规模式需 2 人 2h。若 HGIS/HGIS（T）采用顺控试点操作需 2 人 AIS 站改造，应选用 HGIS（T）。

220kV AIS 站改造，应选用 HGIS。

330kV 及以上 AIS 站改造，应选用 HGIS。

设备选型建议表如表 3-14 所示。

表 3-14　　设备选型建议表

电压等级（kV） 选型	500		220		110	
	户内	户外	户内	户外	户内	户外
GIS	√		√		√	
HGIS		√		√		√
HGIS（T）						√
AIS						

第 4 章　开关柜智能化提升关键技术

4.1　开关柜主要结构型式

4.1.1　空气绝缘开关柜

空气绝缘开关柜是采用空气作为绝缘介质的交流金属封闭开关设备，部件主要由断路器、隔离开关、操动机构、互感器以及保护装置等组成，在电力系统进行发电、输电、配电和电能转换的过程中，承担开合、控制和保护作用，如图 4-1 所示。

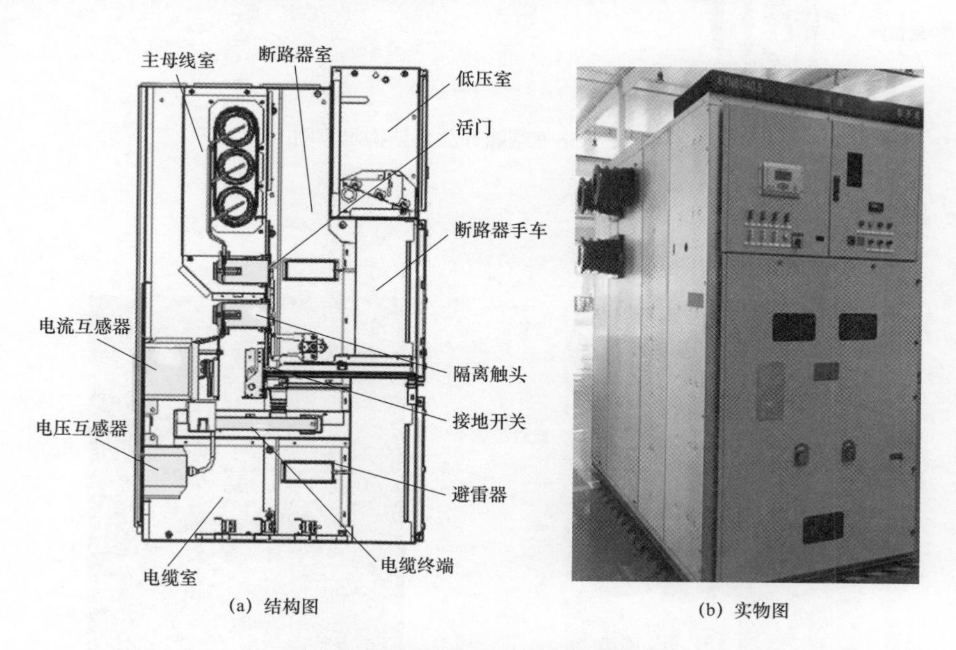

(a) 结构图　(b) 实物图

图 4-1　空气绝缘开关柜结构示意图

4.1.2　充气绝缘开关柜

充气绝缘开关柜是采用低压力 SF_6 气体或环保气体作为绝缘介质的交流金属封闭开关设备，母线室、断路器室密封在不锈钢气箱内，减小了开关柜的体积，柜体与外界环境隔绝，可有效防止灰尘、潮气等环境因素影响，提高绝缘的可靠性，适用于温湿度大、高海拔地区，如图 4–2 所示。

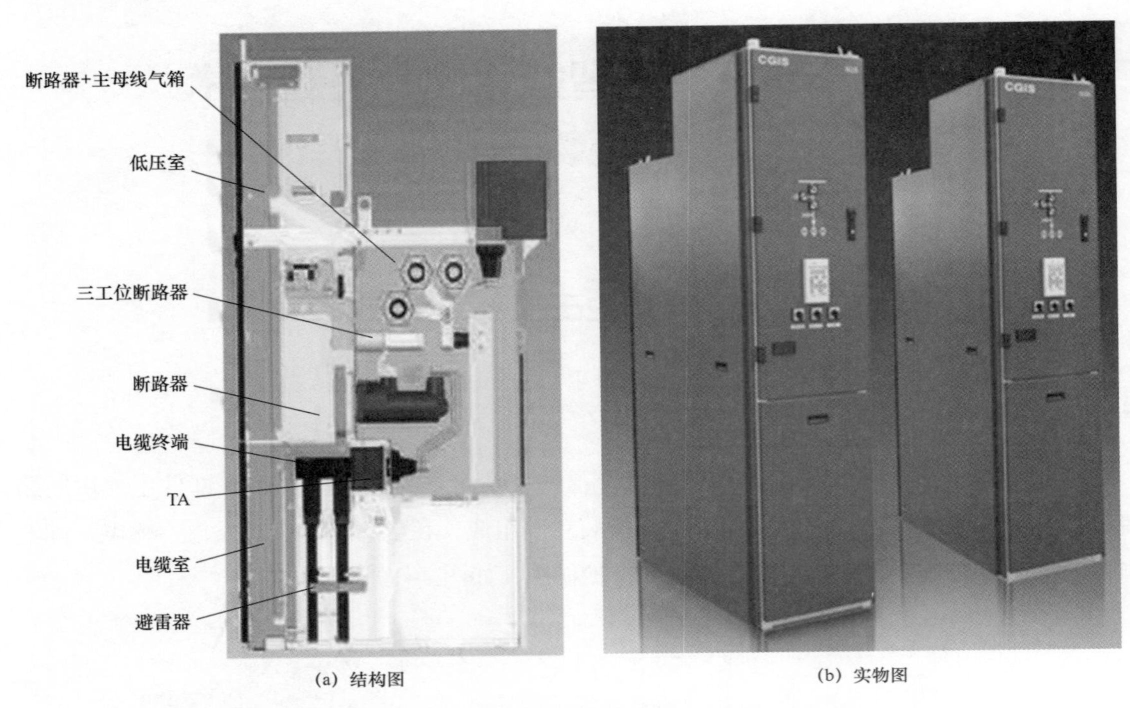

(a) 结构图　　(b) 实物图

图 4–2　充气绝缘开关柜结构示意图

4.1.3　固体绝缘开关柜

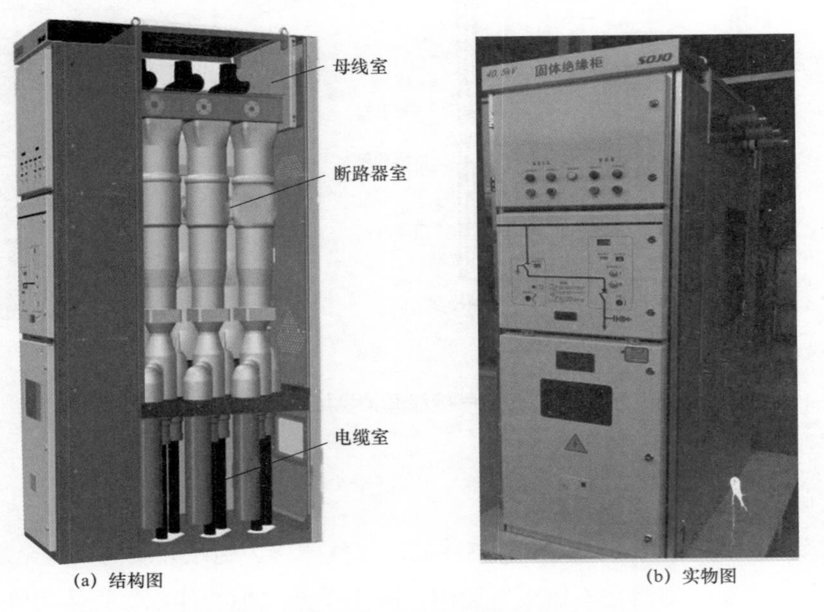

(a) 结构图　　(b) 实物图

图 4–3　固体绝缘开关柜结构示意图

固体绝缘开关柜是采用固体介质将开关设备主回路高压元件全部包覆或固封的交流金属封闭开关设备，有效减小了柜体体积，防止灰尘、潮气等环境因素影响，适用于温度高、高海拔地区。目前，固体绝缘开关柜技术尚不成熟且造价昂贵，在电力系统内在运量极少，如图 4-3 所示。

固体绝缘开关设备组成单元有具有开关功能的绝缘模块、绝缘主母线、操动机构、柜体和控制部分。

4.2　开关柜主要问题分析

4.2.1　空气绝缘开关柜主要问题分析

1. 按类型分析

通过广泛调研，共提出主要问题 15 大类，40 小类，空气绝缘开关柜问题分类如表 4-1 所示，主要问题占比（按问题类型）如图 4-4 所示。

表 4-1　空气绝缘开关柜问题分类

问题分类	占比（%）	问题细分	占比（%）
40.5kV 空气绝缘开关柜绝缘裕度不足	11.62	柜内各导体绝缘距离不满足反措要求	5.20
		绝缘挡板受潮引起绝缘降低	3.36
		柜内各组件绝缘距离不足	3.06
温升过高	11.32	导体接触不良	3.06
		触指弹簧	2.75
		柜断路器动、静触头镀银层厚度过低	2.45
		铜—铝搭接方式	1.53
		其他问题	1.53
运行环境问题	11.32	外部环境问题	5.20
		柜内环境问题	4.59
		其他问题	1.53
运维检修不便	11.02	柜内部件布局不合理	6.12
		检修空间较小	2.45
		其他问题	2.45

续表

问题分类	占比（%）	问题细分	占比（%）
断路器机构动作不可靠	7.95	机构二次元件问题	3.67
		机械闭锁问题	2.14
		控制回路问题	0.92
		真空泡问题	0.61
		储能回路问题	0.61
在线检测手段局限性	7.64	无测温装置	4.59
		无弹簧压力检测装置	1.83
		其他问题	1.22
柜内组部件工艺差	7.04	绝缘件屏蔽问题	2.45
		热缩套问题	2.14
		母排倒角问题	1.53
		其他问题	0.92
绝缘件工艺差	6.41	触头盒问题	2.14
		穿屏套管问题	1.83
		绝缘子问题	1.22
		其他问题	1.22
二次元器件运行不可靠	6.12	不满足反措	2.45
		布置不合理	2.14
		无电气闭锁功能	1.53
运维检修水平有待提升	6.12	运维检修水平问题	6.12
抗内部燃弧能力不足	3.36	泄压通道问题	3.36
TV 故障率高	2.14	谐振问题	2.14
防误操作能力不足	1.83	检修时存在隐患	0.61
		机械部件故障	1.22
无功投切过电压问题	1.83	无功投切过电压问题	1.83
其他	4.28	其他	4.28

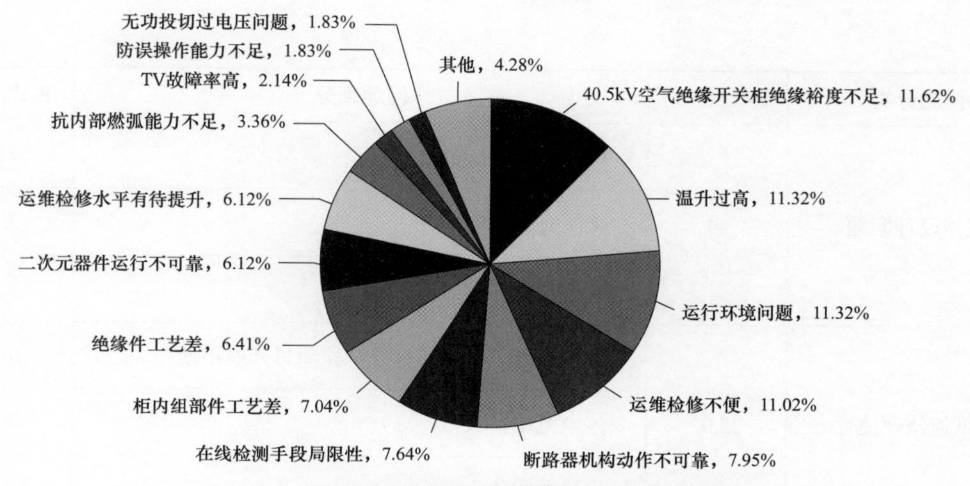

图 4-4　空气绝缘开关柜主要问题占比（按类型分类）

2. 按电压等级分析

按电压等级统计，40.5kV 设备问题数量 125 个，占 38%；24kV 设备问题数量 4 个，占 1%；12kV 设备问题数量 198 个，占 61%，主要问题占比（按电压等级）如图 4-5 所示。

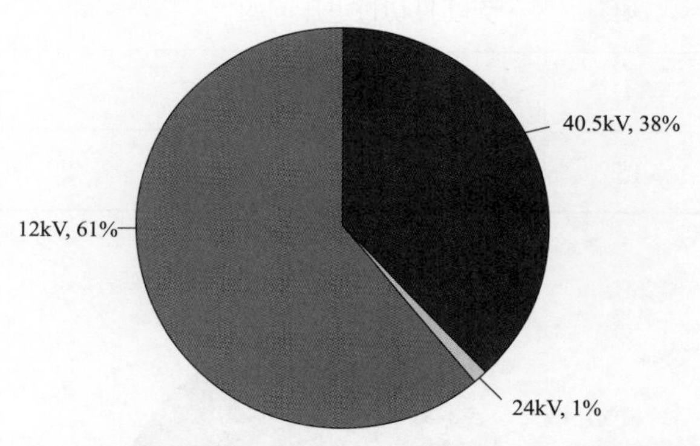

图 4-5　空气绝缘开关柜主要问题占比（按电压等级）

4.2.2　充气绝缘开关柜主要问题分析

1. 按类型分析

通过广泛调研，共提出主要问题 6 大类，13 小类。充气绝缘开关柜问题分类如表 4-2 所示，主要问题占比（按问题类型）如图 4-6 所示。

表 4-2　充气绝缘开关柜问题分类

问题分类	占比（%）	问题细分	占比（%）
整体设计问题	44	无线路侧隔离开关和接地开关	22.22
		无 SF_6 压力表无法直接验电	7.41

续表

问题分类	占比（%）	问题细分	占比（%）
整体设计问题	44	PB、TV 直连母线	7.41
		无法直接验电	3.70
		其他	3.70
运维检修便捷性	25.92	回路电阻、机械特性等试验项目开展不便	14.81
		停电范围扩大	7.41
		检修空间狭小	3.70
绝缘件故障	7	套管	3.70
		绝缘拉杆	3.70
无功投切过电压问题	4	无功投切过电压问题	3.70
漏气	4	连接法兰处漏气	3.70
其他	15	其他	14.84

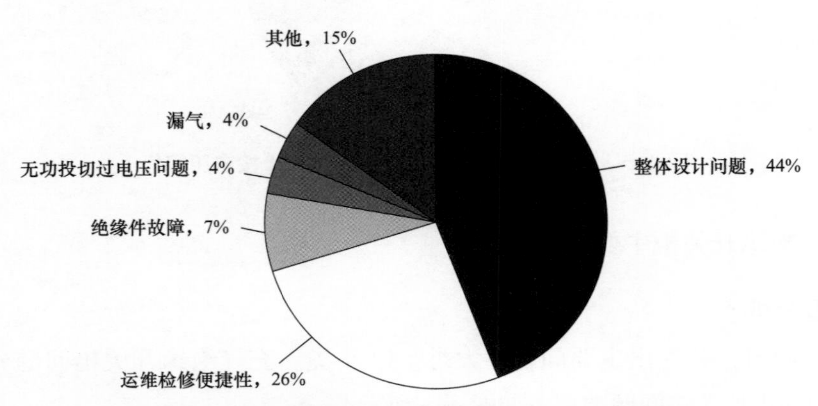

图 4-6　充气绝缘开关柜主要问题占比（按问题类型）

2. 按电压等级分析

按电压等级统计，40.5kV 设备问题数量 16 个，占 59%；24kV 设备问题数量 1 个，占 4%；12kV 设备问题数量 10 个，占 37%，主要问题占比（按电压等级）如图 4-7 所示。

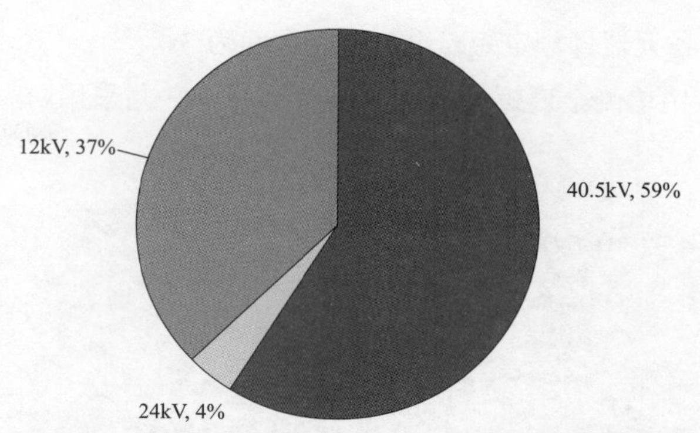

图 4-7　充气绝缘开关柜主要问题占比（按电压等级）

4.2.3　固体绝缘开关柜主要问题分析

通过广泛调研，共提出主要问题 1 项，固体绝缘开关柜问题分类如表 4-3 所示。

表 4-3　固体绝缘开关柜问题分类

问题分类	占比（%）	问题细分	占比（%）
绝缘件	100	绝缘件受潮	100

4.3　开关柜可靠性提升措施

4.3.1　开关柜可靠性提升措施通用部分

1. 提升柜体抗内部燃弧能力

（1）现状及需求。

绝大多数开关柜厂家在产品型式试验时采用特殊设计或临时手段才能通过抗内部燃弧试验，但实际量产供货的开关柜设计、工艺、材质等远达不到型式试验要求。运行经验表明，开关柜一旦发生内部电弧故障，将导致开关柜柜体变形、烧毁，甚至发生人身事故，严重威胁电网及人身安全。

需通过明确量产开关柜柜体材质、厚度、组部件安装方式、组部件性能，确保量产开关柜与型式试验试品整体性能一致，提升柜体抗内部燃弧能力。

通过明确开关柜柜体材质、厚度、观察窗厚度等具体指标要求，能有效保证量产开关柜达到型式试验标准的抗内部燃弧能力，降低故障损失，确保电网安全和人身安全。

（2）具体措施。

1）开关柜选型应将 IAC 等级水平（内部故障电流大小和短路持续时间）作为关键指标，内部故障电弧允许持续时间不应小于 0.5s。用户应对高压开关柜抗内部燃弧试验按批次进行抽检，如不合格则整批次全部退货。

2）高压开关柜内各元器件额定短路电流持续时间为 3s。

3）泄压装置应使用单侧金属螺栓或金属铰链，另外一侧采用防爆尼龙螺栓固定，如图 4-8 所示。

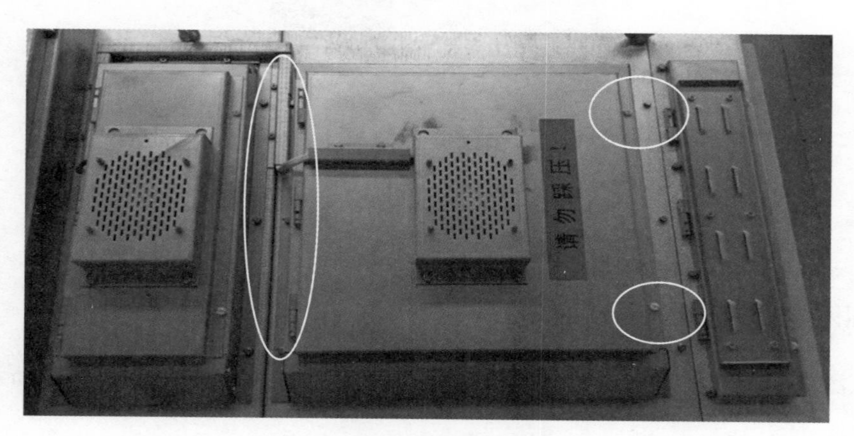

图 4-8　标准泄压通道固定方式

4）铰链、螺钉、锁栓、观察窗等结构、材质应与通过燃弧试验的试品完全一致。

5）开关柜柜体紧固螺栓应选用 8.8 级及以上高强度螺栓。

6）柜体主框架材质应为覆铝锌板，前后门板材质应为冷轧钢板，表面应做喷涂处理，2500A 及以上大电流柜穿柜套管、触头盒安装板应采用防止涡流的非导磁材料。主框架及门板的板材厚度应不小于 2mm，尺寸允许偏差满足 GB/T 708—2019 的 B 级精度要求。

7）覆铝锌板单面镀层厚度应不小于 20 μm（GB/T 14978—2008《连续热镀铝锌合金镀层钢板及钢带》）。

8）观察窗玻璃应采用双层夹丝防爆玻璃，双层玻璃总厚度不小于 10mm，如图 4-9 所示。

(a) 正面图

(b) 背面图

图 4-9　标准观察窗玻璃安装方式

9）主母排应采用支撑绝缘子固定方式，如图 4-10 所示。

图 4-10　母线支撑绝缘子安装方式

2. 提升柜内电场分布均匀性

（1）现状及需求。

绝大多数开关柜厂家不具备电场优化计算、仿真分析能力，造成组装工艺管控不到位，在产品的实际运行中，易出现局部放电，加速柜内绝缘件老化，导致绝缘击穿故障，甚至开关柜烧毁。相关案例见案例 1~ 案例 3。

需开展开关柜的电场计算及仿真分析，明确开关柜内导体、紧固件、绝缘组部件通用加工、装配工艺，提升柜内电场分布均匀性。

案例 1：110kV 某变电站 40.5kV 开关柜触头盒内嵌件仅高出树脂平面 3mm，带电体与绝缘体间气隙小，电场分布不均，长期运行产生放电现象，如图 4-11 所示。

图 4-11　触头盒内嵌件处放电痕迹

案例 2：110kV 某变电站 40.5kV 气体绝缘开关柜的穿屏套管处局部放电检测数据超标，

停电检查发现等电位连接线接触不良，出现悬浮放电，如图 4–12 所示。

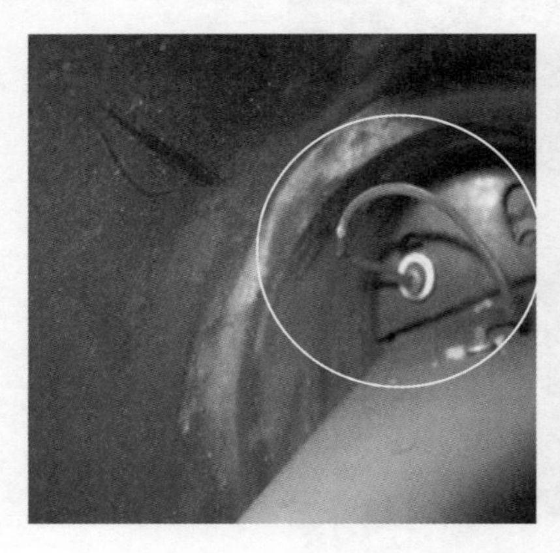
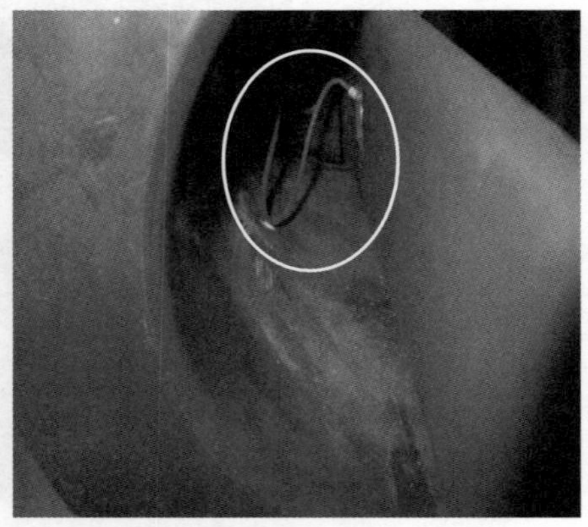

图 4–12　穿屏套管屏蔽层烧损情况

案例 3：110kV 某变电站母线搭接处离穿屏套管较近，搭接处热缩套对穿屏套管放电，如图 4–13 所示。

（2）具体措施。

1）开关柜内主母排、分支母排、一次接地排等采用矩形结构的均应选用全圆边形铜排。主母排、分支母排的切断面应进行尖角球面处理，圆弧直径与铜排的厚度一致，如图 4–14 所示。

图 4–13　穿屏套管处放电照片

图 4–14　尖角球面处理效果图

2）母排搭接或紧固螺杆为内六角型，螺杆露出螺帽 2~3 牙，螺栓紧固应采用力矩扳手，力矩按 GB 50149—2010《电气装置安装工程　母线装置施工及验收规范》标准执行，紧固后进行标记，出厂及交接验收时应进行紧固力矩的复核。

3）用于安装母排和静触头的触头盒嵌件必须高出树脂平面 2~3mm（12kV）、10~15mm（24~40.5kV）。

4）24~40.5kV 穿屏套管采用双屏蔽措施。高压屏蔽与母排的连接采用电磁软线，电磁软线与高压屏蔽以及高压母排之间采用螺栓紧固，螺栓及等电位线必须置于穿屏套管高压屏蔽筒内。

5）搭接支排端部不得超过主排边沿；母线搭接面不应置于穿屏套管内。

6）触头盒内支排倒角形状应与触头盒内弧度一致，如图 4-15 所示。

图 4-15　触头盒内铜排倒角

7）柜内局部结构与型式试验结构不一致的开关柜应重新进行电场计算及仿真分析，并出具相关报告。

3. 提升出厂验收及设备抽检标准

（1）现状及需求。

目前开关柜出厂验收阶段仅进行机械特性、工频耐压等试验，绝大多数厂家不具备开展整柜局部放电、雷电冲击、温升等试验能力，无法全面、有效地评估开关柜整体性能，设备运行后，大量出现发热、局部放电超标等缺陷，进而造成开关柜绝缘故障，严重威胁人身和设备安全。

需提高出厂验收及设备抽检标准，严把设备入网关口。

出厂验收及抽检标准的全面提升可将不合格产品拦截在入网前，有效提升开关柜的整体质量，从而降低运行后故障的发生概率，减少后续维护工作量。

（2）具体措施。

1）开关柜出厂验收前柜内所有元器件（主母排除外）应组装完成。

2）出厂验收必须开展（但不限于）以下试验项目：

a. 整柜局部放电试验（TV 柜除外）。

b. 雷电冲击试验（批次抽检）。

c. 主回路电阻的测量（母线至出线接头处）。

d. 机械特性试验（含测速、行程曲线、合闸弹跳、分闸反弹）。

e. 温升试验（2500A 及以上大电流柜应抽检）。

3）局部放电试验标准。12~40.5kV 开关柜在 1.1 倍 U_r 试验电压下，空气柜单柜放电量不大于 100pC；充气柜、固体绝缘柜单柜放电量不大于 20pC。

4）雷电冲击试验标准。相间及对地：12kV 设备为 75kV；24kV 设备为 125kV；40.5kV 设备为 185kV。

应通过正负极各 3 次额定雷电冲击电压耐受试验（其波前时间不大于 1.2 μs ± 30%）。

5）温升试验测试位置应包括母排搭接处及隔离触头处。

6）气箱压力试验标准。标准试验压力应是 k 倍设计压力（钢外壳：k=1.3），试验压力至少应维持 1min，试验期间不应出现破裂或永久变形。

7）对抽检及出厂试验不合格的情况应作为不良供应商行为对厂家进行评价，对抽检不合格的批次产品进行退货。

4. 提升导体电接触可靠性

（1）现状及需求。

开关柜制造厂家选用的关键导电零部件材质参差不齐、安装工艺不规范，导致隔离触头、导体搭接等关键部位接触压力不足，通流能力达不到设计要求，运行中开关柜发热现象极为普遍，尤其在高温、高负荷期间，大电流柜发热严重，加速了绝缘件老化，甚至造成绝缘击穿故障。

需从导电部件材质、工艺及安装方式等方面进行规范，提升导体电接触可靠性，解决开关柜温升问题。明确开关柜内导电部件材质、工艺及安装方式，可从根本上解决开关柜发热问题，降低设备故障概率，提升设备使用寿命。

案例：110kV 某变电站 12kV 开关柜停电检修时发现开关柜内断路器动触头、静触头发热严重，表面均已发黑，触头盒表面已有碳化迹象，极易引发开关柜烧毁事故，如图 4-16 和图 4-17 所示。经检测，该导电部位滑动接触面镀银层厚度仅有 2~3 μm。

图 4-16　断路器动静触头发热图

图 4-17　断路器静触头盒碳化图

（2）具体措施。

1）开关柜所有导电部分铜排应全部选用 T2 铜，铜的含量不低于 99.9%，铜的导电率不小于 97%。

2）开关柜铜排搭接面采用压花、镀银工艺，如图 4–18 所示。

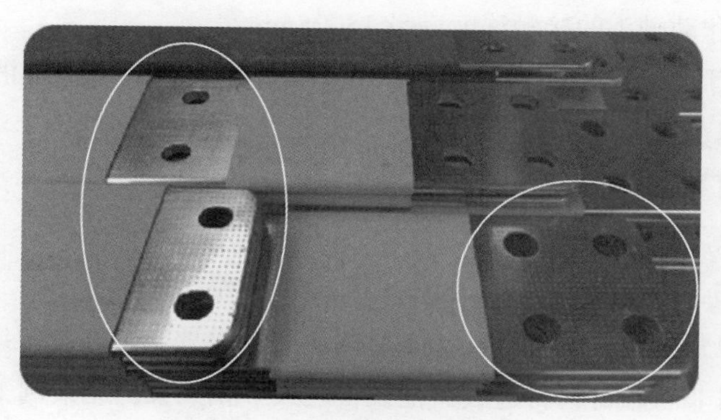

图 4–18　铜排搭接面采用压花工艺

3）开关柜内静触头固定方式。

a. 12kV 开关柜：额定电流 2500A 及以上开关柜静触头与母排的固定连接应采用 5 孔螺栓紧固，中间孔推荐选用 M12，周围四孔推荐选用 M10，如图 4–19 所示；额定电流 2500A 以下开关柜静触头与母排的固定连接应采用双螺栓紧固，静触头推荐选用 M10，支排固定推荐选用 M8。

图 4–19　五孔固定方式

b. 40.5kV 开关柜：额定电流 2500A 及以上开关柜静触头与母排的固定连接应采用不少于 4 孔螺栓紧固，推荐选用 M10；额定电流 2500A 以下开关柜静触头与母排的固定连接应采用双螺栓紧固，静触头推荐选用 M12，支排固定推荐选用 M10。

4）例行试验时，必须开展主回路电阻的测量（母线至出线接头处），试验结果横向比较应无明显差异，与初值差相比应满足要求。

5）导电回路滑动接触面镀银层厚度不小于 8 μm，非滑动接触面银层厚度不小于 3 μm，且硬度不小于 120 韦氏。

6）触指弹簧材质为 SUS316（12Cr18Ni9Mn5N），结构均匀且无局部变形。触指托架应采用非导磁材料。

7）柜体静触头和动触头的接触深度满足 15~25mm。

8）高压开关柜手车轨道应与相同等级的手车配套，牢固且有足够的强度，手车推进时不应出现爬坡、卡涩及触头不对中现象。

5. 提升绝缘件可靠性

（1）现状及需求。

绝缘件选材、加工工艺差异极大，开关柜厂家疏于绝缘件检测，导致在运开关柜内绝缘件绝缘、阻燃、耐电弧、耐电痕等性能指标难以满足标准要求，易造成绝缘件放电，发生绝缘击穿故障，故障时非阻燃材料将造成其他设备起火。相关案例见案例 1~ 案例 4。

需通过明确绝缘件材质、性能、制造工艺标准，强化绝缘件入厂检测，规范装配工艺，加强用户抽检，提升开关柜的整体绝缘性能，降低绝缘故障率。通过明确绝缘件材质、性能、制造工艺标准，强化绝缘件入厂检测，规范装配工艺，加强用户抽检，可有效提升开关柜的整体绝缘性能，降低绝缘故障率，减少后续维护成本。

案例 1：110kV 某变电站 12kV 母线电压互感器烧损，由于柜内绝缘件不具备阻燃性，导致事故扩大至母线室，现场故障照片如图 4-20 所示。

案例 2：110kV 某变电站 12kV 开关柜活门挡板连接拐臂处开口销断裂造成母线侧活门挡板右侧脱落，断路器 C 相极柱热缩套管破损最终导致 C 相对地放电，关柜活门脱落导致放电照片如图 4-21 所示。

案例 3：110kV 某变电站 12kV 开关柜局部放电检测发现 12kV 161 开关柜局部放电测试值为 23dB，内部存在局部放电现象。停电检查，开关柜支撑活门挡板的两侧绝缘拉杆出现断裂，拉杆上的支撑弹簧变形，挡板脱落，导致三相手车触臂对下挡板放电，如图 4–22 所示。

图 4–20　TV 柜烧损现场照片

图 4-21　开关柜活门脱落导致放电照片

图 4-22　活门脱落导致断路器触臂放电照片

案例 4：110kV 某变电站 40.5kV 开关柜线路侧隔离开关支撑绝缘子抗拉强度不足，导致支撑绝缘子断裂，如图 4-23 所示。

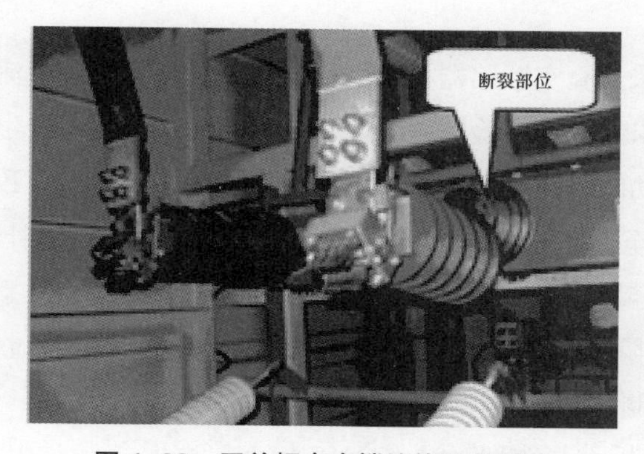

图 4-23　开关柜内支撑绝缘子断裂图

（2）具体措施。

1）开关柜厂家应对所用绝缘件逐件进行工频耐压试验和局部放电试验检测，严禁外协件报告替代入厂检测报告。

2）用户根据需要对高压开关柜内绝缘件（绝缘子、触头盒、穿屏套管等）按批次进行抽检，试验项目包括但不限于工频耐压试验、局部放电试验、高低温循环试验、嵌件抗拉强度、绝缘子机械弯曲试验、绝缘层热性能（玻璃化温度试验）、阻燃试验、雷电冲击试验和X光透视检查，如试验不合格则整批次全部退货。

3）柜内主绝缘件（如触头盒、穿墙套管和支撑绝缘子等）应采用具有优良机械强度和电气绝缘性能的环氧材料，玻璃化温度达到（100±5℃）。

4）绝缘材料应满足GB/T 1411—2002《干固体绝缘材料耐电压、小电流电弧放电的试验》、GB/T 4027—2012及GB/T 6553—2014《严酷环境条件下使用的电气绝缘材料　评定耐电痕化和蚀损的试验方法》中耐电弧、耐电痕要求。

5）开关柜内绝缘件阻燃等级应不低于V0级且无毒。

6）开关柜内所有绝缘件均应采用APG（自动压力凝胶）工艺制作。

7）单个绝缘件的局部放电量在1.1倍 U_r 下应不大于3pC。

8）主母排、支排严禁采用绝缘包覆（封）。

9）开关柜内严禁采用绝缘隔板。

10）针对12kV开关柜：额定电流不大于1250A的手车触臂应采用裸导体外装环氧触臂套管配合作为复合绝缘方式，活门采用金属材质并屏蔽接地。额定电流不小于2500A的手车触臂应采用树脂硫化涂覆作为复合绝缘方式，活门采用绝缘材质并屏蔽接地。采用硫化涂覆应满足如下技术要求：

a. 涂覆材料采用阻燃弹性绝缘粉末。

b. 涂覆层均匀、光滑、边角复盖完好，涂覆层厚度不小于3mm。

11）支撑绝缘子抗拉强度应不小于8kN。

6. 提升抑制无功投切过电压能力

（1）现状及需求。

目前无功投切大多采用真空断路器，而真空断路器灭弧易产生截流或重燃过电压，在运无功间隔断路器大量使用未经老炼试验的普通馈线用真空断路器，易发生过电压击穿。自动电压控制系统的应用造成无功间隔断路器频繁投切，投切过程中过电压导致的故障常有发生，造成设备绝缘击穿故障，甚至断路器爆炸。随着变压器容量增加，无功补偿容量随之增大，12kV真空断路器已无法满足容量大于8000kvar无功设备的投切要求。相关案例见案例1和案例2。

需采取优化无功间隔断路器选型、调整AVC控制策略、加装过电压吸收装置、采用相控技术等措施，提升抑制无功投切过电压能力。

采取优化无功间隔断路器选型、调整AVC控制策略、加装过电压吸收装置、采用相控

技术等措施均可有效抑制无功投切过电压，减少设备绝缘击穿、断路器爆炸等故障发生。

案例 1：110kV 某变电站 40.5kV 充气柜的断路器灭弧介质为真空，由于该站小水电上网负荷丰富，40.5kV 等级电压长期偏高，2016 年结合基建加装了一组电抗器以降低 40.5kV 等级系统运行电压，对 418 电抗器组进行投切时发现截流过电压最高达 5.54 标幺值（见图 4–24、表 4–4），极易损坏设备。

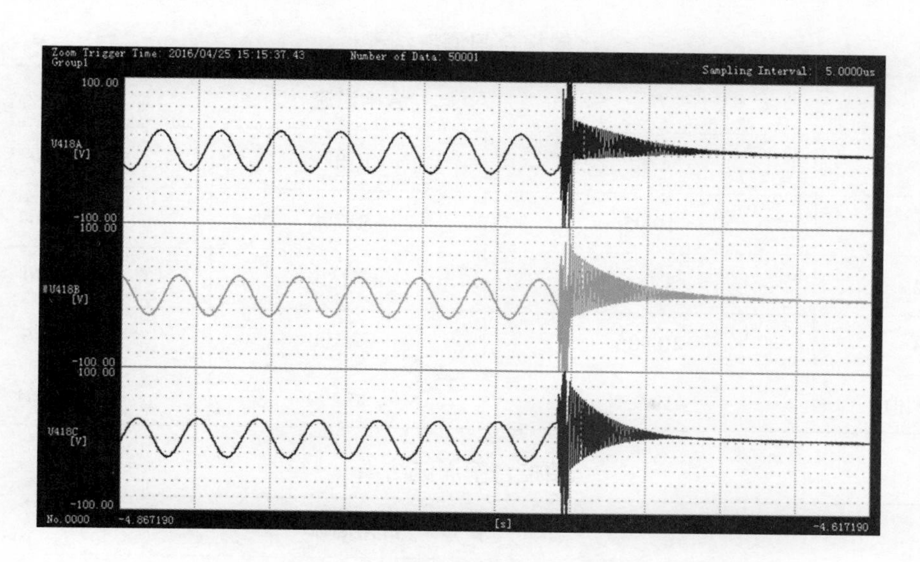

图 4–24　断路器分闸电压波形图

表 4–4　418 断路器分合闸过电压数据

序号	过电压倍数（标幺值）			避雷器动作情况
	A	B	C	
418 第一次合	1.0	2.46	1.59	三相均未动作
418 第一次分	5.36	5.23	5.54	三相均动作
418 第二次合	1.0	1.0	2.36	三相均未动作
418 第二次分	5.15	5.29	5.33	三相均动作
418 第三次合	1.0	1.79	2.14	三相均未动作
418 第三次分	5.23	5.16	5.31	三相均动作
418 第四次合	1.0	1.0	1.61	三相均未动作
418 第四次分	4.15	4.05	3.48	三相均动作
418 第五次合	1.0	1.0	1.0	三相均未动作
420 分	4.16	3.45	4.03	三相均动作

案例 2：110kV 某变电站 12kV 普通真空断路器投切无功设备，三次合闸测试数据如表 4–5 所示，其中常规合闸时 B 相合闸涌流峰值最高值为 30.290A，为额定电流的 10.9 倍。常规三次合闸录波如图 4–25~图 4–27 所示。12kV 相控真空断路器投切无功设备，三次相控合闸测试数据如表 4–6 所示，其中相控合闸时 B 相合闸涌流峰值最高值仅为 5.914A，为额定电流的 2.12 倍。相控三次合闸录波如图 4–28~图 4–30 所示。

表 4–5 常规合闸涌流结果 （A）

序号	合闸涌流		
	A 相	B 相	C 相
1	–19.956	–30.290	–18.064
2	8.146	11.150	–5.049
3	10.906	–12.100	–9.386
最大值	–19.956	–30.290	–18.064

表 4–6 相控合闸涌流结果 （A）

序号	合闸涌流		
	A 相	B 相	C 相
1	4.513	5.845	5.007
2	4.712	5.285	5.275
3	4.554	5.914	5.222
最大值	4.712	5.914	5.275

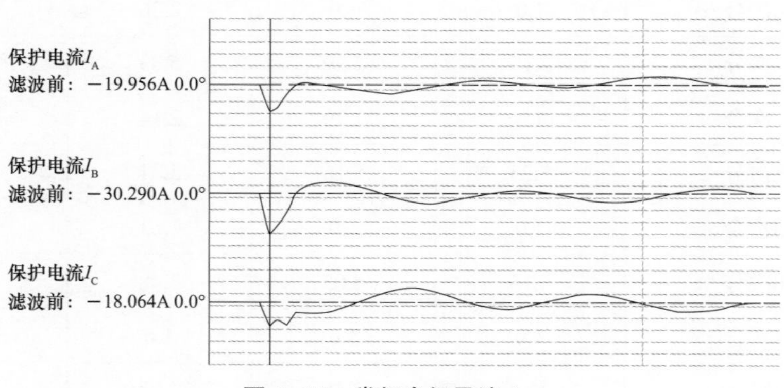

图 4–25 常规合闸录波 1

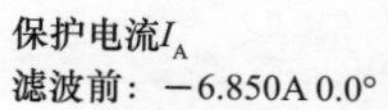

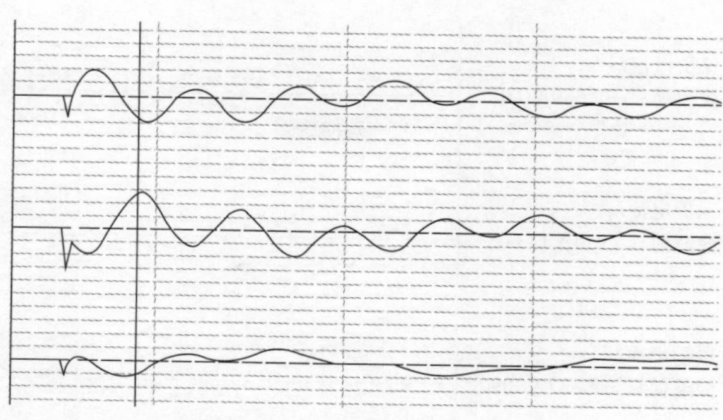

图4–26　常规合闸录波2

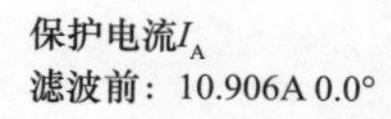

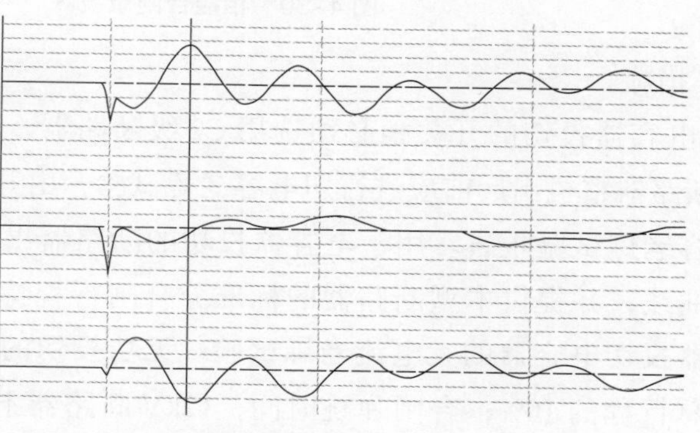

图4–27　常规合闸录波3

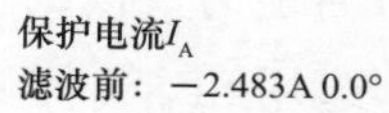

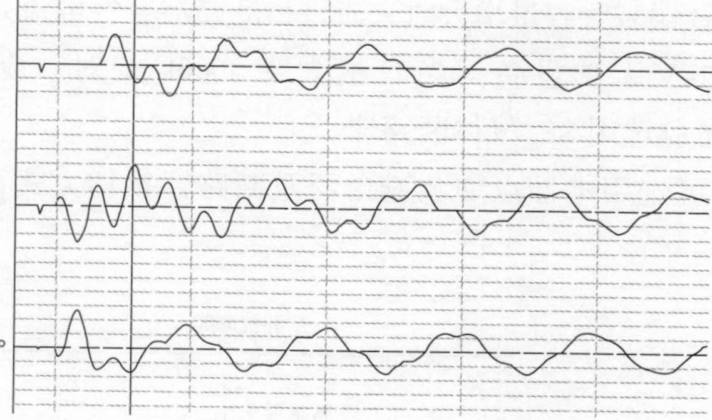

图4–28　相控合闸录波1

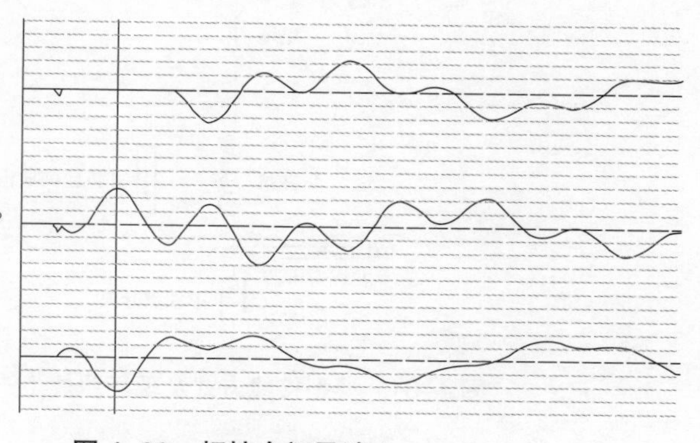

图4–29　相控合闸录波2

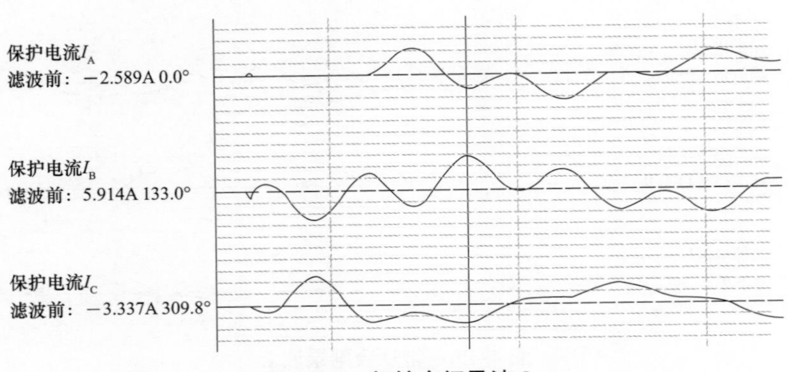

图 4–30　相控合闸录波 3

（2）具体措施。

1）用于电容器投切的开关柜必须选用 C2 级断路器，所用真空泡出厂前应进行电流老炼试验，断路器整机出厂前应进行切电容老炼试验，由开关柜制造厂提供真空泡及断路器整机切电容老炼试验报告。用于电容器投切的断路器出厂时必须提供本台断路器分合闸行程特性曲线，并提供本型断路器的标准分合闸行程特性曲线。条件允许时，可在现场进行断路器投切电容器的大电流老炼试验。无功投切的真空断路器应满足：分闸反弹行程不大于总行程的 10%；合闸弹跳时间，12kV 断路器不大于 2ms，40.5kV 断路器不大于 3ms。

2）当无功补偿装置容量增大时，应进行断路器容性电流开合能力校核试验。

3）对于 12kV 无功设备，当容量大于 8000kvar 时，应选用 SF_6 气体断路器；投切 40.5kV 无功设备应选用 SF_6 气体断路器。

4）电抗器可选用中性点加装避雷器及断路器投切方式，典型接线方式及现场图片如图 4–31 所示。

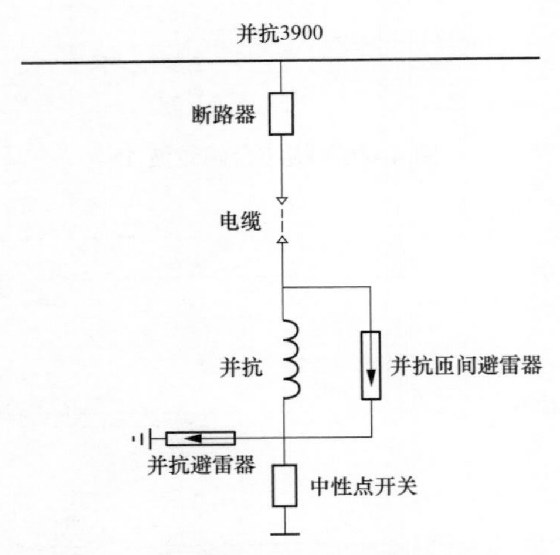

图 4–31　典型接线方式及现场照片（一）

图 4-31　典型接线方式及现场照片（二）

5）应合理安排电压调整策略，将无功投切断路器实际重燃水平及机械寿命作为约束条件，调整 AVC 控制策略。

6）可在电容器装置、电抗器上安装相间氧化锌避雷器，利用其非线性伏安特性限制幅值。

7）无功投切开关柜可选用阻容吸收装置抑制投切过电压。

8）无功投切开关柜可选用相控断路器抑制投切过电压。

7. 提升防电压互感器烧损能力

（1）现状及需求。

目前部分在运开关柜内电压互感器励磁特性拐点电压不满足反措要求，玻璃化温度低，系统扰动时，电压互感器易出现铁芯饱和或烧损，造成母线跳闸、用户失电。

通过调整母线电压互感器接线方式、提高电压互感器励磁特性拐点电压及绝缘材料玻璃化温度、控制局部放电量等措施，可有效提升电压互感器防烧损能力，降低电压互感器在系统扰动时损坏率，减少后续运维工作量及检修成本。

案例：40.5kV 某变电站 12kV Ⅰ段母线 TV 励磁特性曲线的拐点电压仅为 $1.4U_m/\sqrt{3}$，系统发生单相接地故障时，TV 出现铁磁谐振，电流增大，电压互感器温度急剧升高，导致 TV 爆裂，击穿现场图片如图 4-32 所示。

图 4-32　TV 绝缘击穿现场

（2）具体措施。

1）电压互感器励磁特性曲线的拐点电压不小于 $1.9U_m/\sqrt{3}$，拐点电压下的励磁电流小于 1A，三相励磁电流差不大于 30%。

2）电压互感器绝缘材料玻璃化温度应不低于 85℃。

3）电压互感器局部放电量在 $1.1U_r$ 下应不大于 10pC。

4）母线电压互感器优先采用 4TV 接线方式，电压互感器采用落地安装，如图 4-33 所示。

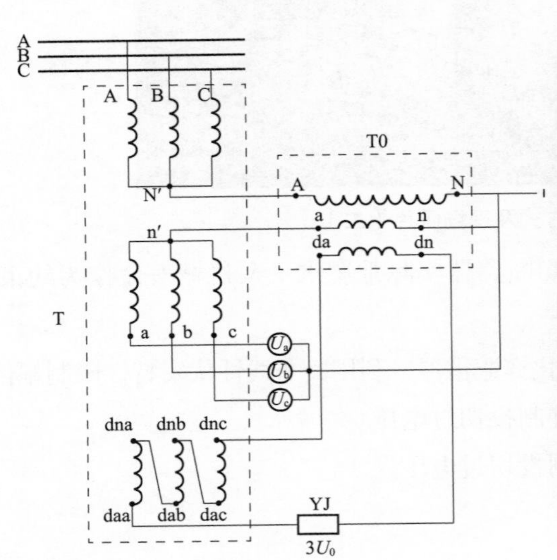

图 4-33　4TV 接线方式及落地安装照片

8. 提升二次元件运行可靠性

（1）现状及需求。

开关柜内二次元件线缆布置不规范、固定不牢靠，长期运行易造成绝缘距离不足，导致绝缘事故发生；集成型状态显示仪故障率高，故障后需整体更换，运维成本高。带电显示装置不具备自检功能，不能带电更换，降低了供电可靠性。相关案例见案例 1 和案例 2。

需通过规范二次元件电缆固定形式、优化带电显示装置及状态显示仪选型提升二次元件运行可靠性。

对开关柜内选用的二次元器件功能、安装工艺、安装方式进行明确，可有效提升二次元器件运行可靠性，给日常维护、检修工作带来极大的便利。

案例 1：110kV 某变电站 310 开关柜后下柜温湿度传感器及二次线采用不干胶固定，运行中脱落，如图 4-34 所示，存在放

图 4-34　温湿度传感及二次线脱落

电、绝缘击穿等隐患。

案例 2：220kV 某变电站 40.5kV 开关柜带电显示器不具备自检功能且不能带电更换，给维护工作带来极大的不便，如图 4–35 所示。

（2）具体措施。

1）开关柜内二次线缆固定形式及要求。

a. 仪表门过门线用阻燃型绝缘扣布包线（阻燃型），如图 4–36 所示。

图 4–35　不具备自检功能的带电显示器

图 4–36　仪表门过门线用阻燃型绝缘扣布包线

b. 高压室内电流互感器的导线用金属软管穿线（互感器带二次端子罩，根数不大于 9，线径 $2.5mm^2$），并进入金属线槽；电流互感器的导线（互感器带二次端子罩，根数大于 9，线径 $2.5mm^2$）采用绝缘扣布包线（阻燃型），并进入金属线槽，如图 4–37 所示。

c. 高压室后门照明灯过门线用金属软管穿线，并进入金属线槽，如图 4–38 所示。

图 4–37　电流互感器的导线用金属软管穿线

图 4–38　高压室后门照明灯过门线用金属软管穿线

d. 二次线缆固定采用带塑料保护层的专用金属扎丝，其截面不小于 $0.5mm^2$；严禁采用吸盘、不干胶等固定方式。

2）带电显示器应具备自检功能，并带短接按钮，方便进行耐压试验及带电更换，防止感应电伤人。

3）开关状态显示仪仅需具备一次动态模拟指示图功能，开孔尺寸（长 × 高）统一为 73mm × 161mm，如图 4–39 所示。

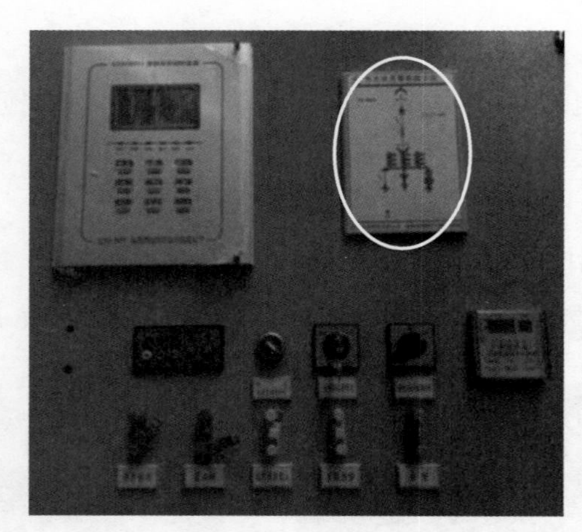

图 4–39　开关状态显示仪示意图

4）加热、驱潮装置应保证长期运行时不对箱内邻近设备、二次线缆造成热损伤，其二次电缆应选用阻燃电缆。加热器与各元件、电缆及电线的距离应大于 50mm。

9. 提升断路器操动机构动作可靠性

（1）现状及需求。

开关柜断路器控制回路中整流模块、储能行程开关、防跳继电器等配件可靠性差、易损坏，储能弹簧、脱扣装置、缓冲器材质与紧固工艺不良，运行中易出现断路器无法储能、拒动等缺陷。

需整体优化操动机构结构设计，明确主要部件的选型标准，加大用户抽检力度，完善验收标准，加强日常维护，提升操动机构的动作可靠性。

将开关柜断路器机械寿命试验纳入每个批次必做的抽检试验项目，并明确试验不合格则整批次开关柜全部退货，可提升开关柜所配断路器机构的整体质量，从而有效降低运行故障率，提高供电可靠性，减少后续维护工作量。

（2）具体措施。

1）用户应对高压开关柜内断路器操动机构按批次进行机械寿命抽检，如试验不合格则整批次开关柜全部退货。

2）每根分合闸弹簧都应进行探伤和力学特性测试，每批次都应按比例开展金相、强压及材质检测，开关柜设备制造厂应提供上述试验报告或见证试验结果证明，每根弹簧都应有唯一的身份标识，便于后期进行质量追溯。

3）断路器本体控制回路严禁采用整流模块电路板。

4）断路器机构制造厂内装配和现场安装应严格检查并确认螺栓可靠安装。制造厂应严格规定螺栓紧固力矩的要求和检查流程，检查环节应采取自检 + 互检的方式，并在检查卡中记录在案。紧固件在紧固时按拧紧方向紧固螺栓，紧固位置三个以上时，螺栓紧固顺序按照图 4–40 所示：定位销装 D 位置对接，装 1~2 螺栓拧紧保证对接面整周无缝隙后，再装 3–4 位置并拧紧，最后再将剩余螺栓按顺时针或逆时针方向全部拧紧。

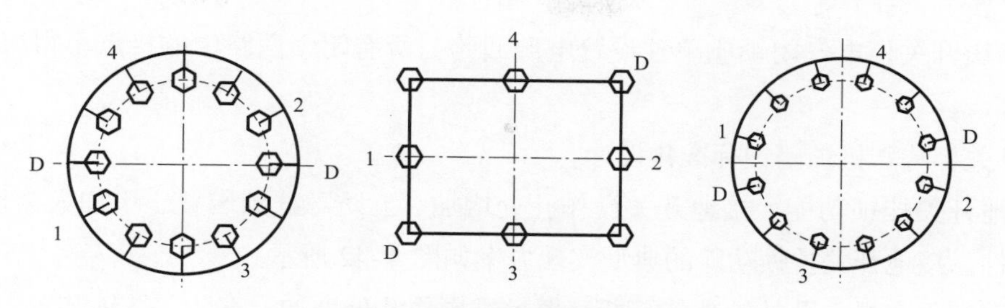

图 4-40　螺栓紧固顺序

5）断路器机构内螺栓紧固力矩按照厂家设计标准执行，力矩紧固后应做好标记；出厂验收及现场交接时都应对设备内部及外部螺栓紧固力矩进行抽检复核。

6）检查分合闸缓冲器无漏油，防止由于缓冲器性能不良使传动轴在传动过程中受冲击变形，断路器机构缓冲器如图 4-41 所示。

图 4-41　12kV 断路器机构缓冲器照片

7）结合开关柜 C 类检修开展断路器机械特性试验，试验数据应满足制造厂要求。

8）机构各转动部分应涂以适用于当地气候条件的二硫化钼锂基润滑脂，按照制造厂要求定期开展机构检查保养，防止机构卡涩。

10. 提升开关柜防误操作能力

（1）现状及需求。

部分厂家开关柜“五防”功能设计不完善，不具备微机“五防”接口，存在误操作及人身触电风险。制造厂家配备的“五防”功能存在差异，不具备通用性，不便于后续维护。

需整体优化完善开关柜“五防”结构设计，对典型的机械“五防”制定标准化方案，提升开关柜防误操作能力。

开关柜“五防”标准化、配件通用化，可有效降低所需配件的种类，方便检修维护工作的开展。

（2）具体措施。

1）开关柜应具备机械五防及电气五防功能，且采用微机防误操作系统。

2）高压开关柜电气闭锁应单独设置电源回路，所有闭锁回路中的接点不得采用中间继电器扩展。

3）开关柜特殊机械闭锁标准化设计。

a. 接地开关挂锁功能。接地开关操作孔处增加“五防”挂锁装置，增加人为操作程序，提高可靠性。接地开关挂锁功能的典型实现方案如图 4–42 所示。

b. 断路器手车操作孔挂锁功能。断路器推进操作孔处增加“五防”挂锁装置，需有专人打开挂锁后方可转开摇进孔动挡板，操作手车。增加人为操作程序，提高可靠性。断路器手车操作孔挂锁功能的典型实现方案如图 4–43 所示。

图 4–42 接地开关挂锁功能典型实现方案图

图 4–43 断路器手车操作孔挂锁功能典型实现方案图

c. 活门自锁功能。手车从工作位置移至试验 / 隔离位置后，活门板自动闭合并锁定；只有手车推入柜内时，活门机构才打开，防止人员误开活门，接触带电静触头。活门或推进机构处应设置可挂机械锁的位置。

d. 断路器在工作位置时可实现关门状态下紧急手动分闸功能。在断路器室面板上安装该紧急手动分闸机构，按钮不能突出旋钮端面，防止误碰，同时不应带挂锁功能。在断路器需紧急分闸时可在不开门的情况实现断路器分闸功能。断路器在工作位置时的实况关门状态下紧急分闸手动分闸功能的典型实现方案如图 4–44 所示。

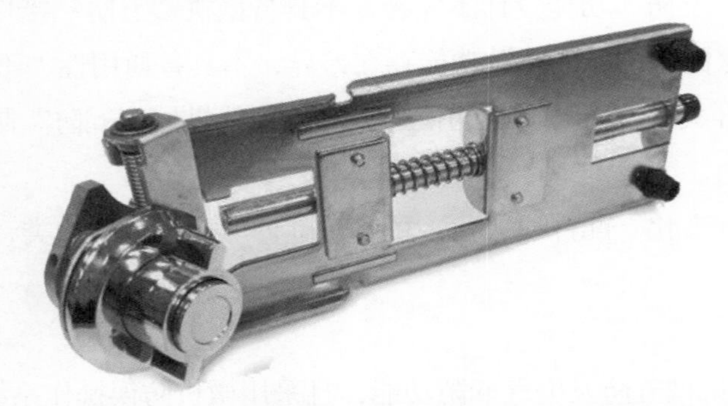

图 4–44 断路器在工作位置时可实现关门状态下紧急手动分闸功能典型实现方案图

e. 手车室强制关门操作闭锁功能。手车室可设强制关门操作闭锁装置，手车室门关闭才能摇入手车，手车必须退回试验位置才能开门。

f. 上下后盖板（门）之间的闭锁功能。当需要打开后盖板（门）时，应实现先开下后开上；当需要关闭时，应实现先关上后关下。

g. 前下门与接地开关连锁功能。前下门没有关闭，接地开关无法分闸，手车无法进入工作位置。接地开关分闸后，前下门无法打开。

当手车室下部隔室与电缆室之间有隔板完全隔开，且手车室下部隔室内无带电一次元件时，可不设此功能。

当手车室下部隔室与电缆室直接相通，或手车室下部隔室内有带电一次元件时，需设置此功能，或在手车室下部隔室与前下门之间设置基于工具打开的检修隔板。

h. 接地开关与后门闭锁功能。后门未关上时，接地开关不能分闸；接地开关合闸后，后门才可打开。接地开关与后门闭锁功能的典型实现方案如图 4–45 所示。

图 4–45　接地开关与后门闭锁功能典型实现方案图

i. 前后门预留挂锁功能。除仪表室门外，柜体前中门、前下门以及后下门需预留一处挂锁孔，孔径不小于 8.5mm，限制非专业人员随意开启，可根据项目要求选择使用挂锁。

j. 接地开关操作手柄防误闭锁功能。接地开关分合到位后才能取出操作手柄，确保操作的正确性及可靠性。接地开关操作手柄防误闭锁功能的典型实现方案如图 4–46 所示。

图 4–46　接地开关操作手柄防误闭锁功能典型实现方案图

k. 电动与手动操作接地开关之间闭锁功能。手动操作接地开关时，电动操作接地开关无法进行。

11. 提升运维便捷性

（1）现状及需求。

开关柜内各元件、隔室布置不满足反措要求，存在触电风险；柜内元件布置紧凑，专用工具配置标准不明确，造成检修、操作不便。相关案例见案例 1~ 案例 3。

需对开关柜内各元件、隔室及专用工具配置标准进行明确，提升检修、操作便捷性。

案例 1：110kV 某变电站开关柜内倒挂式 12kV 电流互感器的固定螺栓在母线隔室内，更换时需要停 12kV 母线，扩大停电范围，造成供电可靠性降低。

案例 2：110kV 某变电站 12kV 开关柜电缆接线端子预留高度过低，电缆三叉口置于零序 TA 内，不便于观察电缆运行情况，易引起放电，如图 4–47 所示。

案例 3：110kV 某变电站充气柜基础未采用夹层设计，电缆室空间狭窄，电缆及避雷器配件安装时极其不方便，影响工作效率，如图 4–48 所示。

（2）具体措施。

1）高压开关柜内一次接线应符合国家电网公司输变电工程典型设计要求，避雷器、电压互感器等柜内设备应经隔离开关（或隔离手车）与母线相连，严禁与母线直接连接。

2）开关柜必须选用 LSC2B 类（具备运行连续性功能）产品。

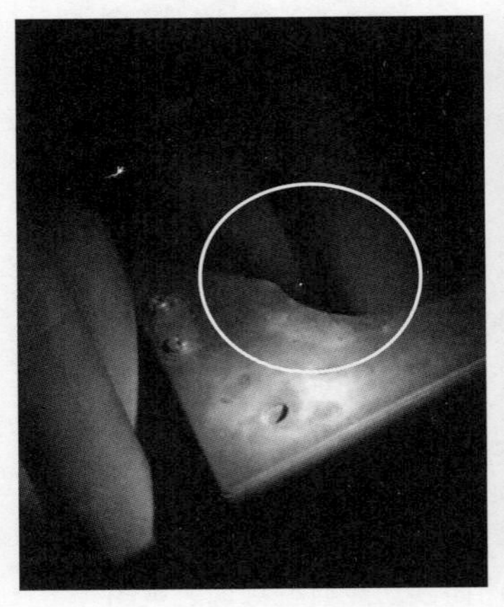
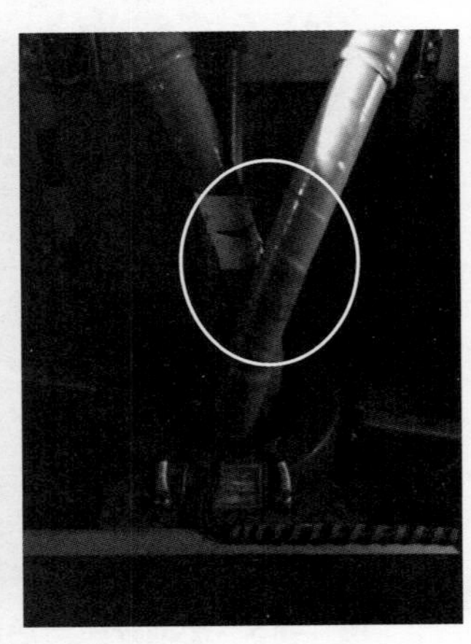

图 4–47 电缆交叉及局部放电图

图 4–48 电缆室空间狭窄，现场检修存在不便

3）开关柜内电缆接线端子与柜底之间高度不得低于 600mm，电缆出线不得交叉，电缆接线端子推荐选用品字形布置方式，以保证带电部位对地及相间的绝缘距离。

4）变电站接地车、验电车及转运车建议配置标准如表 4-7 所示。

表 4-7　　接地车、验电车及转运车建议配置标准

电压等级（kV）	柜宽（m）	验电车（台）	上接地车（台）	下接地车（台）	转运车（台）
12	0.8	1	1	1	3
12	1	1	1	1	2
40.5	—	1	1	1	0

5）开关柜基础采用架空层设计，扩展检修空间。

6）每面充气柜均应配置数量足够的试验插座，以便于直接开展耐压、回路电阻试验。

7）制造厂家应提供足够数量的专用工具，便于检修试验工作开展。专用工具建议应包括（不限于）：避雷器试验用内锥套管 1 支，电缆耐压试验用内锥套管 1 支，电压试验适配器 3 支或试验电缆 3 根，电流试验适配器 2 支。

8）充气柜的各个独立气室应装设气体密度继电器，气体密度继电器应满足不拆卸校验要求。

9）充气柜严禁采用多回路共箱气室结构。

10）充气柜基础应采用夹层设计，扩展检修空间，如图 4-49 所示。

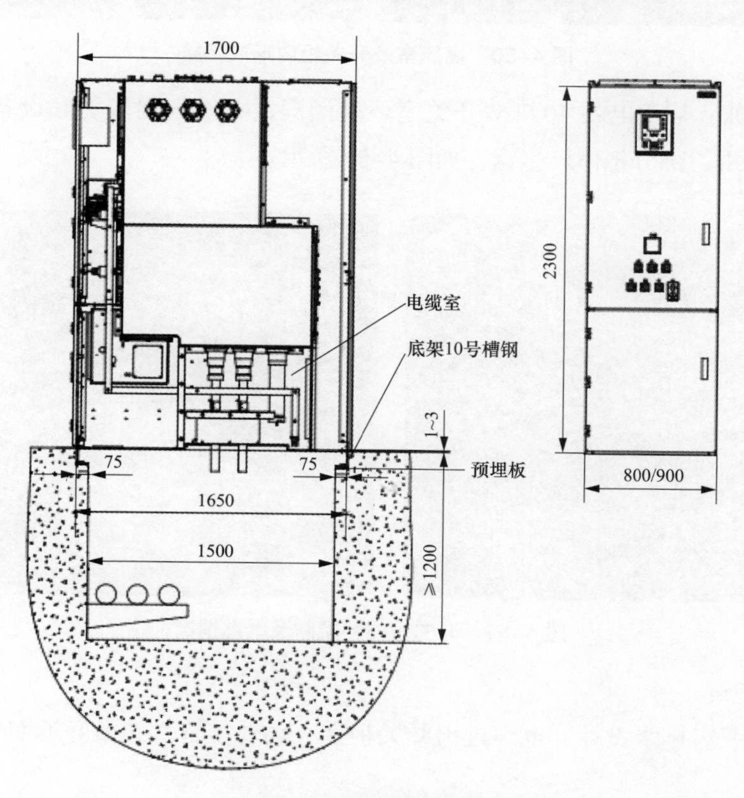

图 4-49　电缆夹层设计图

12. 提升开关柜运行环境控制水平

（1）现状及需求。

部分在运变电站高压室因封堵、驱潮功能不完善，造成开关柜内凝露现象严重，导致设备局部放电、绝缘闪络等故障频发。相关案例见案例 1 和案例 2。

需通过加强高压室环境治理，配置除湿机、空调、柜内加热装置等措施，改善高压开关柜运行环境，减少开关柜故障。

案例 1：110kV 某变电站 40.5kV 高压室未安装工业除湿机，高压室内空气湿度大，开关柜内形成凝露，如图 4–50 所示，存在较大凝露引起绝缘件沿面放电风险。

图 4–50　高压室及开关柜内形成凝露

案例 2：110kV 某变电站 40.5kV 开关室环境潮湿，冬季气温较低，设备与环境温差加大，柜内凝露严重，部分柜体已生锈，如图 4–51 所示。

 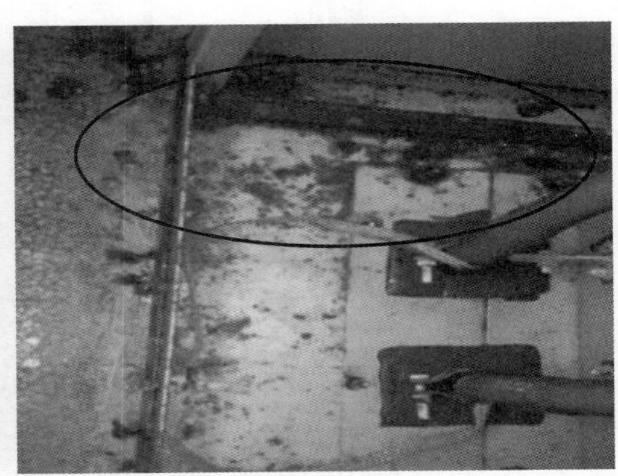

图 4–51　开关柜内外凝露及锈蚀情况

（2）具体措施。

1）优化电缆沟排水设计，电缆进出开关柜室宜优选排管，并做好近期和远景管口防水封堵。

2）开关室通风窗应采用铝合金推拉窗，外装防小动物金属网，如图4–52所示。

图4–52　开关室采用铝合金推拉窗

3）开关室应具备负压开启功能且便于维护的事故排烟通道，通道位置不应设置在开关室顶部。

4）设计阶段应充分考虑开关柜设备运行环境要求，配置工业空调、除湿机及通风装置。高压室每60m² 面积配置不少于1匹工业除湿机及5匹工业空调。空调应对角布置在高压配电室的两个角落，且出风口不得朝向柜体；除湿机应具备自动排水功能，对称布置在高压开关柜中段位置，室内相对湿度保持在70%以下，防止发生柜内凝露现象。

5）高压开关柜内驱潮装置应优先采用多个低功率（≤50W/只）加热器分散布置方式，取消温湿度控制器。加热器连续工作寿命至少达到100000h，可触及加热器表面温升不超过30K，加热器与其他元器件及电缆的净空距不小于50mm。每组驱潮装置应配置独立电源空气开关和断线报警装置。开关柜制造厂应提供分散布置式加热器位置和数量的仿真计算报告，在相对湿度75%、降温6K/h的条件下，开关柜各功能隔室内不应出现凝露。

13. 提升运维检修水平

（1）现状及需求。

设备运维检修中，停电方式不合理导致部分开关柜不具备检修条件，加之检修工艺执行不到位，未按要求开展检修前后带电检测，部分潜在隐患、缺陷未及时消除，不能全面掌控开关柜运行工况。

需通过加强巡视、合理安排停电方式、强化检修工艺执行、优化例行试验项目等措施，提升开关柜的整体运维检修水平。

（2）具体措施。

1）高温、高负荷时期应加强运行巡视，重点检查高压开关柜发热、异响、振动情况及室内运行环境。

2）高压开关柜的例试检修原则上采取整段母线停电方式，检修周期应与主变压器保持一致并同步实施，检修期间应合理安排工期，可根据实际情况先于主变压器复电；不涉及母线停电且与带电部分可有效隔离的电缆室、保护室及移开式小车设备，其检修消缺、反措治理、特殊技改等工作可单独制订停电计划执行。

3）高压开关柜断路器小车检修时，应重点检查隔离动触头支架是否有位移现象，隔离触头是否发热，触指压紧弹簧是否疲劳、断裂。

4）母线检修时应加强对母线桥绝缘子的检查和清扫；对母排热缩材料进行检查，凡出现松脱、开裂或损坏必须进行修整或更换；重点加强各功能隔室封堵、绝缘距离检查、隔离触头插入深度测量及加热驱潮装置消缺。

5）高压开关柜停电前、检修后及复电时均应进行运行电压下超声波、暂态地电压局部放电带电检测。高压开关柜例试检修必须进行主回路电阻的测量（母线至出线接头处）、母线整段及断路器断口间交流耐压试验（按出厂耐压标准执行），并将相关数据存档。

14. 推进开关柜一、二次以及土建接口标准化

（1）现状及需求。

开关柜设备生产厂家众多，在柜体尺寸、母排规格、布置方式、端子排布置、二次电缆规格等方面存在差异，通用互换性差，在改扩建时一、二次及土建接口不统一，存在对接难、施工时间长等诸多问题，开关柜内结构及组部件尺寸差异性大，为设备日常维护、备品备件储备等工作带来诸多困难。

需规范一次、二次及土建接口标准，方便改扩建及日常运维工作，降低维护成本。

（2）具体措施。

1）母排规格及布置方式标准化。

a. 开关柜额定电流参数包括主母线电流、分支母线电流、TA 电流。主母线电流根据系统电流选择，当系统电流不大于 1250A 时，主母线额定电流统一确定为 1250A；根据工程确定分支母线电流，然后根据分支母线电流选择柜内断路器，分支母线的参数不依赖于 TA 的电流参数，且分支母线端子应可满足后期更换 TA 的需要。

b. 母排的规格参数与额定电流的对应关系如表 4–8 所示，铜排材质为 T2，型号为 TMY，截面形状选择全圆边形，其尺寸、公差等要求符合 GB/T 5585.1—2018《电工用铜、铝及其合金母线　第一部分：铜和铜合金母线》。

表 4–8　母排规格与额定电流的对应关系

额定电流 /A	规格
630	80mm × 6 mm
1250	80 mm × 10 mm
2500	2–100 mm × 10 mm
3150	2–125 mm × 10 mm
4000	3–125 mm × 10 mm

c. 主母线位置：A、B、C 三相主母线为竖直“一”字排列，位置尺寸如图 4–53 所示；主母线套管安装位置统一确定为柜体左侧，从柜前看；主母线的紧固螺帽应朝向柜后（检修侧）。

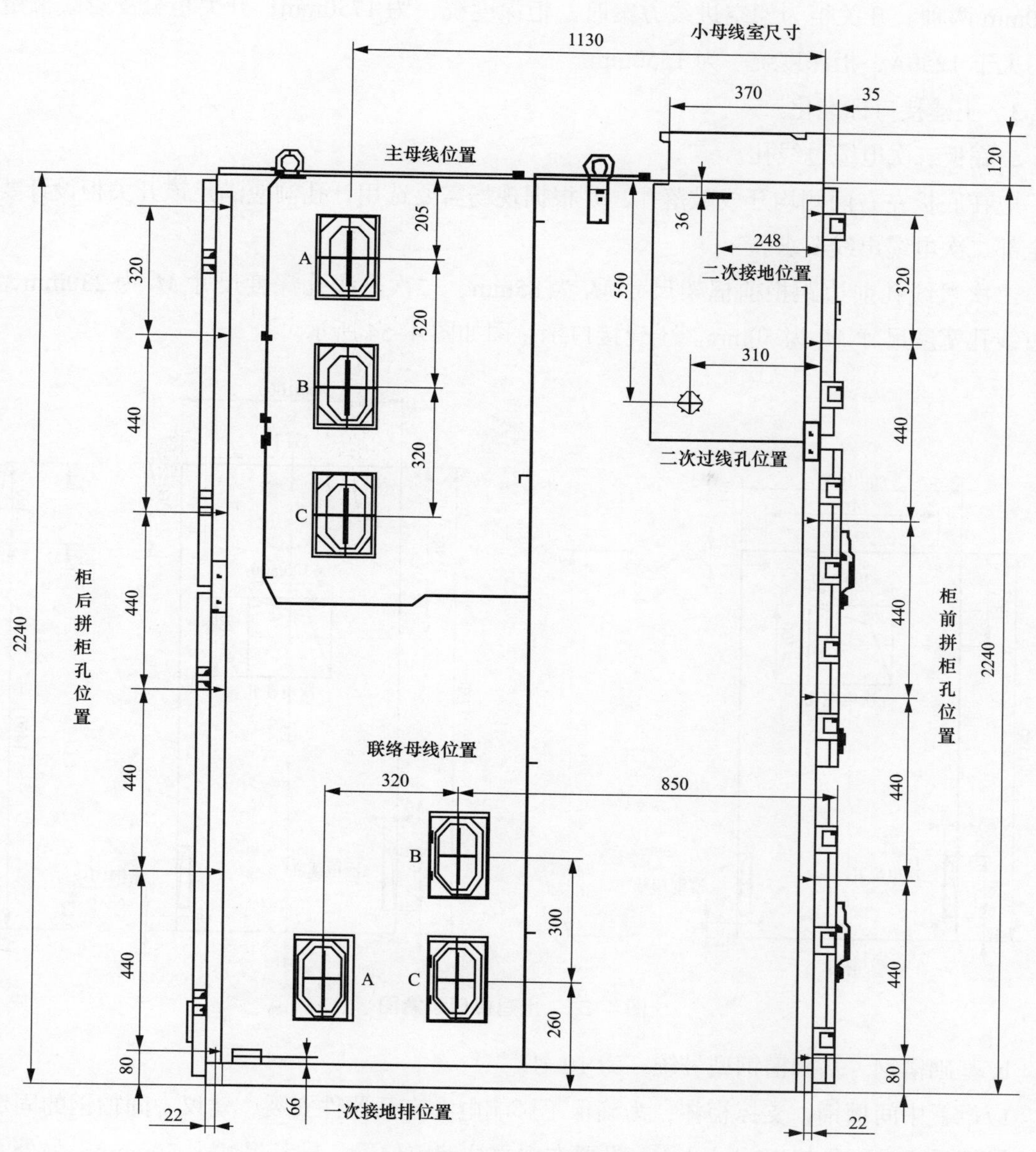

图 4–53　一次接口尺寸图

2）12kV 开关柜外形尺寸。

a. 开关柜宽度。开关柜分支母线额定电流不大于 1250A 时，柜宽为 800mm；开关柜分支母线额定电流大于 1250A 时，柜宽为 1000m。

b. 开关柜高度。柜体柜架高度（不含眉头及泄压盖板）统一为 2240mm。

当采用单层或双层小母线结构时，柜前高度（含小母线室）为2360mm，小母线室高度为120mm。

c. 开关柜深度（不含前后柜门）。开关柜的柜架深度（不含前后柜门）为1550、1750mm两种。开关柜为架空进线方案时，柜深度统一为1750mm；开关柜分支母线额定电流不大于1250A，柜深度统一为1550mm。

3）土建接口标准化。

a. 底板二次电缆过线孔。

应在底板左右两侧均开成敲落孔，并根据现场需要选用，孔洞应满足该开关柜设计要求的全部二次电缆出线要求。

二次过线孔前边距柜前框架尺寸 M_1 为85mm，二次过线孔深度尺寸 M_2 为230mm，二次过线孔宽度尺寸 M_3 为50mm。土建接口示意图如图4-54所示。

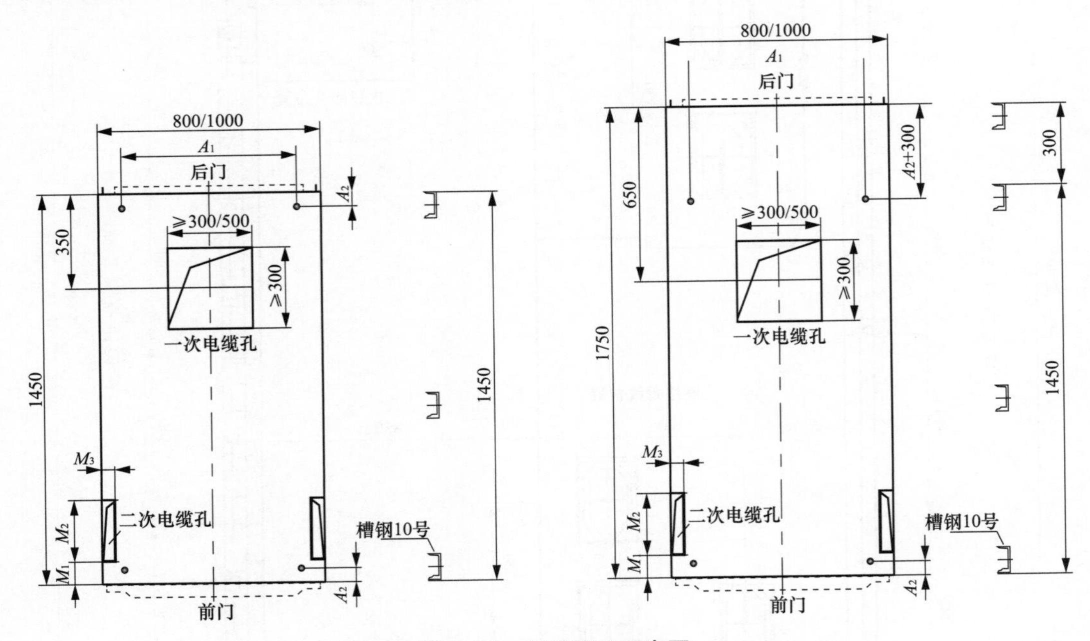

图4-54　土建接口示意图

b. 基础槽钢。基础槽钢型号统一为10号。

应设置中间槽钢，支撑柜体，为确保不影响电缆室元器件安装，建议中间槽钢的固定位置（槽钢后边沿距骨架柜前尺寸 N）设置在中立柱偏前位置，推荐尺寸为700mm。另外，该中间槽钢仅对柜体起支撑作用，可与柜体不加螺栓固定。

地脚孔柜深方向的定位尺寸 A_2 推荐尺寸为50mm。当柜宽为800mm时，地脚孔横向方向的定位尺寸 A_1 推荐尺寸为630mm；当柜宽为1000mm时，地脚孔横向方向的定位尺寸 A_1 推荐尺寸为830mm；当柜宽为1200mm时，地脚孔横向方向的定位尺寸 A_1 推荐尺寸为1030mm。

c. 一次电缆孔。本接口主要针对柜宽为 800mm 和 1000mm。

一次电缆孔的深度尺寸不应小于 300mm；当柜宽为 800mm 时，一次电缆孔的宽度尺寸应不小于 300mm，当柜宽为 1000mm 时，一次电缆孔的宽度尺寸应不小于 500mm。

当柜深为 1450mm 时，一次电缆孔的中心距后框架尺寸为 40.50mm，当柜深为 1750mm 时，一次电缆孔的中心距后框架尺寸为 650mm。

d. 电缆连接端子。柜内电缆接线端子与垂直对应的电缆进线孔的中心，在柜体的深度方向前后偏差 D 不超过 120mm，一次电缆接线及电缆与避雷器的安装方位示意图如图 4-55 所示。

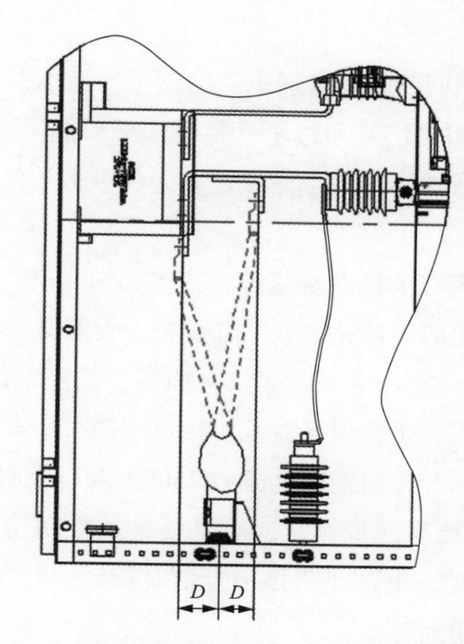

图 4-55　一次电缆接线及电缆与避雷器的安装方位示意图

柜内电缆连接端子离柜底距离应不小于 600mm，如有零序 TA，则距零序 TA 上表面高度应不小于 400mm。电缆连接在柜的下部进行，预留电缆接线孔，并提供电缆进口的封板，封板必须由两块厚度不小于 2mm 的非导磁金属封板合并而成，要方便拆装。电缆室内应设有电缆固定支架。

电缆室每相应能连接 2 根出线电缆，当电缆标称截面积为 120、150mm^2 时，柜内接电缆的铜排可采用单孔方式，孔径为 18mm，采用 M16 螺栓连接；当电缆标称截面积为 185、240、300、400mm^2 时，柜内接电缆的铜排可采用双开孔方式，孔径为 ϕ13mm，采用 M12 螺栓连接，柜内电缆连接端子开孔孔距如图 4-56 所示；当电缆标称截面积大于 400mm^2 时，柜内接电缆的铜排开孔可参照上述要求，具体由厂家与用户协商。

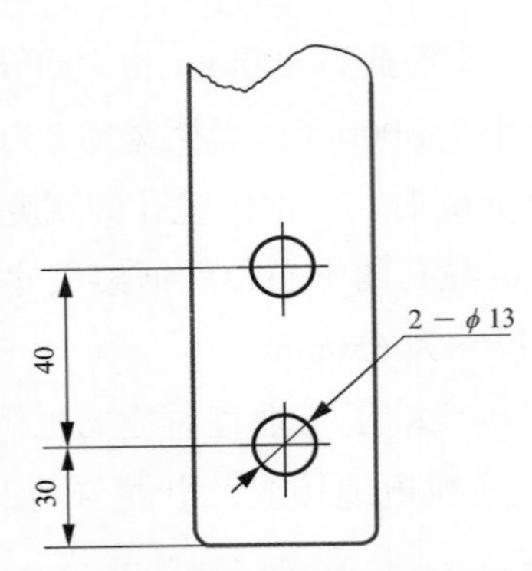

图 4–56　柜内电缆连接端子开孔孔距示意图

4）柜内二次接口标准化。

a. 柜内二次端子排。电压回路采用普通电压型端子，而不采用电流型试验端子。

所有端子的使用建议采用单层普通端子，每个端子只能压一根线，而不采用双层端子，也不采用双进双出端子，在特殊情况下（如仪表室元件极多放不下）采用，对外引线用端子增加可连端子执行。

端子排放置是从仪表室底部前排左端起排，依次到右排满，再从后排左端起排到满，再从仪表板下部左端起排，依次向上排完。当某开关柜中没有某一功能端子时将跳过。

b. 断路器二次航空插头。统一用 JZ–58 二次插头、插座，线径为 1.5mm^2；取消断路器合闸闭锁回路，手车试验位置、工作位置各 6 对接点，减少用继电器扩点的使用频次。

c. 散热风机的控制方式。开关柜额定电流为 2500A 及以上时，应安装风机。

散热风机的控制方式首选电流控制，同时具备手动控制功能。采用电流继电器，额定电流大于各厂家设定值时启动，电流小于该设定值时继续运行 30min，若电流仍小于该设定值，风机停止，实现控制风机启停。

电流继电器的整定值应可调，满足现场运行要求。

d. 仪表门板。从下至上，第一层为操作类元件；第二层为指示类；第三层为压板；第四层为仪表、保护装置。其中综保装置应安装在靠门铰链一侧的上部。

仪表门应有开启限位装置，开启角度控制在 110°~140.5° ，并应设置防止仪表门下垂的装置。

e. 计量电能表及接线盒。计量电能表及接线盒的二次线选用原则如表 4–9 所示。

表 4–9　计量电能表及接线盒的二次线选用原则

导线类别		导线截面积	是否按相序分色
计量	单芯硬线	4mm^2	按相色分为黄、绿、红、淡蓝

计量电能表及接线盒安装位置统一为仪表室右侧，柜前看，如图 4–57 所示。

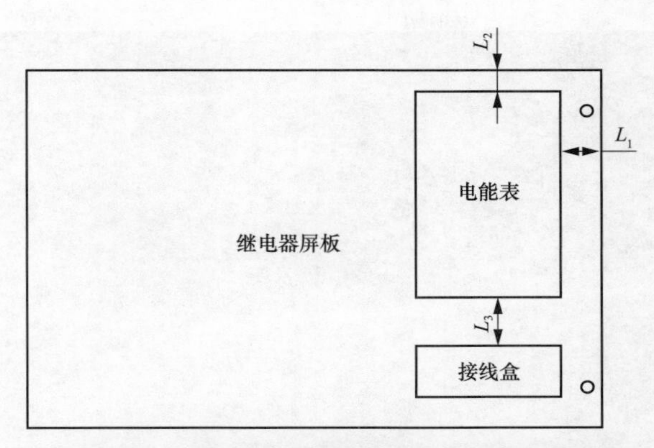

图 4–57　计量电能表及接线盒安装位置示意图

f. 小母线。小母线安装位置统一规定为右侧，柜前看。

对于单层小母线结构，小母线数量为 11 个，规格为 ϕ6mm 铜棒，并套热缩套管，排列顺序从柜前向柜后排列，11 位置为预留，单层小母线端子名称及位置如表 4–10 所示。

表 4–10　单层小母线端子名称及位置

排列顺序	回路名称	端子标号
1	控制小母线正	+KM
2	控制小母线负	–KM
3	储能小母线正	+HM
4	储能小母线负	–HM
5	A 相测量（保护）电压	1YMa
6	B 相测量（保护）电压	1YMb
7	C 相测量（保护）电压	1YMc
8	中性点电压	1YMn
9	交流电源	~L
10	交流电源	~N

对于双层小母线结构，小母线数量为 21 个，下层 10 个，上层 11 个，规格为 ϕ6mm 铜棒，并套热缩套管；排列顺序从下层向上层开始排列，每层排序从柜前向柜后排列，双层小母线安装结构示意图如图 4–58 所示，双层小母线端子名称及位置如表 4–11 所示。

图 4–58　双层小母线安装结构示意图

表 4–11　　双层小母线端子名称及位置

排列顺序	回路名称	端子标号
1	控制小母线正	+KM
2	控制小母线负	–KM
3	储能小母线正	+HM
4	储能小母线负	–HM
5	A 相测量（保护）电压	—
6	B 相测量（保护）电压	—
7	C 相测量（保护）电压	1
8	A 相计量电压	1
9	B 相计量电压	J
10	C 相计量电压	J
11	开口电压	L
12	中性点电压	n
13	交流电源	—
14	交流电源	—
15	交流电源	~C
16	交流电源	~N
17	防误闭锁电源正	+DM
18	防误闭锁电源负	–DM
19	信号小母线	SYM

续表

排列顺序	回路名称	端子标号
20	信号小母线	YBM
21	信号小母线	COM

g. 二次导线规格。柜内二次导线规格应按照表 4-12 中的要求。

表 4-12　　柜内二次导线规格

序号	回路名称	导线类别		导线截面积（mm^2）	是否按相序分色	备注
1	电流回路	计量	单芯硬线	4	按相色分为黄、绿、红、淡蓝	
		测量	多股软线	2.5	黑色	与保护装置接线端子规格对应
		保护	多股软线	2.5	黑色	
2	电压回路	计量	单芯硬线	2.5	按相色分为黄、绿、红、淡蓝	
		测量	多股软线	1.5	黑色	
		保护	多股软线	1.5	黑色	
3	控制回路	多股软线		1.5	黑色	
4	信号回路	多股软线		1.5	黑色	
5	闭锁回路	多股软线		1.5	黑色	
6	其他回路	多股软线		1.5	黑色	
7	保护接地线	多股软线		4	黄绿双色	

仪表室的工作接地排为水平布置，并与柜壳用绝缘子绝缘，这根接地排也叫二次中性点接地、二次接地、逻辑接地等，用 PEN 表示，该接地排需要柜与柜之间采用 M10 的螺栓连接贯通，所有端柜均采用 $100mm^2$ 的接地线引出柜体 1.5m，与二次主接地网相连。所有的互感器中性点接地，击穿保险的上端都用 $4mm^2$ 黄绿双色线连接在 PEN 接地排上，搭接点的连接螺栓为 M8；在这根母线的两头要留有直径 ϕ8mm 的开孔并装上 M8 的螺栓和螺帽，以便用户将变电站的工作接地连接到 PEN 接地排上。

另外一根垂直布置，长度不小于 150mm，这根接地排为保护接地（即外壳接地，保护人身受到意外电击），这根接地排与外壳及一次主接地直接相连，用 PE 字母表示，所有仪表室二次元器件的外壳接地，击穿保险的下端，屏蔽线的屏蔽层接地都用 $4mm^2$ 的黄绿双色线连接到这根接地排上，并用截面 $6mm^2$ 的软线连接到本柜底部的主接地排上。

h. 连接片。柜内不同功能的连接片颜色、连接片样式、型号应按照表 4–13 中的要求，连接片底座采用浅驼色。出口连接片的接线方式应采用下进上出的接线方式，连接片上桩头为出口端。连接片颜色、连接片样式、型号如表 4–13 所示。

表 4–13　　连接片颜色、压板样式、型号

序号	颜色	型号	功能
1	红色	JL1—2.5/2	出口连接片（保护合闸、保护跳闸、重合闸、断路器遥控）
2	黄色	JL1—2.5/2	功能连接片（闭锁重合闸、投远方操作、投低周减载、投低压减载、投零流保护、投过流保护、投加速保护、桥备自投投退、投充电保护等）
3	驼色	JL1—2.5/2	装置检修
4	驼色	JL1—2.5/2	备用

i. 二次回路空气开关。

柜内二次回路空气开关型号、规格的选择，排放位置及顺序应按照表 4–14 中的要求。

表 4–14　　柜内二次回路空气开关型号、排放位置及顺序

使用回路	交流 / 直流	保护特性	极数	电流（A）	上传信号	备注
母线 TV 电压	AC	C	1	3	辅助触点	属于 TV 电源，不能同时动作，考虑级差配合选 3A
线路 TV 电压	AC	C	3	1	辅助触点	进入保护装置，允许连动，考虑级差配合选 1A
TV 计量测量	AC				辅助触点	不推荐使用
断路器操控	DC	C	2	6	辅助触点	
断路器储能	AC/DC	C	2	6	辅助触点	
加热器控制	AC	C	2	6	辅助触点	
风机控制	AC	C	2	6	辅助触点	
照明回路	AC	C	2	6	辅助触点	
闭锁回路	AC/DC	C	2	6	辅助触点	
状态指示器	AC/DC	C	2	6	辅助触点	
保护装置遥信	DC	C	2	4	辅助触点	

15. 提升设备全寿命周期效益

（1）现状及需求。

在传统的建设模式下，开关柜从安装到投运，需经过转运、吊装、现场拼柜、母排安装等多项环节，该模式存在诸多不足，一是施工人员技术水平参差不齐，野蛮施工行为难以避免，损伤设备；二是施工时间长，建设效率低。

需通过工厂化生产、集装式运输、模块化安装的预制舱技术，避免现场野蛮施工损伤设备，缩短安装时间，降低建设成本，提升设备全寿命周期的投资效益。

（2）具体措施。

开关柜采用预制舱技术，实现预制舱开关柜在工厂内完成制作、组装、配线、调试等工作，以箱房形式整体或分段运输至工程现场，装配式建站。典型 110kV 预制舱式变电站如图 4-59 所示，12kV 开关柜预制舱内照片如图 4-60 和图 4-61 所示。

预制舱技术一、二次高度集成，工厂化安装、调试，无需现场设备组装及内部接线；防尘、防潮、防凝露、防腐蚀措施完善；预制舱内采用微正压恒温技术，运行环境可控；舱体选用内燃弧泄压通道设计，最大限度确保人员安全。

图 4-59　典型 110kV 预制舱变电站

图 4-60　12kV 开关柜预制舱照片

图 4-61　12kV 开关柜预制舱内检修通道

4.3.2　开关柜可靠性提升专用部分

1. 解决 40.5kV 空气柜绝缘闪络问题

（1）现状及需求。

典型设计中 40.5kV 空气绝缘开关柜柜体宽度为 1200~1400mm，存在先天不足，柜内带电部分相间及对地空气净距不能满足 300mm 的反措要求。设备厂家通过加装绝缘隔板、母线硫化等方式加强绝缘，但无法根本解决柜内绝缘裕度不足的问题，各省公司调研结果表明，运行期间放电、闪络等绝缘故障率占比最高，整柜烧损等事故频发，甚至造成主变压器损坏，严重危及人身安全，降低供电可靠性。相关案例见案例 1~ 案例 4。

亟待重新研究 40.5kV 空气柜选型策略，通过换型或改型的方式彻底解决 40.5kV 空气柜放电、闪络故障频发的现状。

案例 1：针对 40.5kV 空气柜加装绝缘隔板前后，电场分布进行仿真，仿真结果表明，加装绝缘隔板后暂时加强了绝缘强度，但电场强度由 7.9kV/mm 增强到 8.92kV/mm，绝缘挡板处电场更为集中，进一步造成运行中局部放电，甚至绝缘击穿故障。加装绝缘隔板前后电场分布仿真结果如图 4-62 所示。

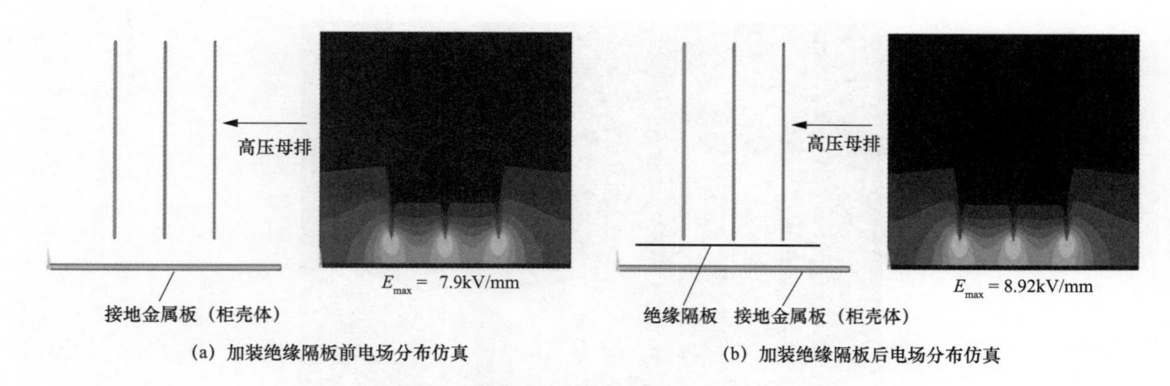

(a) 加装绝缘隔板前电场分布仿真　　(b) 加装绝缘隔板后电场分布仿真

图 4-62　加装绝缘隔板前后电场分布仿真

案例 2：110kV 某变电站 40.5kV428 开关柜（柜宽 1400mm）柜内 A、B 相相间空气绝缘距离仅为 252mm，绝缘裕度低，通过加装绝缘隔板的方式加强绝缘，未起到应有效

果，运行不足半年即发生绝缘闪络，开关柜烧损，造成主变压器跳闸，损失大量负荷，如图 4-63 所示。

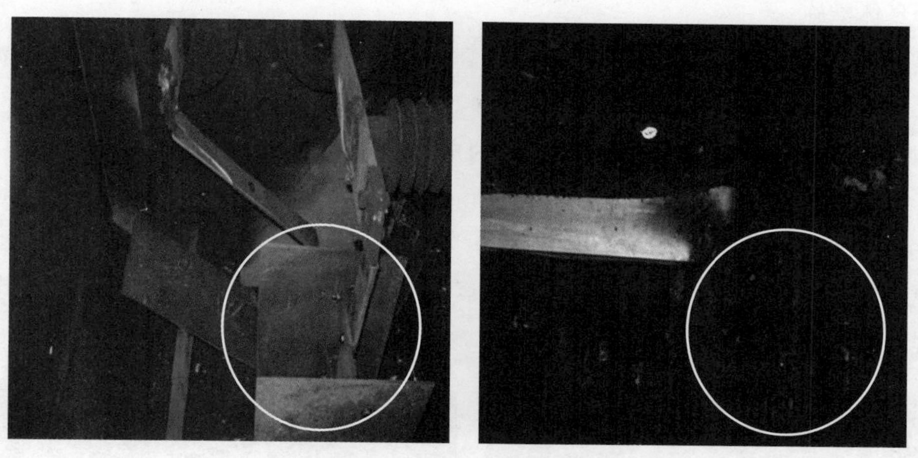

图 4-63　428 开关柜烧损现场

案例 3：110kV 某变电站 40.5kV 高压开关柜投运不足 1 年，即发生母线室及某间隔电缆室局部放电进而导致绝缘击穿的严重故障，如图 4-64 所示。

图 4-64　母线柜母线室及某间隔电缆室绝缘击穿现场

案例 4：220kV 某变电站 40.5kV 开关柜电缆头与三相绝缘挡板之间放电，导致绝缘击穿，进而发展为其他设备起火，开关柜相邻的共计 7 面开关柜手车开关动静触头、母线桥、穿柜套管、柜内 TV 和 TA 等一次元件严重烧损，高压室内其他 23 面开关柜绝缘件、二次电缆、保护装置等元件烧损，如图 4–65 所示。

（2）具体措施。

1）新建、改建、扩建变电站的 40.5kV 高压开关柜，应优先选用充气柜或封闭式组合电器。

2）确需选用 40.5kV 空气开关柜，选型时应满足以下要求。

a. 带电体相间与相对地距离不小于 300mm，带电体至柜门之间距离不小于 330mm。

b. 主母排、支排严禁采用绝缘包覆（封），柜内严禁使用绝缘隔板。

c. 绝缘件阻燃性、双屏蔽（高压与地屏蔽）、局部放电量、绝缘爬电比距、耐电痕都应满足规程及设计要求。

图 4–65　220kV 某变电站起火现场

2. 提升充气柜设备气箱密封性

（1）现状及需求。

充气柜的母线、断路器、三工位隔离开关全部密封在气箱内。部分制造厂家对金属焊接及配件连接处工艺把控不严，运行中极易发生漏气缺陷，进而导致绝缘性能下降，严重时发生绝缘击穿故障，甚至发生人身事故。

需明确气箱防护等级、规范制造厂柜体焊接工艺、强化气箱探伤及检漏手段，提升充气

柜设备气箱密封性，减少漏气引起的各类故障。

通过明确气箱防护等级、规范制造厂柜体焊接工艺、强化气箱探伤及检漏手段，可有效提升充气柜气箱密封效果、降低漏气缺陷率、提高设备运行可靠性。

（2）具体措施。

1）充气柜气室封闭面板接触面应采用激光或 CMT（冷金属转移焊接技术）焊接工艺，且焊缝均匀。激光焊接与氩弧焊接的焊缝对比如图 4-66 所示。

2）密封气箱应采用氦气检漏工艺，年泄漏率小于 0.1%，氦检漏装置如图 4-67 所示。

图 4-66　激光焊接与氩弧焊接的焊缝对比

图 4-67　氦检漏装置

3）制造厂应对充气柜气箱所有焊缝按批次开展探伤抽检，并提供试验报告。

4）充气柜气箱应达到 IP65 防护等级，控制室应达到 IP4X 防护等级。

3. 提升插接式部件运行可靠性

（1）现状及需求。

充气柜在现场进行母线连接器、电缆头、电压互感器、避雷器等插接器部件的安装及并柜，安装工艺、附件材质要求非常高，如工艺、材质把控不严，极易出现插接器部件的放电、烧损等缺陷，甚至导致整柜的绝缘击穿故障，且故障恢复时间较长，影响供电可靠性。

需对充气柜的拼接工艺要求、插接式部件材质及性能等方面进行明确，提升插接式连接器的运行可靠性。

案例：110kV某变电站3K3电容器充气柜断路器气室气压闭锁报警，检查确认B相充气柜体连接法兰处有裂纹，确认该处有泄漏点。安装时未严格按照厂家说明书工序及工艺要求拼柜，导致法兰安装时受力不均，法兰盘存在较大的径向应力，从而导致裂纹漏气，如图4–68所示。

图4–68 连接法兰处裂纹

（2）具体措施。

1）母线连接器应设计合理，选用组合电场结构，包括套管、硅橡胶套、铜导体、触子、接地线、法兰或堵头。

2）40.5kV及以上或2500A及以上充气柜应选用内锥直插式电缆头，如图4–69所示，其他可选择外锥插入式T型电缆头，如图4–70所示。内锥直插式电缆头应选用液体硅橡胶压力浇注成型材质，外锥插入式T型电缆头应选用硬度不低于50（邵氏A）的三元乙丙橡胶或固体硅橡胶材质。电缆头的外表面接地导电橡胶层厚度应不小于2mm，导电橡胶层表面电阻小于500Ω，不得选用外表面喷涂导电层或完全没有接地功能的电缆头，确保电缆接地导电橡胶层的接地通流能力。

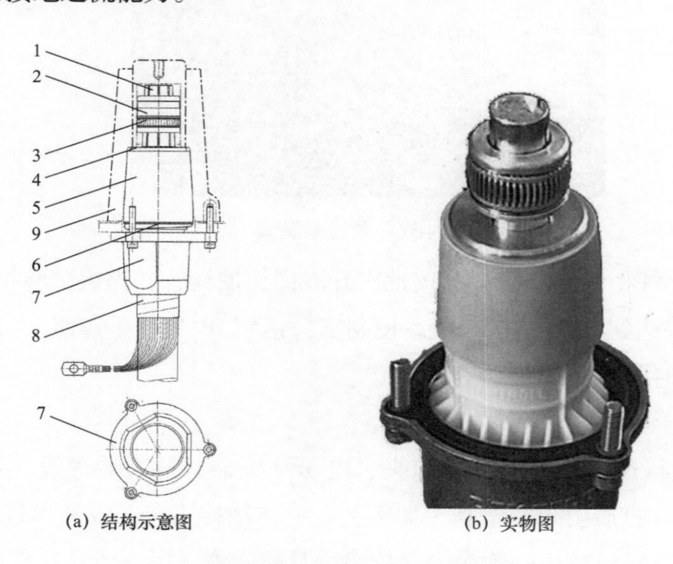

（a）结构示意图　　（b）实物图

图4–69 内锥直插式电缆头

1—金属连接管；2—铜触座；3—表带式触子；4—屏蔽压环；5—硅橡胶应力套；6—补偿弹簧；7—金属密封法兰；8—绝缘密封胶带；9—内锥式套管

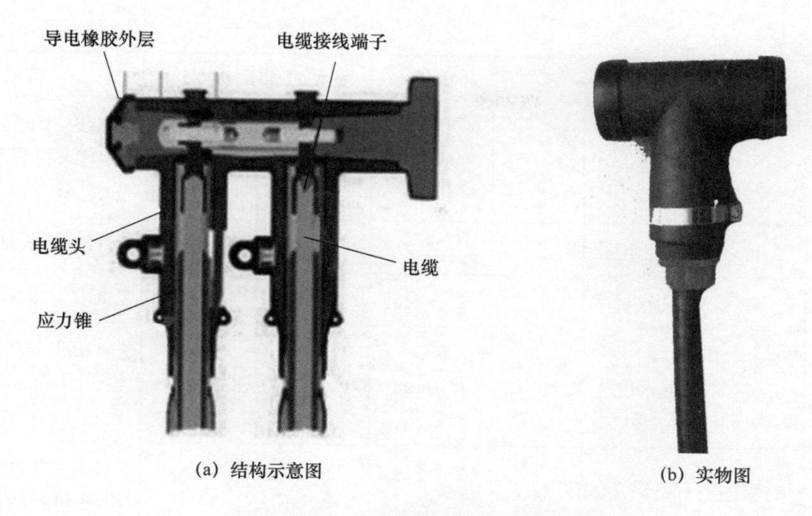

(a) 结构示意图　　(b) 实物图

图 4-70　外锥插入式 T 型电缆头

3）充气柜母线连接器、电力电缆、避雷器、互感器等插接器安装必须由具备资质的专业技术人员进行。安装前确认所有元器件和材料均到位，如插接式连接元件、硅脂、干净无纺布、手套、无水酒精等，如图 4-71 所示。

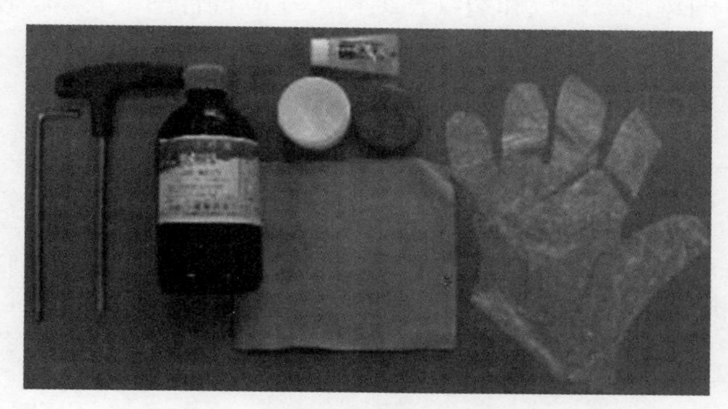

图 4-71　安装插接件的原材料和工具

4）现场拼柜应严格按照厂家说明书工序及工艺要求进行，地基平面公差应不大于 1mm/m。拼柜时应有完善的导向措施，禁止强行拼接避免发生环氧套管开裂，出现漏气或绝缘事故。

5）母线连接器拼柜时应保证硅橡胶半导体接地层及接地线与气箱外壳同电位并可靠接地，端柜母线套管应用堵头封闭。

6）母线连接器、电缆、避雷器、电压互感器插接式部件接入充气柜时，硅橡胶表面应均匀涂抹润滑脂。润滑脂具体要求详见表 4-15 所示。

表 4-15　插接式连接器用润滑剂主要性能要求

序号	项目	单位	性能指标	试验方法
1	耐压强度	MV/m	不小于 8	GB/T 507—2002《绝缘油击穿电压测定法》

续表

序号	项目	单位	性能指标	试验方法
2	介电系数（50Hz）	—	2.8~3.2	GB/T 5654—2007《液体绝缘材料相对电容率、介质损耗因数和直流》
3	介质损耗角正切	%	不大于 0.5	GB/T 5654—2007
4	体积电阻率	Ω · cm	不小于 10^{13}	GB/T 5654—2007
5	锥入度	1/10mm	200~300	GB/T 269—1991《润滑脂和石油脂锥入度测定法》
6	挥发度（喷霜）（200℃，24h）	%	不大于 3	GB/T 7325—1987《润滑脂和润滑油蒸发损失测定法》

注　除非另有规定，表中数据为室温下试样的性能要求。

7）所有母线连接器、堵头、电缆终端及各种插接式连接器所用的主体橡胶件内外表面应光滑，无肉眼可见的斑痕、凹坑和裂纹，结构尺寸应符合图纸要求。所用的绝缘橡胶材料和半导电橡胶材料主要性能满足表 4-16 及表 4-17 要求。

表 4-16　　绝缘橡胶材料主要性能要求

序号	项目①	单位	性能指标	试验方法
1	抗张强度	N/mm^2	不小于 5.0	GB/T 528—1998《硫化橡胶或热塑性橡胶拉伸应力应变性能的测定》
2	硬度（固体橡胶）	邵氏 A	不大于 50	GB/T 531—1999《橡胶袖珍硬度计压入硬度试验方法》
3	硬度（液体橡胶）	邵氏 A	不大于 45	GB/T 531—1999《橡胶袖珍硬度计压入硬度试验方法》
4	抗撕裂强度	N/mm	不小于 15	GB/T 529—2008《硫化橡胶或热塑性橡胶撕裂强度的测定（裤形、直角形和新月形试样）》
5	耐压强度	MV/m	不小于 20	GB/T 1695—2005《硫化橡胶工频击穿电压强度和耐电压的测定方法》
6	体积电阻率	Ω · cm	不小于 10^{14}	GB/T 1692—2008《硫化橡胶绝缘见阻率的测定》

续表

序号	项目[①]	单位	性能指标	试验方法
7	介电系数（50Hz）	—	2.8~3.5	GB/T 1693—2007《硫化橡胶介电常数和介质损耗角正切值的测定方法》
8	介质损耗角正切	—	不大于 0.02	GB/T 1693—2007
9	耐漏电痕迹耐电蚀[②]	—	不小于 1A3.5	GB/T 6553—2003《评定在严酷环境条件下使用的电气绝缘材料评定耐电》
10	氧指数	—	不小于 30	GB/T 2406—1993《塑料燃烧性能试验方法氧指数法》
11	燃烧性	—	FV0	GB/T 2408—1996《塑料燃烧性能试验方法水平法和垂直法》
12	烟密度等级 (SDR)	—	不大于 75	GB/T 8323—1987《塑料燃烧性能试验方法烟密度法》
13	卤酸含量	%	0	GB/T 9872—1998《氧瓶燃烧法测定橡胶和橡胶制品中溴和氯的含量》
14	拉伸永久变形[③] 300%，90℃ ×120h	%	不大于 15%	GB/T 3512—2014《硫化橡胶成热塑性橡胶热空气加速老化和耐热试验》

① 除非另有规定，表中数据为室温下试样的性能要求。
② 仅对终端考核。
③ 仅对冷缩终端及接头考核。

表 4–17　半导电橡胶材料主要性能要求

序号	项目[①]	单位	性能指标		试验方法
			预制式	冷缩式	
1	抗张强度	N/mm^2	不小于 4.0	不小于 5.0	GB/T 528—1998
2	断裂伸长率	%	不小于 350	不小于 400	GB/T 528—1998
3	硬度（邵氏 A）	—	不大于 55	不大于 50	GB/T 531—1999
4	抗撕裂强度	N/mm	不小于 13	不小于 15	GB/T 529—2008
5	体积电阻率	Ω · cm	不大于 150	不大于 150	GB/T 2439—2001《硫化橡胶或热塑性橡胶导电性和耗散性能电阻率》

续表

序号	项目[①]	单位	性能指标		试验方法
			预制式	冷缩式	
6	拉伸永久变形[②] 300%，90℃ × 120h	%	—	不大于 15	GB/T 3512—2014

① 除非另有规定，表中数据为室温下试样的性能要求。

② 仅对冷缩终端及接头考核。

8）插接式部件紧固时应采用力矩扳手，力矩按 GB 50149—2010《电气装置安装工程　母线装置施工及验收规范》标准执行，紧固后进行标记，交接验收时应进行紧固力矩的复核。

9）母线连接器、电缆头等插接式部件安装后应静置 8h 以上，保证安装时套管内的空气和沿硅橡胶表面带入的空气能够充分排出。紧急情况下也应至少静置 2h 以上，以提高部件的承受耐压水平。

4.4　开关柜智能化关键技术

通过广泛调研，共提出智能化关键技术 4 项。

4.4.1　开关柜无线测温技术应用

（1）现状及需求。

运行经验表明，系统内在运开关柜内部元器件过热问题突出，常出现柜体温升过高，绝缘件老化、击穿，甚至整柜烧毁事故。由于目前在运开关柜大多为金属铠装开关柜，红外测温技术仅能测量柜体表明温度，难以直接检测柜内元器件发热情况。

需逐步推进无线测温技术的应用，实时监测开关柜内导电回路接触面、搭接面的温度，实现开关柜内元器件温度的实时监测、诊断、报警、状态管控等功能。

（2）技术路线。

目前国内开关柜无线测温技术主要包括无源无线测温、有源无线测温、TA 无线测温三种。以有源无线测温为例，整套测温装置系统包括智能无线测温装置、智能无线测温传感器、后台服务器、GPRS 短信发送等模块，系统流程详如图 4-72 所示。

应用开关柜无线测温技术，能实现开关柜内元器件温度的实时监测、诊断、报警、状态管控等功能，有效降低开关柜故障率。

1）无源无线测温技术。无源无线测温技术通过测温点传感器的表面波谐振器对所接收的信号进行调制，利用温度影响信号调制幅度的特性，在不同的温度下返回不同幅值的信号，接收器通过解析返回信号推算测量点温度，传感器无需供电，无源无线测温装置如图 4–73 所示。

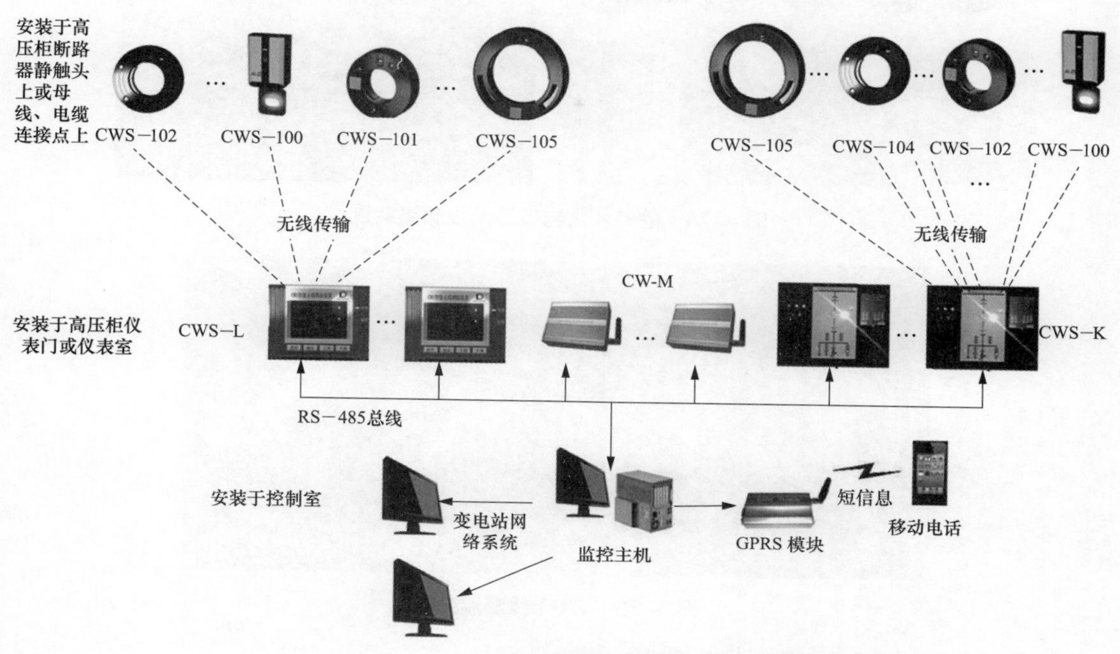

图 4–72　有源无线测温装置系统图

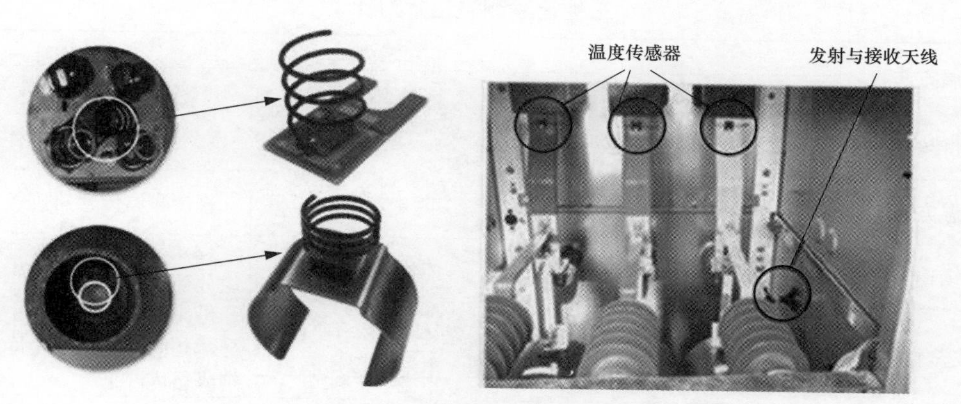

图 4–73　无源无线测温装置

2）有源无线测温技术。有源无线测温技术利用温度传感器和通信模块将测量点的温度转换为不同频率的信号，后台解析信号获取测量点温度，传感器及通信模块通过内置电池供电。静触头盒内有源无线测温装置如图 4–74 所示。

3）TA 无线测温技术。TA 无线测温技术原理与有源无线测温技术一致，传感器及通信模块通过 TA 线圈电磁感应效应获取能量，TA 无线测温装置如图 4–75 所示。

图 4–74　静触头盒内有源无线测温装置

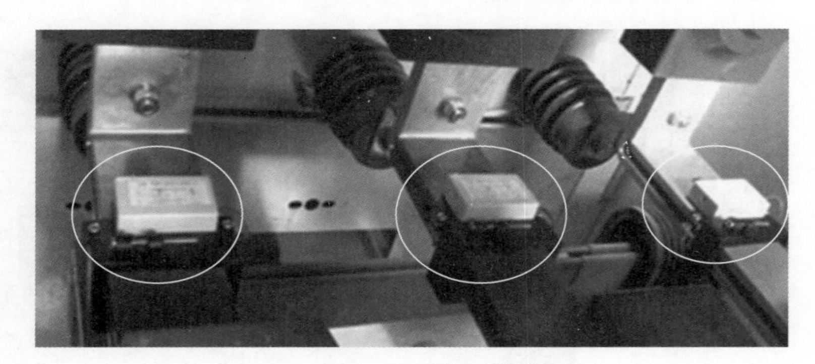

图 4–75　TA 无线测温装置

三种无线测温技术对比如表 4–18 所示。

表 4–18　　三种无线测温技术对比

测温方法	无线测温		
	无源无线测温	有源无线测温	TA 无线测温
供电和传输方式	射频感应取电、无线传输	电池取电、无线传输	TA 母线取电、无线传输
感温方式	直接测温传感器接触	直接测温传感器接触	直接测温传感器接触
结构	各独立隔室需分布接收发射天线	一体化，结构简洁	TA 取电模块和测温发射模块分开
安全性	独立接收器布设，影响绝缘间距	基本不影响绝缘间距，电池有爆炸隐患	母排处安装取电 TA 后减小导体相间及对地安全净距离，绝缘裕度降低
测温精度	3 ± 0.5℃	1 ± 0.5℃	1 ± 0.5℃
稳定性	高	高	电压波动大，故障率高，自身涡流发热
安装	简单	简单方便	较复杂，需现场绕制
调试	方便	方便	无高压电流无法工作
维护	基本免维护	需定期（8 年）断电更换电池	基本免维护
装置成本（以 6 点计算）	约 1 万元 / 面	约 0.85 万元 / 面	约 0.85 万元 / 面
软件及后台系统成本	约 1.5 万元 / 套	约 1.5 万元 / 套	约 1.5 万元 / 套

4.4.2　电子式互感器应用

（1）现状及需求。

开关柜内电磁式互感器体积随着容量增大而增大，在开关柜体积受限的情况下，柜内安装越发困难，且电磁式互感器常出现磁饱和、发热甚至炸裂故障。随着智能变电站不断发展，电子式互感器已大量应用于高电压等级系统，为保证保护的配套（差动保护）和测量精度，中低压等级系统也需配套应用电子式互感器。

需逐步应用电子式互感器来解决电磁式互感器体积大、安装困难、磁饱和、发热、易炸裂等问题，同时适应智能变电站发展需求，提高电网运行安全。

（2）技术路线。

目前电子式互感器根据其一次转换器部分是否需要工作电源，分为有源式和无源式两类。有源电子式互感器产品主要包括有源电子式电流互感器（ECT）、有源电子式电压互感器（EVT），无源电子式互感器产品主要包括光学电压互感器（OVT）、全光纤型电流互感器（OCT）。

1）有源电子式互感器（ECT、EVT）。有源电子式互感器具有体积小、易安装等特点；相比电磁式互感器，ECT 二次无开路风险、EVT 二次无短路风险、不会炸裂、安全性较好。柜内设备组合、集成示意图如图 4–76 所示。

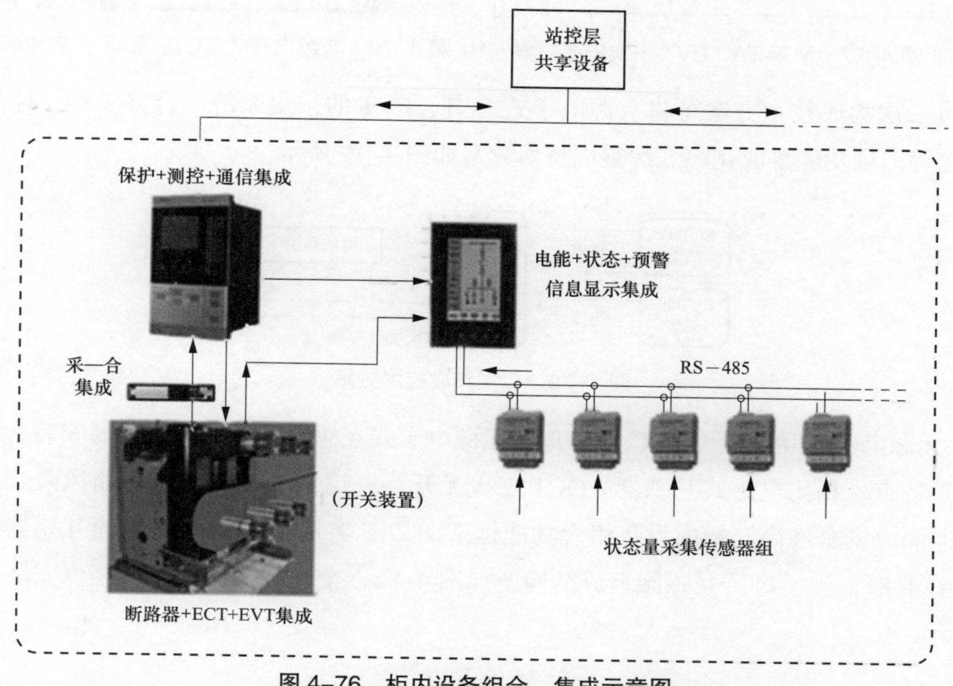

图 4–76　柜内设备组合、集成示意图

将 ECT、EVT 与断路器进行集成安装，与电磁式互感器相比，可将柜体占地减少 25% 左右，有效节约总成本。常规 TA、EVT 一次安装方案如图 4–77 所示，有源电子式 ECT、EVT 一次集成方案如图 4–78 所示。

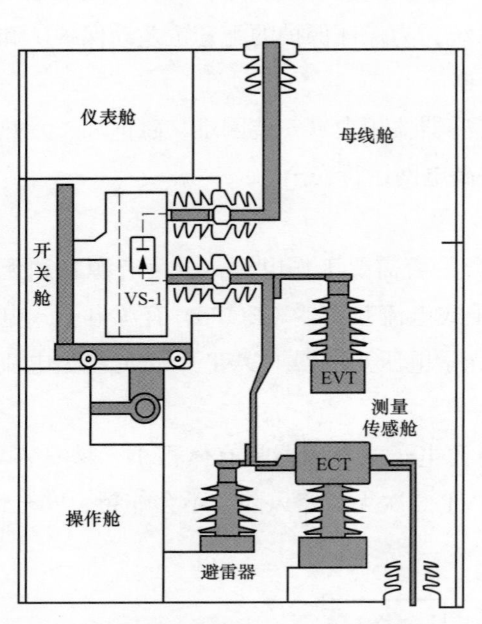

图 4–77　常规 TA、EVT 一次安装方案

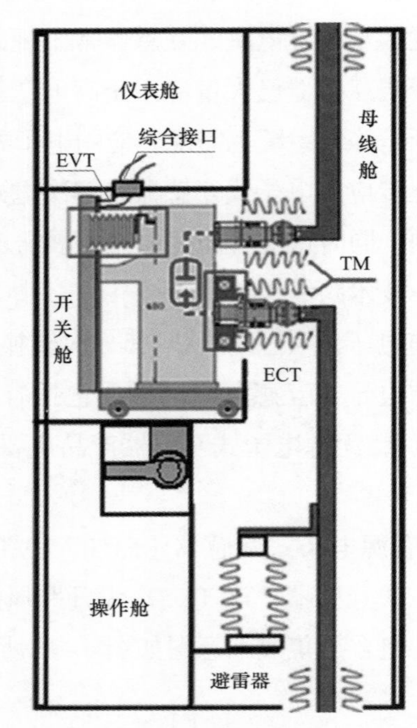

图 4–78　有源电子式 ECT、EVT 一次集成方案

通过二次集成技术方案可将有源电子式 ECT、EVT 的采集系统、合并单元、计量、保护、测控等多项功能集成化。二次集成技术方案如图 4–79 所示。

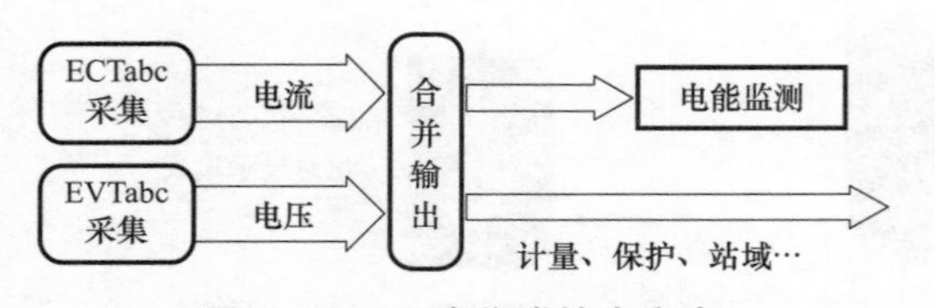

图 4–79　二次集成技术方案

2）无源电子式互感器（OCT、OVT）。无源电子式互感器具有体积小、易安装、不受电磁干扰等特点；相比电磁式互感器，OCT 二次无开路风险、OVT 二次无短路风险、不会炸裂、光电隔离安全性高。柜内设备组合功能框架图如图 4–80 所示，光纤电流互感器组成结构图如图 4–81，光学电压互感器组成结构图如图 4–82，全光纤电流互感器柜内安装图如图 4–83 所示。

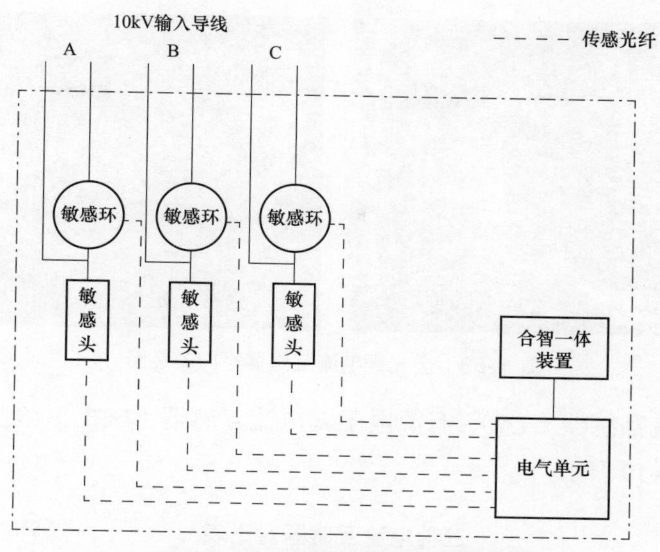

图 4-80　柜内设备组合功能框架图

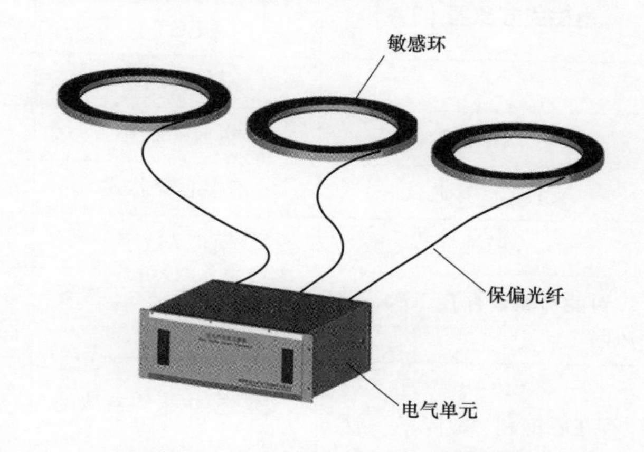

图 4-81　全光纤电流互感器组成结构图

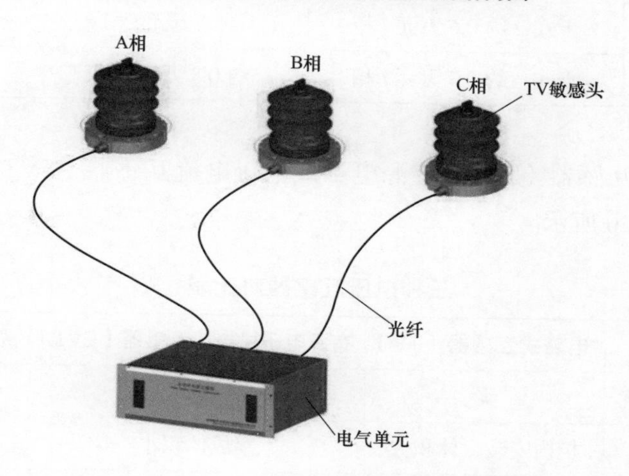

图 4-82　光学电压互感器组成结构图

图 4–83　全光纤电流互感器柜内安装图

3）电磁式电流互感器（TA）、有源电子式电流互感器（ECT）、全光纤型电流互感器（OCT）对比如表 4–19 所示。

表 4–19　三种电流互感器对比表

序号	项目	电磁式互感器（TA）	有源电子式电流互感器（ECT）	全光纤电流互感器（OCT）
1	电磁干扰	无	易受干扰	无
2	体积	体积较大	集成体积小	集成体积小
3	安装方式	支柱式 / 穿芯式	正中心穿芯式	穿芯式
4	二次接口信号	模拟	模拟 / 数字	数字
5	安全性	可能炸裂，存在二次开路风险	不易炸裂；无二次开路风险	不会炸裂；无二次开路风险
6	主要问题	存在磁饱和、故障率一般	远端模块采集器故障率高	光学元器件集成工艺要求高，封装工艺对可靠性影响高
7	成本（40.5kV）	干式：约 0.6 万元 / 相	约 2 万元 / 相	约 11 万元 / 相
8	成本（12kV）	干式：约 0.3 万元 / 相	约 0.8 万元 / 相	约 11 万元 / 相

4）电磁式电压互感器（TV）、有源电子式电压电流互感器（EVT）、光学电压互感器（OVT）对比如表 4–20 所示。

表 4–20　三种电压互感器对比表

序号	项目	电磁式互感器（TV）	有源电子式电压互感器（EVT）	光学电压互感器（OVT）
1	VFTO 电磁干扰	无	易受干扰	无
2	安装方式	柜内安装、体积大	集成体积小	集成体积小
3	二次接口信号	模拟	模拟 / 数字	数字

续表

序号	项目	电磁式互感器（TV）	有源电子式电压互感器（EVT）	光学电压互感器（OVT）
4	安全性	易炸裂；存在二次短路风险	不易炸裂；不存在二次短路风险	不会炸裂；不存在二次短路风险
5	故障率	存在铁磁谐振，易炸裂，故障率高	采集器故障率高	光学元器件集成工艺要求高，封装工艺对可靠性影响高
6	成本（40.5kV）	干式：约0.7万元/相	约 2.5 万元 / 相	约 10 万元 / 相
7	成本（12kV）	干式：约0.3万元/相	约 1.5 万元 / 相	约 10 万元 / 相

4.4.3　机械特性在线监测及专家诊断系统应用

（1）现状及需求。

当前，断路器机械特性参数主要依靠停电例行试验获取，对运行过程中的断路器特性数据缺乏监测和比对分析，对动作过程缺乏监督手段，部分潜伏性缺陷不能提前发现，可能导致机械特性方面的隐患扩大，从而发生设备事故。

有必要进一步研究通过在线监测手段加强运行过程中的断路器机械特性的监测，并建设专家诊断系统，提升断路器运行可靠性。

（2）技术路线。

断路器机械特性在线监测及专家诊断系统，能够在断路器动作后测量和记录动触头行程曲线、分合闸操动线圈电流波形、储能电机电流波形、辅助触点开关状态等参量并上传至监测主机，通过专家诊断系统对其进行分析，判断出机构的运行状态。实现不停电监测断路器机械特性状态，提早发现隐患，降低设备故障率。机械特性在线监测系统原理示意图如图 4-84 所示。

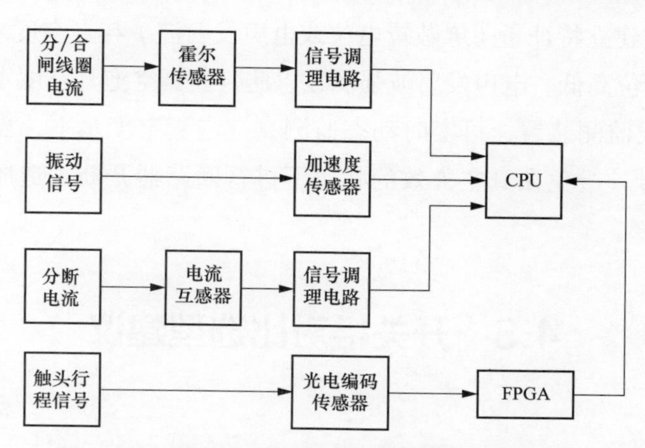

图 4-84　机械特性在线监测系统原理示意图（一）

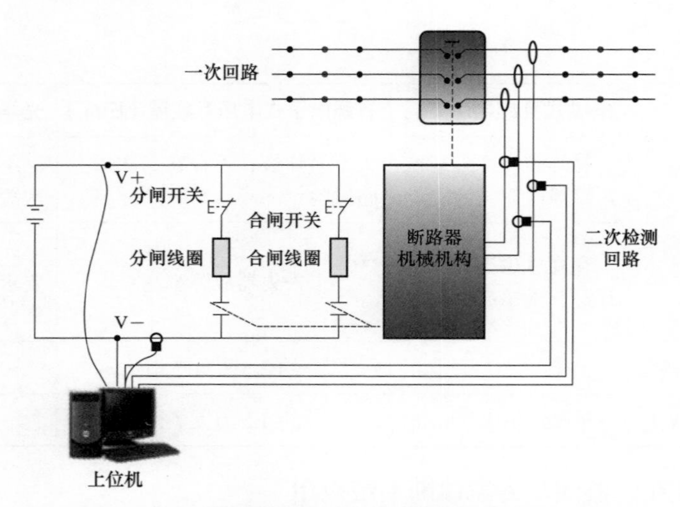

图 4-84　机械特性在线监测系统原理示意图（二）

4.4.4　研究真空断路器真空度在线监测装置应用

（1）现状及需求。

40.5kV 及以下开关柜广泛采用真空断路器，真空度是影响真空断路器绝缘及灭弧性能的重要指标，当真空度下降时，将导致断路器断口绝缘击穿、分闸灭弧失败，严重时甚至发生爆炸，威胁人身及设备安全。

目前，运检部门仅用交流耐压来间接检测真空断路器真空度，尚未应用在线、直接的技术手段监测真空断路器真空度，存在缺陷误判、漏判的可能。需要研制断路器真空度在线监测装置，实时监测真空泡的真空度水平，确保设备安全运行。

（2）技术路线。

真空度在线监测按照检测原理可分为电光变换法、屏蔽罩电位法、耦合电容法、声发射法等。上述方法通过建立特征量（屏蔽罩电位或电声发射波）与真空度之间对应关系，利用传感器监测屏蔽罩电位高低、电声发射波强弱，以此判断真空泡真空度水平。

利用真空度在线监测装置，可实时动态监测真空泡真空度水平，当真空度下降时及时发出告警及闭锁信号，避免在真空失效的状态下进行断路器开断，造成断路器灭弧失败而爆炸。

4.5　开关柜对比选型建议

4.5.1　优缺点比较

1. 性能比较

空气绝缘开关柜、充气绝缘开关柜、固体绝缘开关柜性能对比如表 4-21 所示。

表 4-21　　三种型式开关柜性能对比表

性能 \ 设备			空气绝缘开关柜	充气绝缘开关柜	固体绝缘开关柜
绝缘介质			空气	SF_6 气体或环保气体	环氧树脂
对地额定绝缘水平（AC/LI）		12kV	42kV/75kV	42kV/75kV	42kV/75kV
额定电流最大值			5000A	3150A	2500A
热稳定电流最大值			50kA	31.5kA	31.5kA
动稳定电流最大值			125kA	80kA	80kA
额定短路持续时间			4s	4s	4s
I_{AC} 水平最大值			31.5kA，1s	31.5kA，1s	31.5kA，0.5s
机械寿命	断路器		30000 次	10000 次	10000 次
	三工位开关		无	3000 次	3000 次
对地额定绝缘水平（AC/LI）		40.5kV	95kV/185kV	95kV/185kV	95kV/185kV
额定电流最大值			3150A	2500A	2500A
热稳定电流最大值			40kA	31.5kA	31.5kA
热稳定电流最大值			100kA	80kA	80kA
额定短路持续时间			4s	4s	4s
I_{AC} 水平最大值			31.5kA，1s	31.5kA，1s	31.5kA，0.5s
机械寿命	断路器		10000 次	10000 次	10000 次
	三工位开关		无	3000 次	3000 次
防护等级		柜体	IP4X	IP4X	IP4X
		气室	无	IP65	无
		隔室	IP2X	IP2X	IP2X
		绝缘主模块	无	无	IP67
温升（1.1I_e）		固定连接	<75K	<75K	<75K
		滑动连接	<65K	<65K	<65K
整柜局部放电水平 1.1U_r			100pC	20pC	20pC
防污等级（GB3906 附录 C）			Pl	Ph	Ph

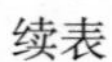
续表

性能＼设备				空气绝缘开关柜	充气绝缘开关柜	固体绝缘开关柜
防凝露等级（GB3906 附录 C）				Cl	Ch	Ch
主要配件	支撑绝缘子	阻燃等级	V1 级	V1 级	V1 级	无
		局部放电水平（$1.11U_r$）		≤ 3 pC	≤ 3 pC	无
		玻璃化温度		100 ± 5℃	100 ± 5℃	无
		抗拉强度		≥ 8kN	≥ 8kN	无
		毒性		无毒	无毒	无
	触头盒	阻燃等级		V1 级	无	无
		局部放电水平（$1.11U_r$）		≤ 3 pC	无	无
		玻璃化温度		100 ± 5℃	无	无
		毒性		无毒	无	无
	穿屏套管	阻燃等级		V1 级	V1 级	V1 级
		局部放电水平（$1.11U_r$）		≤ 3 pC	≤ 3 pC	≤ 3 pC
		玻璃化温度		100 ± 5℃	100 ± 5℃	100 ± 5℃
		毒性		无毒	无毒	无毒

2. 无功投切能力比较

空气绝缘开关柜、充气绝缘开关柜、固体绝缘开关柜无功投切能力对比如表 4–22 所示。

表 4–22　　三种型式开关柜无功投切能力对比表

无功投切＼设备		空气绝缘开关柜	充气绝缘开关柜	固体绝缘开关柜
并联电容器 / 电抗器	12kV	采用真空断路器，额定单个电容器组最大值为 800A，额定背对背电容器组开断电流最大值 800A。 可选用 SF_6 断路器或相控断路器	采用真空断路器与空气绝缘柜相同，无法使用 SF_6 断路器或相控断路器	采用真空断路器，额定单个电容器组最大值为 630A，额定背对背电容器组开断电流最大值 400A。 无法使用 SF_6 断路器或相控断路器
	40.5kV	选用 SF_6 断路器或相控断路器	只能配置真空断路器，无法满足投切需求	只能配置真空断路器，无法满足投切需求

3. 使用环境比较

空气绝缘开关柜、充气绝缘开关柜、固体绝缘开关柜使用环境对比如表 4–23 所示。

表 4–23　　三种型式开关柜使用环境对比表

环境 \ 设备	空气绝缘开关柜	充气绝缘开关柜	固体绝缘开关柜
适用环境温度	−15 ~ +40℃	−25 ~ +40℃	−40 ~ +40℃
适用海拔	普通产品不大于 1500m 复合绝缘 12kV 不大于 4000m，40.5kV 不大于 3500m	不大于 5000m	不受海拔限制
适用空气湿度	日平均相对湿度不大于 95%；月平均相对湿度不大于 90%	日平均相对湿度不大于 95%；月平均相对湿度不大于 90%	日平均相对湿度不大于 95%；月平均相对湿度不大于 90%
适用地震强度	不大于 8 度	不大于 8 度	不大于 8 度

4. 可靠性比较

空气绝缘开关柜、充气绝缘开关柜、固体绝缘开关柜可靠性对比如表 4–24 所示。

表 4–24　　三种型式开关柜可靠性对比表

运维可靠性 \ 设备	空气绝缘开关柜	充气绝缘开关柜	固体绝缘开关柜
故障率	（1）故障率高，局部过热、机械失效、绝缘受潮、组部件损坏等缺陷频发。 （2）柜宽 1200~1400mm 的 40.5kV 空气绝缘柜因设计裕度不足，整柜烧损等事故率占比最高，严重危及人身安全，降低供电可靠性	故障率低，偶有发生漏气、绝缘件损坏等缺陷	绝缘件如未采用表面金属涂敷并接地工艺，受环境影响，积污、受潮后极易产生局部放电、发热，甚至烧毁
机械连锁	机械部件多，相比充气绝缘柜复杂且可靠性较差	三工位设计，简单可靠	与充气绝缘柜相近
顺控操作	电动底盘缺陷率高，存在分合闸不到位拉弧放电或接触发热风险	三工位设计，本体全密封，顺控可靠	与充气绝缘柜相近
异物短路	防异物措施需完备，如防小动物	无	无

5. 安全性比较

空气绝缘开关柜、充气绝缘开关柜、固体绝缘开关柜安全性对比如表 4–25 所示。

表 4-25　　三种型式开关柜安全性对比表

安全性＼设备	空气绝缘开关柜	充气绝缘开关柜	固体绝缘开关柜
人身安全	存在触电、电弧伤人、爆炸风险	存在 SF_6 泄漏风险，相比空气绝缘柜触电、电弧伤人风险较低	绝缘件如采用表面金属涂敷并接地工艺，爆炸风险极低
电网安全	故障率高，运行可靠性低	故障率低，运行可靠性高	绝缘件如采用表面金属涂敷并接地工艺，故障率低，运行可靠性高

6. 便利性比较

空气绝缘开关柜、充气绝缘开关柜、固体绝缘开关柜便利性对比如表 4-26 所示。

表 4-26　　三种型式开关柜便利性对比表

便利性＼设备	空气绝缘开关柜	充气绝缘开关柜	固体绝缘开关柜
安装便利性	（1）并柜、母排安装工作量大。 （2）技术门槛、工艺要求低	（1）并柜、母排安装较空气绝缘柜简便。 （2）相比空气绝缘柜技术门槛、工艺要求高	元器件柜内整体安装，现场安装方便； 绝缘模块拼接工艺复杂
运维便利性	定期巡视，重点关注运行环境及防异物措施	定期巡视，重点关注气压表，工作量相比空气绝缘柜小	定期巡视，工作量相比充气绝缘柜小
检修便利性	（1）组部件通用性强，供应商多，工艺简单。 （2）检修空间较大	（1）组部件通用性低，对工艺要求严格，需要厂家技术支撑。 （2）检修空间狭小	（1）绝缘模块、插拔式检修工艺要求严格，需要厂家技术支撑。 （2）检修空间狭小
更换改造便利性	同电压等级柜体（基础）通用性强，扩（改）柜便利，工艺要求相比充气绝缘柜低	同电压等级不同厂家产品（基础）差异较大，扩（改）柜需使用原厂产品，工艺要求高	与充气绝缘柜相近

7. 技术水平比较

空气绝缘开关柜、充气绝缘开关柜、固体绝缘开关柜技术水平对比如表 4-27 所示。

表 4-27　　三种型式开关柜技术水平对比表

技术水平	空气绝缘开关柜	充气绝缘开关柜	固体绝缘开关柜
具备生产能力厂家	大于 4000 家	200 余家	小于 10 家

续表

技术水平	空气绝缘开关柜	充气绝缘开关柜	固体绝缘开关柜
制造工艺要求	门槛低，工艺成熟，需具备绝缘件局部放电、X射线、母排处理、材质检测等技术能力	门槛高，工艺要求高，除需具备空气绝缘柜制造工艺外，还需具备激光焊接、氦检漏技术	（1）门槛高，固体绝缘技术不成熟。 （2）相比空气绝缘柜、充气绝缘柜，环氧树脂选材浇注、绝缘件表面金属涂覆工艺要求极高

8. 一次性建设成本比较

空气绝缘开关柜、充气绝缘开关柜、固体绝缘开关柜一次性建设成本对比如表4-28所示。

表4-28　　三种型式开关柜一次性建设成本对比表

建设成本＼设备		空气绝缘开关柜	充气绝缘开关柜	固体绝缘开关柜
采购成本	12kV	约5万元	约9万元	约10万元
占地面积		约1.2 m^2	约为空气绝缘柜60%	与充气绝缘柜相近
土建成本		约3000元	约2500元	与充气绝缘柜相近
采购成本	40.5kV	约10万元	约18万元	约20万元
占地面积		约4 m^2	约为空气绝缘柜的30%	与充气绝缘柜相近
土建成本		约5000元	约3000元	与充气绝缘柜相近

注　参照AC12kV，馈线开关柜，1250、31.5kA；AC40.5kV，馈线开关柜，1250、31.5kA。

9. 后期维护成本比较

空气绝缘开关柜、充气绝缘开关柜、固体绝缘开关柜后期运维成本对比如表4-29所示。

表4-29　　三种型式开关柜后期运维成本对比表

维护成本＼设备	空气绝缘开关柜	充气绝缘开关柜	固体绝缘开关柜
运维成本	运维成本高，定期进行防异物封堵、局部放电测试及柜体维护	运维成本低，定期开展局部放电检测、气压检查，属少维护产品	运维成本低，定期开展局部放电检测，属少维护产品

续表

维护成本＼设备	空气绝缘开关柜	充气绝缘开关柜	固体绝缘开关柜
检修成本	3~6年为一个基准检修周期，开展外观检查、组部件清扫、回路电阻测试等工作	（1）3~6年为一个基准检修周期，开展外观检查、组部件清扫、回路电阻测试等工作。 （2）需要借助电流电压适配器开展试验，且无相关试验标准	（1）3~6年为一个基准检修周期，开展外观检查、组部件清扫、回路电阻测试等工作。 （2）需要借助电流电压适配器开展试验，且无相关试验标准
更换成本	（1）组部件多，本体或局部更换方便。 （2）更换成本低	（1）气室内元件损坏需解体检修或整体更换，更换工作量大。 （2）相比空气绝缘柜成本高	（1）模块化设计，可本体或局部更换。 （2）与充气绝缘柜相近

10. 环境友好性比较

空气绝缘开关柜、充气绝缘开关柜、固体绝缘开关柜环境友好性对比如表4–30所示。

表4–30　三种型式开关柜环境友好性对比表

环保性能＼设备	空气绝缘开关柜	充气绝缘开关柜	固体绝缘开关柜
组部件循环利用	除少量绝缘件外，其他部件都可以重新回收循环利用	部分绝缘件不能回收循环利用	大量绝缘件难以回收循环利用
绝缘介质对环境的影响	采用空气绝缘，无环境污染风险	采用SF_6气体绝缘时，存在污染环境风险，温室效应	采用固体绝缘，存在污染环境风险

4.5.2　优缺点总结及选型建议

1. 空气绝缘开关柜

（1）优点。

1）技术成熟，一次性建设成本较低。

2）组部件通用性强，检修工艺简单。

3）通流能力强，可选用SF_6或相控断路器投切无功设备。

（2）缺点。

1）技术门槛低，组装厂和贴牌厂商太多，入网设备质量普遍较差。

2）尺寸相比充气绝缘柜与固体绝缘柜大。

3）日常维护项目多，工作量较大。

4）对运行环境要求高，不适用于高海拔、高潮湿等地区。

5）电动底盘缺陷率高，不适用于顺控操作。

6）1400mm（1200mm）柜宽的40.5kV空气绝缘柜空气净距难以满足安全运行要求，绝缘故障频发。

选型建议：新改扩建变电站，12kV电压等级优先选用空气绝缘柜；40.5kV电压等级不得选用1400mm（1200mm）空气绝缘柜，而应选用相间绝缘间距大于300mm（推荐柜宽大于1680mm）的空气绝缘柜。

2. 充气绝缘开关柜

（1）优点。

1）尺寸较小，电气与机械闭锁简单、可靠。

2）日常维护工作量相比空气绝缘柜小。

3）环境适应性强，本体不受外部灰尘、潮气等环境因素影响，特别适用于智能变电站高级应用，如顺控操作等。

（2）缺点。

1）最大额定容量相比空气绝缘柜较小，一次性投入成本较高。

2）SF_6气体存在泄漏风险。

3）母线及馈线接地方式与空气绝缘开关柜差别较大，与当前运维习惯及安全规定存在一定差异。

4）无功投切过电压问题突出。

5）组部件不通用，需原厂采购，更换、改造、缺陷处理等工作需厂家技术支持。

选型建议：新改扩建变电站，12kV电压等级在安装空间较小或高海拔、高潮湿等特殊环境优先选用充气绝缘柜；40.5kV电压等级优先选用充气绝缘柜。

3. 固体绝缘开关柜

（1）优点。与充气绝缘开关柜类似。

（2）缺点。

1）一次性投入成本过高。

2）固体绝缘部件生产工艺要求较高，表面金属涂覆工艺不够成熟。

3）高压导体完全采用固体绝缘包覆，大电流产品设计困难。

4）母线及馈线接地方式与空气绝缘开关柜差别较大，与当前运维习惯及安全规定存在一定差异。

5）无功投切过电压问题难以解决。

6）组部件不通用，需原厂采购，更换、改造、缺陷处理等工作需厂家技术支持。

7）技术门槛高，具备生产能力的厂家屈指可数，变电站内在运数量极少，可靠性有待进一步证明。

选型建议：进一步开展技术攻关和性能检测，提升产品质量和工艺水平，可在高海拔、高潮湿等特殊环境试点应用，暂不推广使用。